高等职业教育"十二五"规划教材

高职高专数控技术专业任务驱动、项目导向系列化教材

数控机床控制技术应用与实训

主　编　赵俊生

副主编　刘奎武　唐义玲　李静　冯建雨　于宝全

主　审　唐义锋

U0312726

国防工业出版社

·北京·

内 容 简 介

本书以项目为主线,理论联系实际,内容丰富,实用性强。本书主要介绍工厂目前广泛应用的数控机床控制系统。从技术和工程应用的角度出发,为适应不同层次不同专业的需要,系统地介绍数控机床控制系统的构成,数控机床中常用强电配盘控制的控制电路分析,数控车床与铣床的控制电路分析,数控机床检测装置的连接与安装技术,数控机床驱动装置,伺服系统,数控机床交、直流伺服电机控制及常用的变频调速技术,数控机床的 PLC 及接口技术,DNC 通信接口与网络接口技术工程应用等。全书采用 7 个项目,共设计了 26 个训练任务内容。本书突出工程实践能力的培养,可用于学生学习基础理论与技能实训、课程设计与毕业设计。

本书可作为高职高专、成人教育和职业学校机电一体化、数控应用技术、工业生产自动化等相关专业的教材和短期培训用教材,也可供广大工程技术人员学习参考。

图书在版编目(CIP)数据

数控机床控制技术应用与实训/赵俊生主编. —北京:国防工业出版社,2013.10

高职高专数控技术专业任务驱动、项目导向系列化教材

ISBN 978-7-118-08976-9

Ⅰ.①数… Ⅱ.①赵… Ⅲ.①数控机床—高等职业教育—教材 Ⅳ.①TG659

中国版本图书馆 CIP 数据核字(2013)第 212740 号

※

*国防工业出版社*出版发行

(北京市海淀区紫竹院南路 23 号 邮政编码 100048)

北京奥鑫印刷厂印刷

新华书店经售

*

开本 787×1092 1/16 印张 16 字数 394 千字

2013 年 10 月第 1 版第 1 次印刷 印数 1—3000 册 定价 32.50 元

(本书如有印装错误,我社负责调换)

国防书店:(010)88540777   发行邮购:(010)88540776

发行传真:(010)88540755   发行业务:(010)88540717

前　言

　　根据教育部《关于加强高职高专教育人才培养工作的意见》精神,为了适应社会经济和科学技术的迅速发展及教育教学改革的需要,以"就业为导向"的原则,注重先进科学发展观的调整和组织教学内容、增强认知结构与能力结构的有机结合,强调培养对象对职业岗位(群)的适应程度,经过广泛调研,组织编写机械制造及机械自动化教材,对教材的整体优化力图有所突破,有所创新,供机电一体化应用技术、机械自动化、数控应用技术、模具应用技术等相关专业使用。

　　本教材在内容的选取方面,将理论和实训合二为一,基本上是按照1∶1的比例。以"必需"与"够用"为度,将知识点作了较为精密的整合,在内容上深入浅出,通俗易懂,力求做到既有利于教,又有利于学,还有利于自学。

　　本教材在结构的组织方面打破常规,以项目为教学主线,通过设计不同的任务技能训练,按照知识点与技能要求循序渐进编排,突出技能的训练提高,努力符合职业教育的工学结合,达到真正符合职业教育的特色。同时从实际出发,以 FANUC 和 SIEMENS 数控系统为重点,并着重介绍 FANUC、SIEMENS 和华中数控系统功能、特点及典型应用,以扩展学生视野,通过训练可以实现零距离上岗。

　　本教材集基础知识、技能训练与技术应用能力培养为一体,体系新颖,体现了新世纪高职高专教育人才的培养模式和基本要求;将知识点和能力点紧密结合,注重培养学生实际动手能力和解决工程实际问题能力,突出了高等职业教育的应用特色和能力本位;任务的训练相对独立,互为体系,内容覆盖面宽,选择性强,可满足不同层次、不同专业的需求。

　　全书共有7个项目、26个训练任务,其中炎黄职业技术学院唐义玲编写项目7;山东理工职业技术学院冯建雨编写项目1;江苏食品职业技术学院李静编写项目2;刘奎武编写项目3;江苏金凤集团于宝全编写项目4;赵俊生编写项目5、6。赵俊生任主编,刘奎武、李静、冯建雨、唐义玲、于宝全任副主编。并由赵俊生负责全书的统稿和总撰工作。

　　本书由江苏财经职业技术学院唐义锋教授主审,并提出了许多有益的建议和意见。此外在本书编写的过程中还得到了江苏财经职业技术学院、山东理工职业技术学院、江苏食品职业技术学院、炎黄职业技术学院等领导及教务处、科研处大力支持和帮助,同时也先后得到许多单位和个人的大力支持和帮助,以及书后参考文献的作者,在此一并表示诚挚的谢意。

　　由于编者水平有限,书中错漏在所难免,恳请广大读者批评指正。

编　者

2013 年 5 月

目 录

1 项目一　数控机床控制系统认识

1. 培养目标

（1）了解数控设备的组成、数控机床控制系统的构成和分类。

（2）掌握数控车床、铣床、加工中心等设备的结构、运动与控制系统。

2. 技能目标

（1）通过训练了解认识数控车床、铣床、加工中心等设备，运动与控制系统的强电部分所使用的低压电器、线槽及线路连接、接线端子排、总电源、接地保护等内容。

（2）通过训练认识数控机床的位置检测、伺服电机等控制，PLC 与接口、数控编程、数控设备的工作原理等内容。

任务1　数控机床控制系统构成

【任务描述】

（1）了解数控技术与数控机床设备的构成、数控技术的发展与趋势。

（2）掌握数控控制系统的构成与分类；掌握数控设备的工作原理。

【任务分析】

本任务介绍数控技术的概念、数控设备及其组成、数控机床控制系统的组成与分类、数控设备的工作原理。

【知识链接】

1.1　数控机床控制系统构成的认识

1. 数控技术

数字控制（Numerical Control）技术，简称数控（NC）技术，是指用数字指令来控制机器的动作。

数控技术是采用数字代码形式的信息，按给定的工作程序、运动速度和轨迹，对被控制的对象进行自动操作的一种技术。如果一种设备的控制过程是以数字形式来描绘的，其工作过程是可编程的，并能在程序控制下自动地进行，那么这种设备就称为数控设备。换句话说，采用了数控技术的控制系统称为数控系统，采用了数控系统的设备称为数控设备。数控机床是一种典型的数控设备。由于数控技术是与机床控制密切结合而发展起来的，因此，以往讲数控即是指机床数控。本书数控设备均以数控机床为例。随着数控技术的发展，其应用范围不仅限于机械加工行业，在仪器仪表、纺织、印刷、包装等众多行业中，都出现了许多数控设备。新近推出的数控设备，在结构、功能以及实现的技术手段上都与传统的数控设备有很大的差异，性能指标也有很大的提高。

2. 数控设备的组成

数控设备是由数控系统和被控对象组成。从组成一台完整的数控机床上讲,一般由控制介质、数控装置、伺服系统、强电控制柜、机床本体和各类辅助装置组成,其框图如图1-1所示。

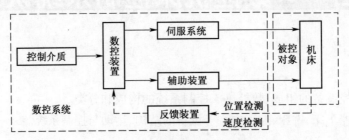

图 1-1 数控设备组成示意图

1)控制介质

控制介质又称信息载体,是人与数控机床之间的媒介物质,反映了数控加工中的全部信息。控制介质有多种形式,它随着数控装置的类型不同而不同,常用的有穿孔纸带、穿孔卡、磁带、磁盘等。还有的采用数码拨盘、数码插销或利用键盘直接将程序及数据输入。另外,随着CAD/CAM技术的发展,有些数控设备利用CAD/CAM软件在其计算机上编程,然后通过计算机与数控系统通信,将程序和数据直接传送给数控装置。

2)数控装置

数控装置是数控系统的核心。现代的数控装置普遍采用通用计算机作为数控装置的主要硬件,包括微型机系统的基本组成部分,CPU、存储器、局部总线以及输入/输出接口等;软件部分就是我们所说的数控系统软件。数控装置的基本功能是:读入零件加工程序,根据加工程序所指定零件形状,计算出刀具中心的移动轨迹,并按照程序指定的进给速度,求出每个微小的时间段(插补周期)内刀具应该移动的距离,在每个时间段结束前,把下一个时间段内刀具应该移动的距离送给伺服单元。

3)伺服系统

伺服系统是数控机床的执行结构,是数控系统和机床本体之间的电气联系环节。主要由伺服电动机、驱动控制系统和位置检测与反馈装置等组成。伺服电动机是系统的执行元件,驱动控制系统则是伺服电动机的动力源。数控系统发出的指令信号与位置反馈信号进行比较后作为位移指令,再经过驱动控制系统的功率放大后,驱动电动机运转,通过机械传动装置拖动工作台或刀架运动。

目前数控机床的伺服系统中,常用的控制对象可以是步进电动机、直流伺服电动机或交流伺服电动机(后两者带有光电编码器等位置测量元件),每种伺服电动机的性能和工作原理都不同。

实际上伺服系统位于数控装置和机床本体之间,包括进给轴伺服驱动装置和主轴伺服驱动装置。前者主要对各进给轴的位置进行控制,后者主要对主轴的速度进行控制。

4)强电控制柜

强电控制柜主要用来安装机床强电控制的各种电气元件,除了提供数控、伺服等一类弱电控制系统的输入电源,以及各种短路、过载、欠压等电气保护外,主要在PLC的输出接口与机床各类辅助装置的电气执行元件之间起连接作用,控制机床辅助装置如各种交流电动机、液压系统电磁阀或电磁离合器等。此外,它也与机床操作台有关手动按钮连接。强电控制柜由各种中间继电器、接触器、变压器、电源开关、接线端子和各类电气保护元器件等构成,如图1-2所示。它与一般普通机床的电气类似,但为了提高对弱电控制系统的抗干扰性,要求各类频繁启动或切换的电动机、接触器等其中的电磁感应器件中均必须并联RC阻容吸收器;对各种检测信号的输入均要求用屏蔽电缆连接。

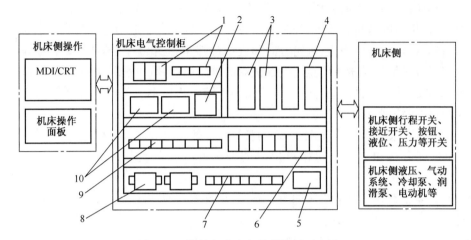

图1-2 数控机床电气控制柜的示意图

1—熔断器及断路器;2—开关电源;3—主轴及进给驱动装置;4—CNC装置;5—接地排;
6—接触器;7—接线排;8—机床控制变压器;9—中间继电器;10—输入/输出(I/O)。

实际上机床的电器控制装置也位于数控装置和机床本体之间,它接收数控装置发出的开关命令,主要完成主轴的启停和方向控制、工件的夹紧与放松、切削液的开/关等辅助工作,由可编程控制器(PLC)和继电器、接触器组成。

5)辅助装置

辅助装置主要包括自动换刀装置(Automatic Tool Changer,ATC)、自动交换工作台机构(Automatic Pallet Changer,APC)、工件夹紧/放松机构、回转工作台、液压控制系统、润滑装置、切削液控制装置、排屑装置、过载和保护装置等。

6)机床本体

数控机床的本体指其机械结构实体。为满足数控加工的要求和充分发挥数控机床的特点,数控机床在整体布局、外观造型、传动结构、刀具系统和操作结构等方面与普通机床相比,均有很大的变化,具有以下特点:

(1)采用了高性能的主传动及主轴部件。传递功率大,刚度高,抗振性好,热变形小。

(2)进给传动采用高效传动件。一般采用滚珠丝杠螺母副、直线滚动导轨副或塑料涂层导轨等。具有传动链短、结构简单、传动精度高等特点。

(3)具有完善的刀具自动交换及管理系统。

(4)在加工中心上一般具有工件自动交换、工件夹紧和放松机构。

(5)机床本身具有很高的动、静刚度。

(6)采用全封闭的罩壳。

7)位置检测装置

位置检测装置也称反馈元件,通常安装在机床的工作台上或丝杠上,用来检测工作台的实际位移或丝杠的实际转角。在闭环控制系统中这个实际位移或转角信号有的要反馈给数控装置，由数控装置计算出实际位置和指令位置之间的差值，并根据这个差值的方向和大小去控制机床，使之朝着减小误差的方向移动。位置检测装置的精度直接决定了数控机床的加工精度。

3. 数控机床控制系统的构成

数控机床进行加工时，首先必须将工件的几何数据和工艺数据按规定的代码和格式编制成数控加工程序，并用适当的方法将加工程序输入数控系统。数控系统对输入的加工程序进行数据处理，输出各种信息和指令，控制机床各部分按规定有序地动作。这些信息和指令最基本的包括：各坐标轴的进给速度、进给方向和进给位移量，各状态控制的 I/O 信号等。伺服系统的作用就是将进给位移量等信息转换成机床的进给运动，数控系统要求伺服系统正确、快速地跟随控制信息，执行机械运动，同时，位置反馈系统将机械运动的实际位移信息反馈至数控系统，以保证位置控制精度。

总之，数控机床的运行在数控系统的控制下，处于不断地计算、输出、反馈等控制过程中，从而保证刀具和工件之间相对位置的准确性。与其他加工方法相比，数控机床有以下优点：

（1）数控系统取代了普通机床的手工操纵，具有充分的柔性，只要编制成零件程序就能加工出零件。

（2）零件加工精度一致性好，避免了普通机床加工时人为因素的影响。

（3）生产周期较短，特别适合小批量、单件的加工。

（4）可加工复杂形状的零件，如二维轮廓或三维轮廓加工。

（5）易于调整机床，与其他制造方法（如自动机床、自动生产线）相比，所需调整时间较少。

从数控机床最终要完成的任务看，主要有以下三个方面内容：

1）主轴运动

主轴运动和普通车床一样，主要完成切削任务，其动力占整台机床动力的 70% ~ 80%。基本控制是主轴的正、反转和停止，可自动换挡及无级调速；对加工中心和有些数控车床还必须具有定向控制和 C 轴控制。

2）进给运动

这是数控机床区别于普通车床最根本的地方，即用电气驱动替代了机械驱动，数控机床的进给运动是由进给伺服系统完成的。伺服系统包括伺服驱动装置、伺服电动机、进给传动链及位置检测装置，如图 1 - 3 所示。

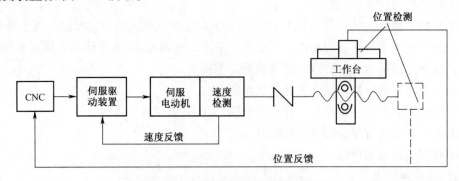

图 1 - 3　数控机床的进给伺服系统

伺服控制的最终目的就是机床工作台或刀具的位置控制,伺服系统中所采取的一切措施,都是为了保证进给运动的位置精度。如对机械传动链进行预紧和反向间隙调整;采用高精度的位置检测装置;采用高性能的伺服驱动装置和伺服电动机,提高数控系统的运算速度等。

3)输入/输出(I/O)

数控系统对加工程序处理后输出的控制信号除了对进给运行轨迹进行连续控制外,还要对机床的各种状态进行控制,这些状态包括主轴的变速控制,主轴的正、反转及停止,冷却和润滑装置的启动和停止,刀具的自动交换,工件夹紧和放松及分度工作台转位等。例如,通过对机床程序中的 M 指令、机床的操作面板上的控制开关及分布,在机床各部位的行程开关、接近开关、压力开关等输入元件的检测,由数控系统内的可编程控制器进行逻辑运算,输出控制信号驱动中间继电器、接触器、电磁阀及电磁制动器等输出元件,对冷却泵、润滑泵、液压系统和气动系统进行控制。

根据国际标准 ISO 4336—1981(E)《机床数字控制—数控装置和数控机床电气设备之间的接口规范》的规定,接口分为四类。如图 1-4 所示为数控装置、数控设备和机床之间的连接关系。

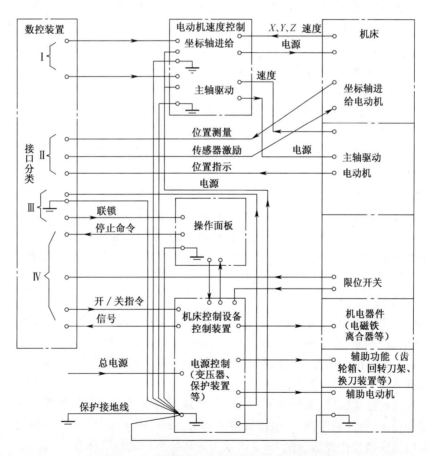

图 1-4　数控装置、数控设备和机床间的连接

第Ⅰ类:与驱动命令有关的连接电路,主要是与坐标轴进给驱动和主轴驱动的连接电路。
第Ⅱ类:数控装置与测量系统和测量传感器之间的连接电路。

第Ⅰ类和第Ⅱ类接口传送的信息是数控装置与伺服驱动单元、伺服电动机、位置检测和速度检测之间的控制信息及反馈信息，它们属于数字控制及伺服控制。

第Ⅲ类：电源及保护电路。由数控机床强电线路中的电源控制电路构成。强电线路由电源变压器、控制变压器、各种断路器、保护开关、接触器、熔断器等连接而成，以便为辅助交流电动机（如冷却泵电动机、润滑泵电动机等）、电磁铁、离合器、电磁阀等功率执行元件供电。强电线路不能与低压下工作的控制电路或弱电线路直接连接，只有通过断路器、中间继电器等器件，转换成直流低电压下工作的触点的开合动作，才能成为继电器逻辑电路和 PLC 可接收的电信号，反之亦然。

第Ⅳ类：开/关信号和代码信号连接电路。是数控装置与外部传送的输入、输出控制信号。当数控机床不带 PLC 时，这些信号直接在数控装置和机床间传送。当数控装置带有 PLC 时，这些信号除极少数的高速信号外，均通过 PLC 传送。

4. 数控机床的分类

数控机床的种类规格很多，分类方法也各不相同，常见的分类方式有以下几种。

（1）按被控制对象运动轨迹进行分类：

① 点位控制的数控机床。点位控制数控机床的数控装置只要求能够精确地控制一个坐标点到另一个坐标点的定位精度，而不管从一点到另一点是按什么轨迹运动，在移动过程中不进行任何加工。为了精度定位和提高生产率，系统首先高速运行，然后按 1~3 级减速，使之慢速趋近于定位点，减小定位误差。这类数控机床主要有数控钻床、数控坐标镗床、数控冲床、数控点焊机、数控折弯机和数控测量机等。

② 直线控制的数控机床。直线控制数控机床一般要在两点间移动的同时进行切削加工，所以不仅要求有准确的定位功能，还要求从一点到另一点之间按直线规律运动，而且对运动的速度也要进行控制，对于不同的刀具和工件，可以选择不同的进给速度。这一类机床包括简易数控车床、数控铣床、数控镗床等。一般情况下，这些机床可以有两三个可控轴，但一般同时控制轴数只有两个。

③ 轮廓控制的数控机床。轮廓控制又称连续控制，大多数数控机床具有轮廓控制功能。其特点是能同时控制两个以上的轴，具有插补功能。它不仅控制起点和终点位置，而且要控制加工过程中每一点的位置和速度，加工出任意形状的曲线或曲面组成的复杂零件。轮廓控制的数控机床的例子有两坐标及两坐标以上的数控铣床、可以加工回转曲面数控机床、加工中心等。

（2）按控制方式分类：

① 开环控制数控机床。这类数控机床没有检测反馈装置，数控装置发出的指令信号流程是单向的，其精度主要决定于驱动元件和伺服电动机的性能，开环数控机床所用的电动机主要是步进电动机。移动部件的速度与位移由输入脉冲的频率和脉冲数决定，位移精度主要决定于该系统各有关零部件的制造精度。

开环控制具有结构简单、系统稳定、容易调试、成本低等优点。但是系统对移动部件的误差没有补偿和校正，所以精度低，一般位置精度通常为±0.01~±0.02 mm。一般适用于经济型数控机床和旧机床数控化改造。图 1－5 所示为开环数控系统的示意图。

② 闭环控制系统。闭环控制系统是指在机床的运动部件上安装位置测量装置（光栅、感应同步器和磁栅等），如图 1－6 所示。加工中将测量到的实际位置值反馈到数控装置中，与输入的指令位移相比较，用比较的差值控制移动部件，直到差值为零，即实现移动部件的最终精

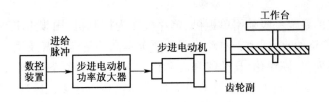

图 1-5　开环数控系统的示意图

确定位。从理论上讲,闭环控制系统的控制精度主要取决于检测装置的精度,它完全可以消除由于传动部件制造中存在的误差给工件加工带来的影响。所以这种控制系统可以得到很高的加工精度。闭环控制系统的设计和调整都有较大的难度,主要用于一些精度要求较高的镗铣床、超精车床和加工中心等。

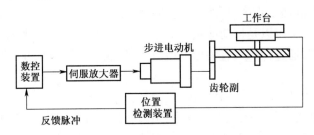

图 1-6　闭环控制系统的示意图

③半闭环控制系统。半闭环控制系统是在开环系统的丝杠上或进给电动机的轴上装有角位移检测装置,如圆光栅、光电编码器及旋转式感应同步器等。该系统不是直接测量工作台位移量,而是通过检测丝杠转角间接地测量工作台位移量,然后反馈给数控装置,如图 1-7 所示。

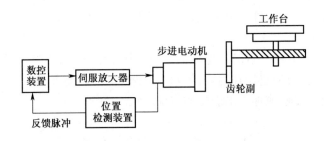

图 1-7　半闭环控制系统的示意图

半闭环控制系统实际控制的是丝杠的传动,而丝杠螺母副的传动误差无法测量,只能靠制造保证。因而半闭环控制系统的精度低于闭环系统。但由于角位移检测装置比直线位移检测装置结构简单、安装调试方便,因此配有精密滚珠丝杠和齿轮的半闭环系统正在被广泛地采用。目前已逐步将角位移检测装置和伺服电动机设计成一个部件,使系统变得更加简单,安装调试都比较方便,中档数控机床广泛采用半闭环控制系统。

(3) 按功能水平分类:按数控系统的功能水平分类,通常把数控系统分为低、中、高档三类,如金属切削类数控机床、金属成型类数控机床、数控特种加工机床、其他类型的数控机床及低档数控机床(脉冲当量 0.01 ~ 0.005mm,快进速度 4 ~ 10m/min)、中档数控机床(脉冲当量 0.005 ~ 0.001mm,快进速度 15 ~ 24m/min)、高档数控机床(脉冲当量 0.001 ~ 0.0001mm,快进速度 15～100m/min)等。

经济型低档数控系统一般采用单板机、单片机作为控制机,用步进电动机作为执行元件,其系统结构简单,价格便宜,适用于自动化程度要求不高的场合。普及型(中档)的数控系统,其系统结构都向系列化、模块化、高性能和成套化方向发展,内存容量较大,采用了高精度、高响应特性的交流或直流伺服单元,装置的可靠性指标较高。这类机床功能较全、价格适中,应用较广。高档型数控系统,一般用于多轴车削中心、多轴铣削中心、自动生产线的多轴控制、柔性加工单元、计算机集成制造系统等。这类数控机床的功能齐全,价格较贵。

5. 数控设备的工作原理

数控机床加工过程可以分为以下几个步骤。

1)程序编制

程序编制是将零件的加工工艺、工艺参数、刀具位移量及位移方向和有关辅助操作,按指令代码及程序格式编制加工程序单,然后,将加工程序单以代码形式记录在信息载体上。程序编制可以是手工编制,也可以是自动编制。对于自动编程,目前已较多采用计算机 CAD/CAM 图形交互式自动编程,通过计算机有关处理后,自动生成的数控程序可通过接口直接输入数控系统内。

2)数控代码和译码

数控代码是用来表示数控系统中的符号、字母和数字的专用代码,并组成数控指令。对数控代码进行识别,并翻译成数控系统能用于运算控制的信号形式称为译码。在计算机数控中,译码之前,先将零件程序存放在缓冲器里。译码时,译码程序依次将一个个字符和相应的数码与缓冲器中零件程序进行比较,若两者相等,说明输入了该字符。译码程序是串行工作的,它有较高的译码速度。

3)刀具轨迹的计算

刀具轨迹的计算是根据输入译码后的数据段参数,进行刀具补偿计算、绝对值与相对值的换算等,把零件程序提供的工件轮廓信息转换为系统认定的轨迹。

4)插补运算

插补运算是根据刀具中心点沿各坐标轴移动的指令信息,以适当的函数关系进行各坐标轴脉冲分配的计算。只有通过插补运算,使两个或两个以上坐标轴协调地工作,才能合成所需要的目标位置的几何轨迹,或加工出需要的零件形状。

1.2　数控系统的发展

1. 数控系统的发展过程

采用数字控制技术进行机械加工的思想最早起源于 20 世纪 40 年代,美国帕森斯公司与麻省理工学院合作,于 1952 年研制出世界上第一台三坐标数控铣床,其数控系统是由电子管组成的 NC 系统。随着微电子技术和计算机技术的进步,数控系统的发展经历了以下几代:

第一代数控系统:1952 年～1959 年,采用电子管、继电器元件;

第二代数控系统:从 1952 年开始,采用晶体管元件;

第三代数控系统:从 1965 年开始,采用小规模集成电路;

第四代数控系统:从 1970 年开始,采用大规模集成电路及小型计算机;

第五代数控系统:从 1974 年开始,采用微型计算机;

第六代数控系统:从 1987 年开始,开放式数控系统。

其中,前三代属于硬件逻辑数控系统(NC),从第四代以后为计算机数控系统(CNC)。

2. 数控系统的发展趋势

1)高速高精度

速度和精度是数控系统的两个重要指标,它直接关系到数控机床的加工效率和产品的质量。在超高速切削、超精密加工技术的实施中,机床各坐标轴的位移速度和定位精度是有更高要求的,但这两项技术指标却是互相制约的,也就是说位移速度提高,定位精度将下降。现代数控机床进给速度和位移分辨率的关系为 $400 \sim 800 \text{mm/min}$ 对应 $0.01 \mu\text{m}$,24m/min 对应 $0.1 \mu\text{m}$,$100 \sim 240 \text{m/min}$ 对应 $1 \mu\text{m}$。为实现更高速度、更高精度的目标,目前主要在以下几个方面进行研究。

(1)数控系统。采用位数、频率更高的微处理器来提高系统的插补运算和精度。

(2)伺服驱动系统。采用专用 CPU(一般是 DSP 芯片)控制伺服电动机,组成全数字式交流伺服系统,从而大大提高系统的定位精度和进给速度。在全数字式交流伺服系统中,采用现代控制理论,通过计算机软件实现最优控制。PID 控制由软件实现,位置环、速度环、电流环/全部数字化。

伺服电动机由旋转式向直线式发展,实现机床工作台的"零传动"进给方式。直线电动机满足了数控机床的进给速度向高速、超高速方向发展的要求。

(3)机床静、动摩擦的非线性补偿技术。机械静、动摩擦的非线性会导致机床的爬行。除了在机械结构上采取措施减小摩擦外,新型的数控系统具有自动补偿非线性摩擦的控制功能。

(4)大功率电主轴的应用。当主轴转速达到 $10000 \sim 75000 \text{r/min}$ 时,齿轮变速已经不能满足要求,为此出现了内装式电动机主轴(Build – in Motor Spindle,BMS),简称电主轴。它实现了变频电动机与机床主轴的一体化,电动机的转子直接套装在机床主轴上,机床主轴单元的壳体就是电动机座。

(5)配置高速、功能强的内置式可编程控制器。新型的 PLC 具有专用的 PLC,基本指令执行时间可达 $0.2 \mu\text{s}$/步,编程步数达到 16000 步以上。利用 PLC 的高速处理功能,使 CNC 与 PLC 有机地结合起来,满足数控机床运行中的各种实时控制要求。

2)高可靠性

CNC 系统的可靠性是用户最为关心的问题,提高可靠性可采取下列措施:

(1)提高线路的集成度。采用大规模和超大规模集成电路、专用芯片及混合式集成电路,以减少元器件的数量,精简外部连线和降低功耗。

(2)建立由设计、试制到生产的一整套质量保证体系。采取防电源干扰,输入/输出光电隔离;使数控系统模块化、通用化及标准化,以便于组织批量生产及维修;在安装、制作时严格筛选元器件并进行老化试验;对系统的可靠性进行全面考核等。通过以上手段,保证产品质量。

(3)采用先进工艺技术使设备小型化。采用表面安装技术(SMT)实现电子元件的三维立体装配,减小电路板的尺寸,提高可靠性。采用机电一体化技术,将机电装置完全综合为一体。

3)复合化

复合化包括工序复合化和功能复合化。工件在一台设备上一次装夹后,通过自动换刀等措施完成多种工序和表面加工。例如,一台能够完成多工序切削加工(车、铣、镗)的加工中心,就可代替多机床和多装夹的加工,既能减少装卸时间,省去工件搬运时间,提高每台机床的加工能力,减少半产品库存量,又能保证和提高定位精度,从而打破传统的工序界限和分开加工的工艺规程。

4) 智能化

(1) 引进自适应控制技术。自适应控制(Adaptive Control,AC)是 20 世纪 60 年代末发展起来的高精度、高效益的控制技术。将此技术应用在数控机床的控制上主要表现为:通过对机床主轴转矩、切削力、切削温度、刀具磨损等参数进行自动检测,由 CPU 比较运算后发出修改主轴转速和进给量大小的信号,确保数控系统处于最佳切削用量状态,从而在保证质量的条件下使加工成本最低或生产效率最高。

(2) 引入专家系统指导加工。建立具有人工智能的专家系统,提供经过优化的切削参数,使加工系统始终处于最优和最经济的工作状态,从而达到提高编程效率和降低对操作人员技术水平的要求。

(3) 采用故障自诊断自修复功能。利用 CNC 系统的内装程序实现在线故障诊断,出现故障时停机并通过 CTR 显示故障部位、原因等。利用"冗余"技术自动使故障模块脱机,接通备用模块。

(4) 智能化交流伺服驱动装置。包括智能化主轴交流伺服驱动装置和智能化进给交流伺服驱动装置。能自动识别电动机及负载的转动惯量,并自动对控制系统参数进行优化和调整,使驱动系统始终处于最佳运行状态。

5) 基于网络的数控系统

为了适应柔性制造单元(FMC)、FMS 以及 CIMS 的联网要求,先进的 CNC 系统还为用户提供了强大的联网能力。除有 RS - 232C 接口外,还带有远程缓冲功能的 DNC 接口,甚至MAP 接口或 Ethernet(以太网)接口。数控机床作为车间的基本设备,其通信范围有以下几个方面:

(1) 数控系统内部的 CNC 装置与数字伺服间的通信,主要通过串行实时通信系统(SERCOS)链式网络传递数字伺服控制信息。

(2) 数控系统与上级主计算机通信。

(3) 与车间现场设备及输入/输出装置的通信主要通过现场总线,如 PROFIBUS 总线进行通信。

(4) 通过因特网与服务中心的计算机通信,传递维修数据。

(5) 通过因特网实现工厂间数据交换。

6) 开放化

传统的数控系统是一种专用封闭式系统,各个厂家的产品之间及通用计算机之间不兼容,维修、升级困难,越来越不能满足市场对数控系统的要求。针对这种情况,人们提出了开放式数控系统的概念,国内外正在大力研发开放式数控系统,有些已进入实用阶段,其特点有以下几方面:

(1) 向未来技术开放。由于软硬件遵循公认的标准协议,重新设计工作量减少,新一代的通用软硬件很容易被现有系统吸收和兼容,延长了系统使用寿命,降低了开发费用。

(2) 向用户特殊要求开放。提供可选的软硬件产品,融入用户自身的技术诀窍,满足特殊要求,形成特殊品牌。

(3) 标准化的人机界面和编程语言,方便用户使用。

（4）有利于批量生产,提高可靠性和降低成本,增强市场竞争力。

【任务实施】

1. 任务实施所需的设备

任务所需训练设备元器件见表1.1

表 1.1　训练设备和元器件明细表

名　称	型号或规格	数量	名　称	型号或规格	数量
数控车床西门子802S系统	CK6136	14 台	数控机床实验台	NNC - R1	1 台
	CK6140	4 台	数控机床车床维修实验台	NNC - RTS	2 台
	CK6132	2 台	数控机床铣床维修实验台	NNC - RMS	3 台
数控铣床FANUC0 - i 系统	XK7136	4 台	加工中心FANUC0 - MD 数控系统	XH714	2 台
	XK5025	4 台			

2. 任务实施的内容和步骤

（1）按照班级学生人数分成三组,数控车床小组、数控铣床小组、加工中心小组由车间里的工人师傅和技术人员指导,在车间里分别进行认识实训。

（2）通过实训了解认识数控车床、铣床、加工中心等设备运动与控制系统的强电部分所使用的低压电器、线槽及线路连接、接线端子排、总电源、接地保护等内容并做好记录。

（3）通过训练了解认识位置检测所使用的敏感元件、伺服电机上的铭牌数据、各类数控所使用的伺服电动机是直流还是交流等并做好记录。

（4）通过实训了解认识数控机床所使用的 PLC 及系统、接口、数控编程等数控设备并做好记录。

【自我测试】

1. 什么叫数控技术?

2. 数控设备由哪几部分组成? 数控装置一般又由哪几部分组成?

3. 伺服系统的作用是什么?

4. 说明闭环、半闭环和开环伺服系统的组成及各自的特点。

5. 伺服系统主要完成什么控制?

6. 机床电器控制装置主要完成什么控制?

7. 数控机床在整体布局、传动结构、刀具系统、和操作结构等方面与普通机床相比具有哪些特点?

2 项目二 数控机床配盘控制线路认识

☞学习目标

1. 培养目标

（1）了解掌握电磁式低压电器的电磁机构、触点系统、电弧的产生及灭弧方法。

（2）掌握常用低压配电电器和控制电器的一般结构与动作过程。

（3）掌握低压断路器、接触器、继电器等控制电器的工作原理。

2. 技能目标

（1）掌握各种典型控制线路的安装接线及故障排除、各种控制线路的程序设计与调试。

（2）掌握常用电工工具和电工仪表的使用。

任务 1　常用低压器控制电器的认识

【任务描述】

（1）各种常用负荷开关（刀开关）、熔断器、断路器（自动空气开关 QF）等的认识。

（2）各种常用型号的接触器、继电器、按钮等的认识。

（3）掌握刀开关、转换开关、按钮、断路器（自动空气开关）等低压电器的一般结构。

【任务分析】

本任务的研究是了解电磁式电器的基础知识，包括电磁机构、触点系统、电弧的产生及灭弧方法，电气控制系统中常用的开关、低压断路器、熔断器等电器的结构、主要技术参数、图形符号和文字符号以及选择与使用方法等方面知识。

【知识链接】

随着科学技术的发展，机床电机的电气控制系统也在不断更新。最初采用手动控制，而后采用继电器-接触器控制系统。继电器-接触器控制系统的优点是结构简单、价格低廉、维护方便、抗干扰强，因此，在机床控制中仍然得到广泛、长期的应用。

这里着重介绍继电器-接触器控制系统的常用低压电器。

2.1.1　低压电器的基本知识

主要介绍低压电器的基本知识和分类，低压控制电器和低压保护电器的概念、结构与动作原理等内容，为以后正确使用与维护打下基础。

1. 低压电器定义及分类

凡是对电能的生产、输送、分配和使用起控制、调节、检测、转换及保护作用的电工器械称为电器。用于交流 50Hz 或 60Hz 额定电压 1200V 以下、直流额定电压 1500V 以下的电路内起接通、断开、保护、控制或调节作用的电器称为低压电器。常用的低压电器有刀开关、转换开关、自动开关、熔断器、接触器、继电器和主令电器等。

低压电器的种类较多，分类方法有多种，就其在电气线路中所处的地位、作用以及所控制的对象可分为低压配电电器、低压控制电器两大类。

（1）低压配电电器。主要用于低压配电系统中。对这类电器的要求是系统发生故障时，动作准确、工作可靠，在规定的时间，通过允许的短路电流时，其电动力和热效应不会损坏电器。如刀开关、断路器和熔断器等。

（2）低压控制电器。主要用于电气传动系统中。对这类电器要求是有相应的转换能力，操作频率高，电寿命和机械寿命长，工作可靠。如接触器、继电器、主令电器等。

2. 电磁式电器

电磁式电器在低压电器中占有十分重要的地位，在电气控制系统中应用最为普遍。如接触器、自动空气开关(断路器)、电磁式继电器等。它们的工作原理基本上相同。就结构而言主要由电磁机构和执行机构所组成，电磁机构按其电源种类可分为交流和直流两种，执行机构则可分为触头系统和灭弧装置两部分。

电磁机构由线圈、铁芯(静铁芯)和衔铁(动铁芯)等几部分组成。从常用铁芯的衔铁运动形式上看，其结构形式大致可分为拍合式和直动式两大类，如图2－1所示。图2－1(a)为衔铁沿棱角转动的拍合式铁芯，其铁芯材料由电工软铁制成，它广泛用于直流电器中；图2－1(b)为衔铁沿轴转动的拍合式铁芯，铁芯形状有E形和U形两种，其铁芯材料由电工硅钢片叠成，多用于触头容量较大的交流电器中；图2－1(c)为衔铁直线运动的双E形直动式铁芯，它也是由硅钢片叠压而成，也分为交、直流两大类。

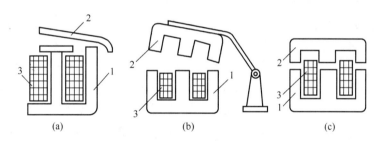

图2－1　电磁机构几种结构形式
1—铁芯；2—衔铁；3—吸引线圈。

电磁机构的作用原理是：当线圈中有工作电流通过时，电磁吸力克服弹簧的反作用力，使得衔铁与铁芯闭合，由连接机构带动相应的触头动作。在交流电流产生的交变磁场中，为避免因磁通过零点造成衔铁的抖动，需在交流电器铁芯的端部开槽，嵌入一铜短路环，使环内感应电流产生的磁通与环外磁通不同时过零，使电磁吸力 F 总是大于弹簧的反作用力，因而可以消除交流铁芯的抖动。

需要指出的是，对电磁式电器而言，电磁机构的作用是使触头实现自动化操作，但电磁机构实质上就是电磁铁的一种，电磁铁还有很多用途，例如牵引电磁铁，有拉动式和推动式两种，可以用于远距离控制和操作各种机构；阀用电磁铁，可以远距离控制各种气动阀，液压阀以实现机械自动控制；制动电磁铁则用来控制自动抱闸装置，实现快速停车；起重电磁铁用于起重搬运磁性货物工件等。

3. 电器的触头系统

在工作过程中可以分开与闭合的电接触称为可分合接触，又称为触头，触头是成对的，一为动触头，一为静触头。触头有时又包含主触头、副触头。

触头的作用是接通或分断电路，因此要求触头要具有良好的接触性能，电流容量较小的电器(如接触器、继电器)常采用银质材料作触头,这是因为银的氧化膜电阻率与纯银相似,可以避免表面氧化膜电阻率增加而造成接触不良。

触头的结构有桥式和指式两类。图2-2(a)所示是两个点接触的桥式触头,图2-2(b)所示是两个面接触的桥式触头。两个触头串于同一电路中,电路的接通与断开由两个触点共同完成。点接触形式适用于电流不强,且触头压力小的场合;面接触形式适用于电流较强的场合。图2-2(c)所示是为指形触头,其接触区为一直线,触头接通或分断时产生滚动摩擦,以利于去掉氧化膜,故其触头可以用紫铜制造,特别适合于触头分合次数多、电流大的场合。

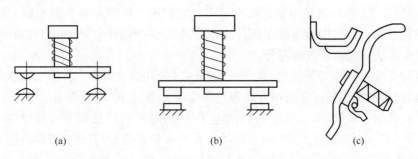

(a)   (b)   (c)

图2-2 触头的结构形式

4. 低压电器的主要技术参数

电器要可靠地接通和分断被控电路,而不同的被控电路工作在不同的电压或电流等级、不同的通断频繁程度及不同性质负载的情况下,对电器提出了各种技术要求。如触点在分断状态时要有一定的耐压能力,防止漏电或介质击穿,因而电器有额定工作电压这一基本参数;触头闭合时,总有一定的接触电阻,负载电流在接触电阻产生的压降和热量不应过大,因此对电器触点规定了额定电流值,被控负载的工作情况对电器的要求有着重要的影响,如笼型异步电动机反接触制动及反向时的电流峰值约大2倍,所以电动机频繁反向时,控制电器的工作条件较差,于是,有些控制电器被制成能使用在较恶劣的条件下,而有些不能,这就使电器有不同的使用类别。配电电器担负着接通和分断短路电流的任务,相应地规定了极限通、断能力;电器在分断电流时,出现的电弧要烧损触点甚至熔焊,因此电器都有一定的使用寿命。

下面仅就控制电器的主要技术参数作一介绍,供选用电器时参考。

1) 使用类别

按国标 GB 2455—85,将控制电器主触点和辅助触点的标准使用列于表 2.1 中。

表 2.1 控制电器触点的标准使用类别

触点	电流种类	使用类别	典 型 用 途 举 例
主触点	交流	AC-1	无感或微感负载、电阻炉
		AC-2	绕线转子异步电动机的启动、分断
		AC-3	笼型异步电动机的启动、运转中分断
		AC-4	笼型异步电动机的启动、反接制动、反向、点动
	直流	DC-1	无感或微感负载、电阻炉
		DC-3	并励电动机的启动、点动与反接制动
		DC-5	串励电动机的启动、点动与反接制动

触点	电流种类	使用类别	典 型 用 途 举 例
辅助触点	交流	AC－11	控制交流电磁铁
		AC－14	控制小容量(≤72V·A)电磁铁负载
		AC15	控制容量大于72V·A的电磁铁负载
	直流	DC－11	控制直流电磁铁
		DC－13	控制直流电磁铁,即电感与电阻的混合负载
		DC－14	控制电路中有经济电阻的直流电磁铁负载

2）主参数——额定工作电压和额定工作电流

额定工作电压:是指在规定条件下,能保证电器正常工作的电压值,通常是指触点的额定电压值。有电磁机构的控制电器还规定了电磁线圈的额定工作电压。

额定工作电流:是指根据电器的具体使用条件确定的电流值,它和额定电压、电网频率、额定工作制、使用类别、触点寿命及防护等级等因素有关,同一开关电器可以对应不同使用条件以规定不同的工作电流值,CJX2系列小容量交流接触器的额定工作电流等技术数据见表表2.2。

表2.2 CJX2系列小容量交流接触器技术数据

型号	操作频率 次/h		通电持续率（%）	AC－3 使用类别						辅助触点		吸引线圈		
				额定工作电流 I_N/A		可控制三相异步电动机的功率 P/kW				控制功率		功率 P/W		额定控制电压 U_N/V
	AC－3	AC－4		380V	660V	220V	380V	500V	660V	AC V·A	DC W	启动	吸持	
CJX2－9	1200	300	40	9	7	2.2	4	5.5	5.5	300	30	80	8	24、36
CJX2－12	1200	300		12	9	3	5.5	5.5	7.5			80	8	48、110
CJX2－16	600	120		16	12	4	7.5	9	9			100	8	127、220
CJX2－25	600	120		25	18.5	5	11	11	15			100	9	380、660

3）通断能力

通断能力是以"非正常负载"时能接通和断开的电流值来衡量。接通能力是指开关闭合时不会造成触点熔焊的能力。断开能力是指开关断开时能可靠灭弧的能力。

4）寿命

控制电器寿命的包括机械寿命和电寿命。机械寿命是指电器在无电流情况下能操作的次数;电寿命是指按所定使用条件不需要修理或更换零件的负载操作次数。

2.1.2 常用的低压器控制电器

1. 刀开关

刀开关是一种手动配电电器,主要用来手动接通与断开交、直流电路,通常只作电源隔离开关使用,也可用于不频繁地接通与分断额定电流以下的负载,如小型电动机、电阻炉等。

刀开关按极数划分有单极、双极与三极几种;其结构由操作手柄、刀片(动触点)、触点座(静触点)和底板等组成。

刀开关常用的产品有HD11－HD14和HS11－HS13系列刀开关,HK1、HK2系列开启式负荷开关,HH3、HH4 系列封闭式负荷开关,HR3 系列熔断器刀开关等。

刀开关在安装时,手柄要向上,不得倒装或平装。只有安装正确,作用在电弧上的电动力和热空气的上升方向一致,才能促使电弧迅速拉长而熄灭;反之,两者方向相反电弧就不易熄灭,严重时会使触点及刀片烧灼,甚至造成极间短路。此外,如果倒装,手柄可能因自动下落而误动作合闸,将可能造成人身和设备的安全事故。

在安装使用铁壳开关时应注意安全,既不允许随意放在地上操作,也不允许面对着开关操作,以免万一发生故障,而开关又分断不下时铁壳爆炸飞出伤人。应按规定把开关垂直安装在一定高度处。开关的外壳应妥善地接地,并严格禁止在开关上方搁置金属零件,以防它们掉入开关内部酿成相间短路事故。

刀开关的图形符号及文字符号如图 2 - 3 所示。

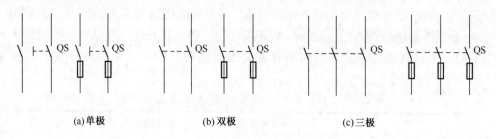

(a)单极　　　　　　　(b)双极　　　　　　　(c)三极

图 2 - 3　刀开关的图形、文字符号

2. 转换开关

转换开关又称组合开关,一般用于电气设备中不频繁通断电路、换接电源和负载,以及小功率电动机不频繁地启停控制。转换开关实际上是由多极触点组合而成的刀开关,由动触片(动触点)、静触片(静触点)、转轴、手柄、定位机构及外壳等部分组成。其动、静触片分别叠装于数层绝缘壳内,其内部结构示意图及图形符号和文字符号如图 2 - 4 所示,当转动手柄时,每层的动触片随方形转轴一起转动。

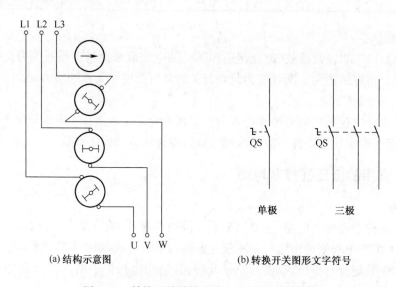

(a)结构示意图　　　　　　　　(b)转换开关图形文字符号

图 2 - 4　转换开关结构示意图及图形文字符号

用转换开关可控制 7kW 以下电动机的启动和停止,其额定电流应为电动机额定电流的 3 倍。也可用转换开关接通电源,另由接触器控制电动机时,其转换开关的额定电流可稍大于电动机的额定电流。

HZ10 系列为早期全国统一设计产品,适用于额定电压 500V 以下,额定电流 10A、25A、100A 几个等级,极数有 1~4 极。HZ15 系列为新型的全国统一设计更新换代产品。

3. 按钮

按钮是用人力操作,具有储能(弹簧)复位的主令电器。它的结构虽然简单,却是应用很广泛的一种电器,主要用于远距离操作接触器、继电器等电磁装置,以切换自动控制电路。

按钮的一般结构示意图及图形、文字符号如图 2-5 所示。操作时,当按钮帽的动触头向下运动时,先与动断静触头分开,再与动合静触头闭合;当操作人员将手指放开后,在复位弹簧的作用下,动触头向上运动,恢复初始位置。在复位的过程中,先是动合触头分断,然后是动断触头闭合。

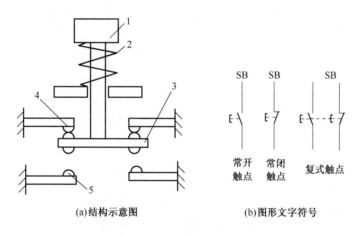

(a)结构示意图　　　　　(b)图形文字符号

图 2-5　按钮结构示意图及图形、文字符号

1—按钮帽;2—复位弹簧;3—动触点;4—常闭静触点;5—常开静触点。

为了标明各种按钮的作用,避免误动作,通常将按钮帽做成不同的颜色,以示区别。按钮的颜色有红、绿、黑、黄、蓝以及白、灰等多种,供不同场合选用。国标 GB 5226—85 对按钮的颜色作如下规定:"停止"和"急停"按钮必须是红色。当按下红色按钮时,必须使设备停止工作或断电;"启动"按钮的颜色是绿色;"启动"与"停止"交替动作的按钮必须是黑白、白色或灰色,不得用红色和绿色;"点动"按钮必须是黑色;复位按钮(如保护继电器的复位按钮)必须是蓝色,当复位按钮还具有停止的作用时,则必须是红色。按钮技术数据见表 2.3。

表 2.3　LA25 系列控制按钮技术数据

额定绝缘电压 U_i/V	AC　380				DC　220	
额定工作电压 U_N/V	220	380	220	380	110	220
约定发热电流 I_{th}/A	5		10		5、10	
额定工作电流 I_N/A	1.4	0.8	4.5	2.6	0.6	0.3
通断能力	8.7A(418V,cosφ = 0.7)50 次		46A(418V,cosφ = 0.7)50 次		0.8A(242V,$T_{0.95}$ = 300ms) 20 次	

按钮形式	平钮	蘑菇钮	带灯钮	旋钮	钥匙钮
操作频率/(次/h)	120				12
电寿命/万次	AC:50,DC:25				AC:10;DC:10
机械寿命/万次	100				10
工作制	断续周期工作制,$TD=40\%$				
额定极限短路电流	$1.1U_N$、$\cos\varphi=0.5\sim0.7$、1000A、3 次				
触头对数	1~6(根据需要可以加接)				

4. 熔断器

熔断器广泛用于低压配电线路和电气设备中,主要起短路保护和严重过载保护的作用。它具有结构简单、使用维护方便、价格低廉、可靠性高等特点,是低压配电线路中的重要保护元件之一。熔断器的种类较多,常用的熔断器有瓷插式、螺旋式。其结构如图2-6 所示。熔断器接入电路时,熔体与保护电路串联连接,当该电路中发生短路或严重过载故障时,通过熔体的电流达到或超过其允许的正常发热电流,熔体上产生的热量使熔体温度急剧上升,当达到熔体金属的熔点时自行熔断,分断电路切断故障电流,从而保护了电气设备。

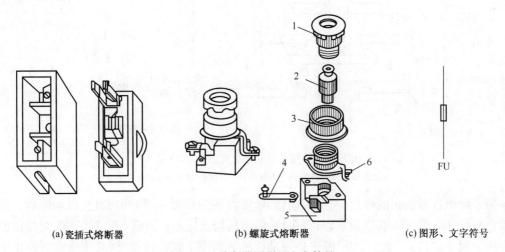

(a) 瓷插式熔断器　　　　(b) 螺旋式熔断器　　　　(c) 图形、文字符号

图 2-6　熔断器图形及文字符号

1—瓷帽;2—熔断管;3—瓷套;4—上接线柱;5—座子;6—下接线柱。

瓷插式熔断器 RC1A 系列结构简单,更换方便,价格低廉。一般用在交流 50Hz、额定电压在 380V、额定电流在 200A 以下的低压线路末端或分支电路中,作为电气设备的短路保护及一定程度上的过载保护之用。

螺旋式熔断器 RL1 系列分断能力高,结构紧凑,体积小,安装面积小,更换熔体方便,安全可靠,熔丝熔断后有明显信号指示,广泛应用于控制箱、配电屏、机床设备及振动较大的场所,作为短路及过载保护元件。

1) 熔断器的结构和主要参数

(1) 熔断器的结构。熔断器主要由熔体、安装熔体的熔管和熔座三部分组成。熔体是熔断器的主要组成部分,常做成丝状、片状和栅状。

（2）主要技术参数。

额定电压：熔断器熔断时，可使电弧及时熄灭，所在电路工作电压的最高限制。

额定电流：熔断器长期通过的、不超过允许温升的最大工作电流。

熔体的额定电流：长期通过熔体而不会使熔体熔断的电流。

极限分断能力：熔断器所能分断的最大短路电流值。

2）熔断器的使用及维护

应正确选用熔体和熔断器。分支电路的熔体额定电流应比前一级小2~3级；对不同性质的负载，如照明电路、电动机主电路、控制电路等，应尽量分别保护，装设单独的熔断器。更换熔体时，应切断电源，并换上相同的额定电流的熔体。瓷插式熔断器安装熔丝时，熔丝不要划伤、绷紧，应顺着螺钉旋转方向绕接。安装螺旋式熔断器时，必须将电源线接到瓷底座的下接线端，以保证安全。

2.1.3 断路器（自动空气开关）

1. 断路器的工作原理

断路器是一种既有手动开关作用又能自动进行欠压、失压、过流、过载和短路保护的电器。断路器是低压配电系统中一种重要的保护电器，同时也可用于不频繁地接通和分断电路以及控制电动机。断路器由触头装置、灭弧装置、脱扣装置、传动装置和保护装置五部分组成，其工作原理如图2-7所示。在正常情况下断路器的主触点是通过操作机构手动或电动合闸的。主触点闭合后，自由脱扣器结构将锁在合闸位置上，电路接通正常工作。若要正常切断电路时，应操作分励脱扣，使自由脱扣机构动作，并自动脱扣，主触点断开，分断电路。

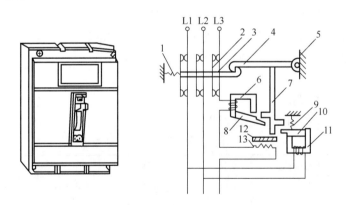

图2-7　断路器的外形结构与工作原理示意图

1、9—弹簧；2—触点；3—锁键；4—搭钩；5—轴；6—过电流脱扣器；7—杠杆；
8、10—衔铁；11—欠电压脱扣器；12—双金属片；13—热元件。

断路器的工作原理：断路器的过电流脱扣器的线圈和热脱扣器的热元件与主电路串联，失压脱扣器的线圈与电路并联。当电路发生短路和严重过载时，过电流脱扣器的衔铁被吸合，使自由脱扣机构动作，当电路发生过载时，热脱扣器的热元件产生的热量增加，温度上升，使双金属片向上弯曲变形，从而推动自由脱扣机构动作。当电路出现失压时，失电压脱扣器的衔铁释放，也使自由脱扣机构动作。自由脱扣机构动作时，断路器自由脱扣，使开关自动跳闸，主触点断开，分断电路，达到非正常工作情况下保护电路和电气设备的目的。

2. 断路器的主要技术参数：

（1）额定工作电压 U_N。

（2）壳架等级额定电流 I_{mN} 和额定工作电流 I_N。

（3）额定短路通断能力和一次极限分断能力。

（4）保护特性和动作时间。

（5）电寿命和机械寿命。

（6）热稳定性和电动稳定性。

3. 塑壳式断路器

塑料外壳式低压断路器，原称装置式自动开关，其全部结构和导电部分都装在一个塑料外壳内，仅在壳盖中央露出操作手柄，供手动操作之用。具有结构紧凑、体积小、维修不方便等特点。

这种开关内配有不同的脱扣器：

（1）复式脱扣器装有过载保护及短路保护。

（2）电磁式脱扣器装有短路保护。

（3）双属片式热扣器装有过载保护。

低压断路器的操作手柄有三个位置：

（1）合闸位置，手柄扳向上边，跳钩被锁扣扣住，触头闭合。

（2）自由脱扣位置，跳钩被释放，手柄移至中间位置，触头断开。

（3）分闸和再扣位置，手柄向下扳，跳钩被锁扣扣住，从而完成了"再扣"的动作。

注意：如果断路器跳闸后，想再合闸，必须经过再扣动作，否则断路器不会合上。

目前我国生产的断路器有 DW10、DW15、DW16 系列万能式断路器和 DZ5、DZ10、DZ12、DZ15、DZ20 等系列塑壳式断路器，以及近年来从德国 AEG 公司引进的 ME 系列万能式断路器、从日本三菱公司引进的 AE 系列万能式断路器、从日本寺崎公司引进的 AH 系列万能式断路器和从德国西门子公司引进的 3WE 系列万能式断路器。

【任务实施】

1. 任务实施所需的设备

任务所需的训练设备和元器件见表2.4。

表 2.4　训练设备和元器件明细表

名称	型号或规格	数量	名称	型号或规格	数量
万用表	FA－47	1 只	一般电工工具	扳手、螺丝刀、测电笔、剥线钳等	1 套
组合开关	HZ10－25/3	1 只	低压断路器	DZ15	若干个
刀开关	HK1－30/3	1 只	三相异步电动机 M	Y－100L2－4	1 台
熔断器	RC1A－15	1 只	熔断器	RL1－15	3 只
导线	2.5mm^2	若干			

2. 训练的内容与步骤

（1）常用低压配电电器：各种常用型号负荷开关（刀开关）、组合开关、熔断器、断路器（自动空气开关 QF）等的认识和拆装；

（2）常用低压控制电器：各种常用型号的接触器、继电器、按钮等的认识和拆装。

（3）拆装交流接触器，按照以下过程进行。

① 拆卸:拆下灭弧罩;拆底盖螺钉;打开底盖,取出铁芯,注意衬垫纸片不要丢失;取出缓冲弹簧和电磁线圈;取出反作用弹簧。拆卸完毕将零部件放好,不要丢失。

② 观察:仔细观察交流接触器结构,零部件是否完好无损;观察铁芯上的短路环、位置及大小;记录交流接触器有关数据。

③ 组装:安装反作用弹簧;安装电磁线圈和缓冲弹簧;安装铁芯;最后安装底盖,拧紧螺钉。安装时,不要碰损零部件。

④ 更换辅助触点:松开压紧螺钉,拆除静触点;再用镊子夹住动触点向外拆,即可拆除动触点;将触点插在应安装的位置,拧紧螺钉就可以更换静触点;用镊子或尖嘴钳夹住触点插入动触点的位置,更换动触点。

⑤ 更换主触点:交流接触器主触点一般是桥式结构。将主触点的动、静触点一一拆除,依次更换。应注意组装时,零件必须到位,无卡阻现象。

【自我测试】

1. 低压开关电器动断、动合为什么采用桥式触头?
2. 交流电磁式电器的铁芯上为什么要有分磁环?
3. 按钮由哪几部分组成? 按钮作用是什么?
4. 试述胶盖刀开关的基本结构及用途。
5. 试述断路器的工作原理。

任务2 机床三相异步电动机启动控制线路

【任务描述】

(1) 通过学习掌握对三相异步电动机启动控制线路的理解,掌握由电气原理图绘制电气安装接线图的知识。

(2) 能够合理布置电器元件,正确安装连接电动机启动控制线路。

(3) 初步掌握电气识图与分析方法,熟悉安装连接控制线路的步骤。

(4) 培养电气控制线路的安装、调试、故障分析与排除的操作能力。

【任务分析】

本任务主要研究电气控制系统图及其类型、画法以及电气控制系统原理图的绘制原则、控制接触器的结构与原理、电动机启动运行控制线路的动作过程与安装接线。

【知识链接】

2.2.1 接触器

接触器是用来频繁接通和切断电动机或其他负载电路的一种自动切换电器。它由触头系统、电磁机构、弹簧、灭弧装置和支架底座等组成。通常分为交流接触器和直流接触器两类。

1. 交流接触器

交流接触器是用于远距离控制电压至380V、电流至600A的交流电路,以及频繁启动和控制交流电动机的控制电器。它主要由电磁机构、触头系统、灭弧装置等部分组成。交流接触器的结构如图2-8所示。

1) 电磁机构

电磁机构由铁芯、线圈衔铁等组成,其作用是产生电磁力,通过传动机构来通断主、辅触

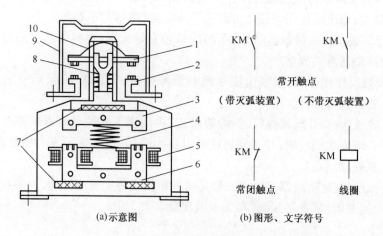

图 2-8　CJ20 系列交流接触器示意图和图形文字符号

1—动触点；2—静触点；3—衔铁；4—缓冲弹簧；5—电磁线圈；
6—铁芯静触点；7—垫毡；8—触点弹簧；9—灭弧罩；10—触点压力弹簧。

头。当操作线圈断电或电压显著下降时，衔铁在重力和弹簧力作用下跳闸，主触点切断主电路；当其线圈通电时动作，衔铁吸合，主触头及常开辅助触点闭合。交流接触器的电磁铁常采用单 U 形转动式、双 E 形直动式和双 U 形直动式等。

2）触头系统

触头系统是接触器的执行元件，起分断和闭合电路的作用，有双断点桥式触头和单断点指形触头两类。其优缺点在前面已作分析。从提高接触器的机械寿命和电寿命出发，采用双断点触头比单断点触头有利，对交流接触器更是如此。目前交流接触器的触头形式趋向于双断点触头，但在额定电流大的接触器中，常采用单断点触头。

3）灭弧装置

触头在分断电流的瞬间，在触头间的气隙中就会产生电弧，电弧的温度很高，能将触头烧损，并可能造成其他事故，因此，应采用适当措施迅速熄灭电弧。

熄灭电弧的主要措施有：①迅速增加电弧长度（拉长电弧），使得单位长度内维持电弧燃烧的电场强度不够而使电弧熄灭；②使电弧与流体介质或固体介质相接触，加强冷却和去游离作用，使电弧加快熄灭。电弧有直流电弧和交流电弧两类，交流电流有自然过零点，故其电弧较容易熄灭。

常用的灭弧方法有以下几种。

（1）速拉灭弧法：通过机械装置将电弧迅速拉长，从而加快电弧的熄灭。这种灭弧方法是开关电器中普遍采用的最基本的灭弧方法。

（2）冷却灭弧法：降低电弧的温度，可使电弧中的热游离减弱，正负离子的复合增加，有助于电弧迅速熄灭。

（3）磁吹灭弧法：利用永久磁铁或电磁铁产生的磁场对电流的作用力来拉长电弧；或者利用气流使电弧拉长和冷却而熄灭。

（4）窄缝灭弧法：这种灭弧方法是利用灭弧罩的窄缝来实现的。灭弧罩内有一条纵缝，缝的下部宽上部窄。当触头断开时，电弧在电动力的作用下进入缝内，窄缝将电弧弧柱直径压缩，使电弧同缝壁紧密接触，加强冷却和去游离作用，使电弧熄灭加快。

（5）金属栅片灭弧法:利用栅片对电弧的吸引作用及磁吹线圈的作用将电弧引入栅片中,栅片将电弧分割成许多串联的短弧。这样每两片灭弧栅片可以看作一对电极,使整个灭弧栅的绝缘强度大大加强。而每个栅片间的电压不足以达到电弧燃烧电压,同时吸收电弧热量,使电弧迅速冷却,所以电弧进入灭弧栅片后就很快地熄灭。如图2-9所示。

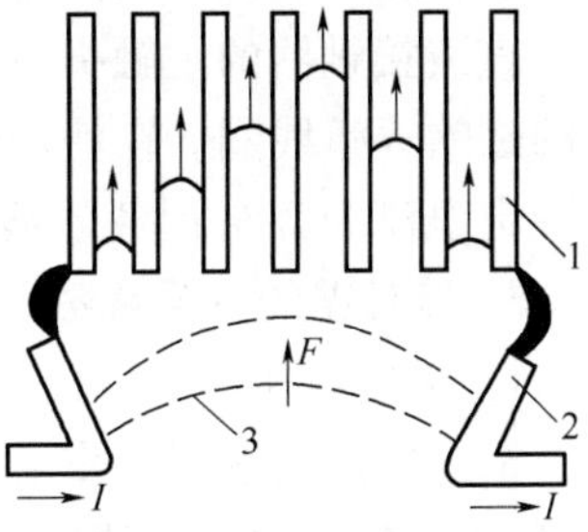

灭弧装置因电流等级而异。有绝缘材料灭弧罩、多纵缝灭弧室、栅片灭弧室、串联磁吹和真空灭弧室等。

交流接触器常用的型号有 CJ10、CJ12 系列,其新产品有 CJ20 系列,引进生产的交流接触器有德国西门子的 3TB 系列、法国 TE 公司的 LC1 和 LC2 系列、德国 BBC 公司的 B 系列等,这些引进产品大多采用积木式结构,可以根据需要加装附件。

部分交流接触器的主要技术参数见表2.5。

图 2-9　栅片灭弧示意图
1—灭弧栅片;2—触点;3—电弧。

表 2.5　CJ20 系列交流接触器主要技术参数

型　　号	频率 /Hz	辅助触头额定电流/A	吸引线圈电压/V	主触头额定电流/A	额定电压/V	可控制电动机最大功率/kW
CJ20－10				10		4/2.2
CJ20－16				16		7.5/4.5
CJ20－25				25		11/5.5
CJ20－40				40		22/11
CJ20－63	50	5	~36、127 220、380	63	380/220 500	30/18
CJ20－100				100		50/28
CJ20－160				160		85/48
CJ20－250				250		132/80
CJ20－400				400		220/115

交流接触器工作原理:当线圈通电后,线圈流过电流产生磁场,使静铁芯产生足够的吸力,克服反作用弹簧与动触点压力弹簧片的反作用力,将动铁芯吸合,同时带动传动杠杆使动、静触点的状态发生改变,其中三对常开主触点闭合。主触点两侧的两对常闭的辅助触点断开,两对常开的辅助触点闭合。当电磁线圈断电后,由于铁芯电磁吸力消失,动铁芯在反作用弹簧力的作用下释放,各触点也随之恢复原始状态。交流接触器的线圈电压在85%~105%额定电压时,能保证可靠工作。电压过高,磁路趋于饱和,线圈电流将显著增大;电压过低,电磁吸力不足,动铁芯吸合不上,线圈电流往往达到额定电流的十几倍。因此,电压过高或过低都会造成线圈过热而烧毁。

接触器除了电磁机构、触头系统、灭弧装置外,还有一些辅助零件和部件,如传动结构、外壳、接线端子等。

2. 直流接触器

直流接触器用于控制直流供电负载和各种直流电动机,额定电压直流 400V 及以下,额定电流 40~600A,分为六个电流等级。直流接触器结构主要由电磁机构、触头与灭弧系统组成。

电磁系统的电磁铁采用拍合式电磁铁,电磁线圈为电压线圈,用细漆包线绕制成长而薄的圆筒状。直流接触器的主触头一般为单极或双极,有动合触头也有动断触头,其触点下方均装有串联的磁吹灭弧线圈。在使用时要注意,磁吹线圈在轻载时不能保证可靠的灭弧,只有在电流大于额定电流的20%时磁吹线圈才起作用。

3. 接触器的主要参数

1)额定电压

指主触点的额定工作电压,交流有220V、380V、500V等,直流有110V、220V、440V等。此外,还规定辅助触头和线圈的额定电压。

2)额定电流

指主触头的额定工作电流,它是在一定条件下(额定电压、使用类别、额定工作制、操作频率等)规定的,保证电器正常工作的电流值,若改变使用条件,额定电流也要随之改变。目前生产的接触器额定电流有5A、10A、40A、60A、100A、150A、250A、400A和600A。

3)动作值

指接触器的吸合电压和释放电压。按照规定,作为一般用途的电磁式接触器,在一定温度下,加在线圈上的电压为额定值的85%~110%的任何电压下可靠地吸合;反之,如果工作中电压过低或失压,衔铁应能可靠地释放。

4)接通与分断能力

指接触器的主触头在规定条件下,能可靠地接通或分断的电流值。在此电流下接通或分断时,不应发生触头熔焊、飞弧和过分磨损。

5)电器寿命和电寿命

接触器是频繁操作电器,应具有较高的机械寿命和电寿命。目前接触器的机械寿命为100万次,小容量接触器的机械寿命可达300万次。

6)操作频率

指每小时允许的操作次数。目前一般为150~1200次/h。

7)工作制

有长期工作制、间断工作制、短时工作制、反复工作制。

4. 接触器的选择

(1)接触器类型的选择:根据接触器所控制的负载性质来选择接触器的类型。

(2)接触器的额定电压:应等于或大于主电路的额定电压。

(3)接触器线圈的额定电压及频率:应与所控制的电路电压、频率相一致。

(4)接触器额定电流的选择:应大于或等于负载的工作电流。

(5)接触器的触头数量、种类的选择:其触头数量和种类应满足主电路和控制线路的要求。

5. 接触器常见故障分析

1)吸不上或吸力不足

造成故障的主要原因有:电源电压过低和波动大;电源容量不足、断线、接触不良;接触器线圈断线,可动部分被卡住等;触点弹簧压力与超程过大;动、静铁芯间距太大。

2)不释放或释放缓慢

有以下原因:触点弹簧压力过小;触点熔焊;可动部分被卡住;铁芯极面被油污;反力弹簧损失;铁芯截面之间的气隙消失。

3）线圈过热或烧损

线圈中流过的电流过大时,就会使线圈过热甚至烧毁。发生线圈电流过大的原因有以下几个方面:电源电压过高或过低;操作频率过高;线圈已损坏;衔铁与铁芯闭合有间隙等。

4）噪声较大

产生的噪声过大的主要原因有:电源电压过低;触点弹簧压力过大;铁芯截面生锈或粘有油污、灰尘;分磁环断裂;铁芯截面磨损过度而不平。

5）触点熔焊

造成触点熔焊的主要原因有:操作频率过高或过负荷使用;负荷侧短路;触点弹簧压力过小;触点表面有突起的金属颗粒或异物;操作回路电压过低或机械卡住触点停顿在刚接触的位置上。

6）触点过热和灼伤

造成触头过热的主要原因有:触头弹簧压力过小;触头表面接触不良;操作频率过高或工作电流过大。

7）触头磨损

触头磨损有两种:一种是电气磨损,由触头间电弧或电火花高温使触头金属汽化或蒸发所造成;另一种是机械磨损,由于触头闭合时的撞击,触头表面的相对滑动摩擦等造成。

2.2.2　电气控制系统图基本知识

电气控制系统图是由许多电气元件按一定要求连接而成的。为了表达生产机械电气控制系统的结构、原理等设计的示意图,同时也为了便于电气系统的安装、调整、使用和维修,需要将电气控制系统中各电气元件的连接用一定的图形表达出来,这种图就是电气控制系统图。

电气控制系统图一般有三种:电路图(又称电气原理图)、电器元件布置图、电气安装接线图。我们将在图上用不同的图形符号表示各种电气元器件,用不同的文字符号表示设备及线路功能、状况和特征,各种图纸有其不同的用途和规定的画法。国家标准局参照国际电工委员会(IEC)颁布的有关文件,制定了我国电气设备的有关国家标准,如:

GB/T 4728—1999～2005《电气简图用图形符号》

GB/T 5226—85《机床电气设备通用技术条件》

GB/T 7159—1987《电气技术中文字符号制定通则》

GB/T 6988—1986《电气制图》

GB 5094—85《电气技术中的项目代号》

电气图示符号有图形符号、文字符号及回路标记等。

1. 图形符号

图形符号通常用于图样或其他文件,以表示一个设备或概念的图形、标记或字符。

电气控制系统图中的图形符号必须按国家标准绘制。附录绘出了电气控制系统的部分图形符号。图形符号含有符号要素、一般符号和限定符号。

（1）符号要素:一种具有确定意义的简单图形,必须同其他图形组合才构成一个设备或概念的完整符号。如接触器常开主触点的符号就由接触器触点功能符号和常开触点符号组合而成。

（2）一般符号:用以表示一类产品和此类产品特征的一种简单的符号。如电动机可用一个圆圈表示。

（3）限定符号：用于提供附加信息的一种加在其他符号上的符号。

运用图形符号绘制电气系统图时应注意以下几个方面：

（1）符号尺寸大小、线条粗细依国家标准可放大或缩小，但在同一张图样中，同一符号的尺寸应保持一致，各符号间及符号本身比例应保持不变。

（2）标准中示出的符号方位，在不改变符号含义的前提下，可根据图面布置的需要旋转或成镜像位置，但文字和指示方向不得倒置。

（3）大多数符号都可以加上补充说明标记。

（4）有些具体器件的符号由设计者根据国家标准的符号要素、一般符号和限定符号组合而成。

（5）国家标准未规定的图形符号，可根据实际需要，按突出特征、结构简单、便于识别的原则进行设计，但需要报国家标准局备案。当采用其他来源的符号或代号时必须在图解和文件上说明其含义。

2. 文字符号

文字符号适用于电气技术领域中技术文件的编制，用以标明电气设备、装置和元器件的名称及电路的功能、状态和特征。

文字符号应按国家标准《电气技术中的文字符号制定通则》（GB 7159—87）所规定的精神编制。

文字符号分为基本文字符号和辅助文字符号。常用文字符号见附录。

（1）基本文字符号：有单字母符号与双字母符号两种。单字母符号按拉丁字母顺序将各种电气设备、装置和元器件划分为 23 大类，每一类用一个专用单字母符号表示，如"C"表示电容，"R"表示电阻器等。双字母符号由一个表示种类的单字母符号与另一个字母组成，且以单字母符号在前，另一个字母在后的次序列出，如"F"表示保护器件类，"FU"则表示为熔断器，"FR"表示为热继电器。

（2）辅助文字符号：用来表示电气设备、装置和元器件以及电路的功能、状态和特征的。如"RD"表示红色，"SP"表示压力传感器，"YB"表示电磁制动器等。辅助文字符号还可以单独使用，如"ON"表示接通，"N"表示中间线等。

（3）补充文字符号的原则：当规定的基本文字符号和辅助文字符号不够使用，可按国家标准中文字符号组成规律和下述原则予以补充。

① 在不违背国家标准文字符号编制原则的条件下，可采用国家标准中规定的电气技术文字符号。

② 在优先采用基本和辅助文字符号的前提下，可补充国家标准中未列出的双字母文字符号和辅助文字符号。

③ 使用文字符号时，应按电气名词术语国家标准或专业技术标准中规定的英文术语缩写而成。

④ 基本文字符号不得超过两位字母，辅助文字符号一般不超过三位字母。文字符号采用拉丁字母大写正体字，且拉丁字母中"I"和"O"不允许单独作为文字符号使用。

3. 主电路各接点标记

三相交流电源引入线采用 L1、L2、L3 标记。

电源开关之后的三相交流电源主电路分别按 U、V、W 顺序标记。

分级三相交流电源主电路采用三相文字代号 U、V、W 的前边加上阿拉伯数字 1、2、3 等来标记,如 1U、1V、1W;2U、2V、2W 等。

各电动机分支电路各接点标记采用三相文字代号后面加数字来表示,数字中的个数表示电动机的代号,十位数字表示该支路各接点的代号,从上到下按数值大小顺序标记。如 U$_{11}$ 表示 M$_1$ 电动机的第一相的第一个接点代号,U$_{21}$ 表示为第一相的第二个接点代号,依此类推。

电动机绕组首端分别用 U、V、W 标记,尾端分别用 U′、V′、W′ 标记,双绕组的中点则用 U″、V″、W″ 标记。

控制电路采用阿拉伯数字编号,一般由三位或三位以下的数字组成。标注方法按"等电位"原则进行,在垂直绘制的电路图中,标号顺序一般由上而下编号,凡是被线圈、绕组、触点或电阻、电容等元件所间隔的线段,都应标以不同的电路标号。

4. 电路图

电路图用于表达电路、设备电气控制系统的组成部分和连接关系。通过电路图,可详细地了解电路、设备电气控制系统的组成和工作原理,并可在测试和故障寻找时提供足够的信息,同时电路图也是编制接线图的重要依据。电路图也称电气原理图。

原理图是根据电路工作原理绘制的,如图 2-10 所示为 CW6132 型车床电气原理图。在

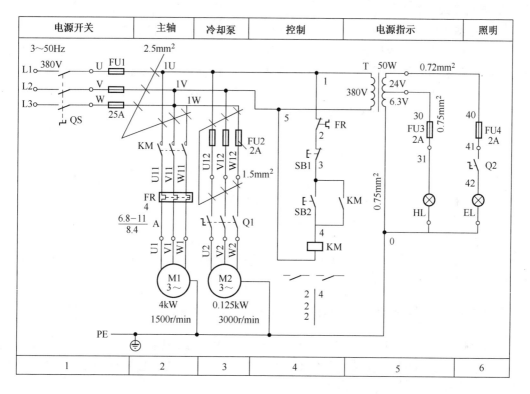

图 2-10   CW6132 型车床电气原理图

绘制原理图时,一般应遵循下列规则:

(1)电气控制电路原理图按所规定的图形符号、文字符号和回路标号进行绘制。

(2)动力电路的电源电路一般绘制成水平线;受电的动力装置电动机主电路用垂直线绘制在图面的左侧,控制电路用垂直线绘制在图面的右侧,主电路与控制电路应分开绘制。各电路元件采用平行展开画法,但同一电器的各元件采用同一文字符号标明。

(3)所有电路元件的图形符号,均按电器未接通电源和没有受外力作用时的状态绘制。

促使触点动作的外力方向必须是：当图形垂直放置时为从左向右，即在垂线左侧的触点为常开触点，在垂线右侧的触点为常闭触点；当图形水平放置时为从上向下，即水平线下方的触点为常开触点，在水平线上方的触点为常闭触点。

（4）在原理图中的导线连接点均用小圆圈或黑圆点表示。

（5）在原理图上方将图分成若干图区，并标明该区电路的用途与作用；在继电器、接触器线圈下方列有触点表以说明线圈和触点的从属关系。

（6）电气控制电路原理图的全部电动机、电器元件的型号、文字符号、用途、数量、额定技术数据，均应填写在元器件明细表内。

5. 电器元件布置图

电器元件布置图详细绘制出电气设备零件安装位置。如图 2-11 所示为 CW6132 型车床电器元件布置图。图中各电器代号应与有关电路图和电器清单上所有元器件代号相同，在图中往往留有 10% 以上的备用面积及导线管（槽）的位置，以供改进设计时用。图中不需标注尺寸。图 2-11 中 FU1~FU4 为熔断器、KM 为接触器、FR 为热继电器、T 为控制变压器、XT 为接线端子板。

6. 电气安装接线图

用规定的图形符号，按各电气元件相对位置绘制的实际接线图称为安装接线图。安装接线图是实际接线安装的依据和准则。它清楚地表示了各电气元件的相对位置和它们之间的电气连接，所以安装接线图不仅要把同一个电器的各个部件画在一起，而且各个部件的布置要尽可能符合这个电器的实际情况，但对尺寸和比例没有严格要求。各电气元件的图形符号、文字符号和回路标记均应以原理图为准，并保持一致，以便查对。

不是在同一控制箱内和不是同一块配电屏上的各电气元件之间的导线连接，必须通过接线端子进行；同一控制箱内各电气元件之间的接线可以直接相连。

在安装接线图中，分支导线应在各电气元件接线端上引出，而不允许在导线两端以外的地方连接，且接线端上只允许引出两根导线。安装接线图上所表示的电气连接，一般并不表示实际走线途径，施工时由操作者根据经验选择最佳走线方式。

安装接线图上应该详细地标明导线及所穿管子的型号、规格等。

安装接线图要求准确、清晰，以便于施工和维护。如图 2-12 所示为 CW6132 型车床电气控制系统接线图。

2.2.3 三相笼形异步电动机单向全压启动控制线路

图 2-13 所示为三相笼形异步电动机单向全压启动控制线路。它是一个常用的最简单的控制线路。由刀开关 QS、熔断器 FU1、接触器 KM 的主触头、热继电器 FR 的热元件与电动机 M 构成主电路。

启动按钮 SB2、停止按钮 SB1、接触器 KM 的线圈及其常开辅助触头、热继电器 FR 的常闭触头和熔断器 FU2 构成控制回路。

启动时，合上 QS，引入三相电源。按下 SB2，交流接触器 KM 的吸引线圈通电，接触器主触头闭合，电动机接通电源直接启动运转。同时与启动按钮并联的接触器常开辅助触头闭合，当松开 SB2 时，KM 线圈通过本身辅助触点继续保持通电，从而保证了电动机连续运转。这种依靠接触器自身辅助触点保持线圈通电的电路，称为自锁或自保电路。辅助常开触点称为自锁触点。

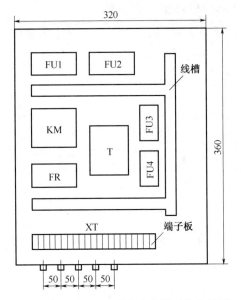

图 2-11 CW6132 型车床电器元件布置图

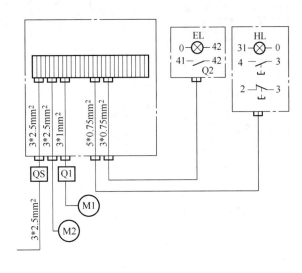

图 2-12 CW6132 型车床电控系统接线图

当需要电动机停止运转时,可按下停止按钮 SB1,切断 KM 线圈电路,KM 常开主触头与辅助触点均断开,切断电动机电源电路和控制电路,电动机停止运转。

该电路可实现的保护环节有:

(1)短路保护。由熔断器 FU2、FU1 分别实现主电路和控制电路的短路保护。为扩大保护范围,在电路中熔断器应安装在靠近电源端,通常安装在电源开关下边。

(2)过载保护。由于熔断器具有反时限保护特性和分散性,难以实现电动机的长期过载保护,为此采用热继电器 FR 实现电动机的长期过载保护。当电动机出现长期过载时,串接在电动机定子

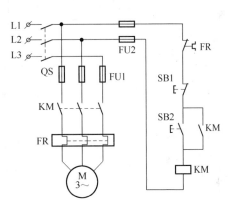

图 2-13 三相笼形异步电动机
单向全压启动控制线路

电路中的双金属片因过热变形,致使其串接在控制电路中的常闭触头打开,切断 KM 线圈电路,电动机停止运转,实现了过载保护。

(3)欠压和失压保护。当电源电压由于某种原因严重欠压和失压时,接触器电磁吸力急剧下降或消失,衔铁释放,常开主触点与自锁触点断开,电动机停止运转。而当电源电压恢复正常时,电动机不会自行启动运转,避免事故发生。因此具有自锁的控制电路具有欠压与失压保护功能。

【任务实施】

1. 任务实施所需的设备和元器件

任务所需训练设备和元器件见表2.6。

2. 训练项目实施的步骤及要求

(1)分析识读三相异步电动机的单向启动控制线路的电气原理图。

(2)根据电气原理图2-13绘制安装接线图。

表 2.6 训练设备和元器件明细表

代号	名 称	型 号	规 格	数量
M	三相异步电动机	Y-112M-4	4kW、380V、△接法、8.8A、1440r/min	1
QS	组合开关	HZ10-25/3	三极、25A	1
FU1	熔断器	RL1-60/25	500V、60A、配熔体 25A	3
FU2	熔断器	RL1-15/2	500V、15A、配熔体 2A	2
KM	交流接触器	CJ10-20	20A、线圈电压 380V	1
FR	热继电器	JR16-20/3	三极、20A、整定电流 8.8A	1
SB	按钮	LA4-3H	保护式、500V、5A、按钮数 3	3
XT	端子板	JX2-1015	10A、15 节	1

三相异步电动机的单向启动控制电气元件布置图如图 2-14 所示。电气安装接线图如图 2-15 所示。

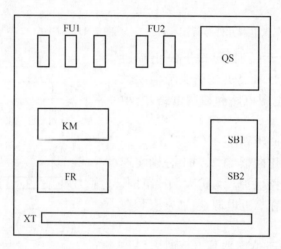

图 2-14 三相异步电动机的单向启动控制电气元件布置图

（3）检查电气元件,并固定元件。

（4）按电气安装接线图接线,注意接线要牢固,接触要良好,工艺力求美观。

（5）检查控制线路的接线是否正确,是否牢固。

（6）接线完成后,检查无误,经指导教师检查允许后方可通电调试。

确认接线正确后,接通交流电源 L1、L2、L3 并合上开关 QS,此时电动机不转。按下按钮 SB2,电动机 M 应自动连续转动,按下按钮 SB1 电动机应停转。若按下按钮 SB2 启动运转一段时间后,电源电压降到 320V 以下或电源断电,则接触器 KM 主触点会断开,电动机停转。再次恢复电压 380V(允许±10% 波动),电动机应不会自行启动(具有欠压或失压保护)。

如果电动机转轴被卡住而接通交流电源,则在几秒内热继电器应动作,自动断开加在电动机上的交流电源(注意不能超过 10s,否则电动机过热会冒烟导致损坏)。

3. 注意事项

接线要求牢靠,不允许用手触及各电气元件的导电部分,以免触电及伤害。

【自我测试】

1. 接触器的结构是由哪几个部分组成?

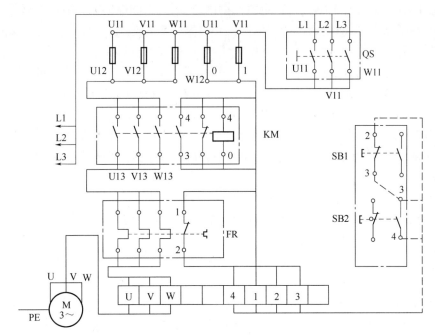

图 2-15　三相异步电动机的单向启动控制电气安装接线图

2. 常用的灭弧方法有哪几种?

3. 异步电动机单向全压启动控制线路可以实现的保护环节有哪些?

任务3　机床三相异步电动机点长动控制线路

【任务描述】

(1) 通过学习掌握电磁式继电器、热继电器的结构与原理。

(2) 掌握三相异步电动机点长动控制线路动作过程。

【任务分析】

本任务主要研究的是电磁式控制电器结构与原理、三相异步电动机点长动控制线路动作过程分析和安装接线。

【知识链接】

有些生产机械要求电动机既可以长动又可以点动,如一般机床在正常加工时,电动机是连续转动的,即长动,而在试车调整时,则往往需要点动。

2.3.1　电磁式继电器

1. 电磁式电流继电器

根据输入(线圈)电流大小而动作的继电器称为电流继电器。电流继电器的线圈串接于被测电路中,反映电路电流的变化,对电路实现过电流与欠电流保护。为了使串入电流继电器后不影响电路工作情况,电流继电器的线圈应阻抗小、导线要粗、其匝数应尽量少,只有这样线圈的功率损耗才小。

根据实际应用的要求,电流继电器又有过电流继电器和欠电流继电器之分。过电流继电器在正常工作时,线圈通过的电流在额定值范围内,它所产生的电磁吸力不足以克服反力弹簧的反作用力,故衔铁不动作;当通过线圈的电流超过某一整定值时,电磁吸力大于反力弹簧拉力,吸引衔铁动作,于是常开触头闭合,常闭触头断开。有的过电流继电器带有手动复位结构,它的作用是:当过电流时,继电器动作,衔铁被吸合,但当电流再减小甚至到零时,衔铁也不会自动返回,只有当故障得到处理后,采用手动复位结构,松开锁扣装置后,衔铁才会在复位弹簧作用下返回原始状态,从而避免重复过电流事故的发生。

过电流继电器主要用于频繁启动的场合,作为电动机或主电路的过载和短路保护。一般的交流过电流继电器调整在$(110\% \sim 350\%)I_N$动作,直流过电流继电器调整在$(70\% \sim 300\%)I_N$动作。

欠电流继电器是当通过线圈的电流降低到某一整定值时,继电器衔铁被释放,所以,欠电流继电器在电路电流正常时,衔铁吸合。欠电流继电器的吸引电流为线圈额定电流的$30\% \sim 65\%$,释放电流为额定电流的$10\% \sim 20\%$。因此,当继电器线圈电流降低到额定电流$10\% \sim 20\%$时,继电器即动作,给出信号,使控制电路作出应有的反应。交流过电流继电器的铁芯和衔铁上可以不安放短路环。

电流继电器的动作值与释放值可用调整反力弹簧的方法来整定。旋紧弹簧,反作用力增大,吸合电流和释放电流都被提高;反之,旋松弹簧,反作用力减小,吸合电流和释放电流都降低。另外,调整夹在铁芯柱与衔铁吸合端面之间的非磁性垫片的厚度也能改变继电器的释放电流,垫片越厚,磁路的气隙和磁阻就越大,与此相应,产生同样吸力所需的磁动势也越大,当然释放电流也要大些。

JL14系列交直流电流继电器的磁系统为棱角转动拍合式,由铁芯、衔铁、磁轭和线圈组成,触点为桥式双断点,触点数量有多种,并带有透明外罩。

2. 电磁式电压继电器

电压继电器是根据输入电压大小而动作的继电器。电压继电器线圈与被测电路并联,反映电路电压的变化,可作为电路的过电压和欠电压保护。为了不影响电路的工作状态,要求其线圈的匝数要多,导线截面要小,线圈阻抗要大。根据电压继电器动作电压值的不同分为过电压、欠电压、零电压继电器,一般欠电压继电器用得较多。过电压继电器在电路电压为$(105\% \sim 120\%)U_N$时吸合动作,欠电压继电器在电路电压为$(40\% \sim 70\%)U_N$时释放,零电压继电器在电路电压降至$(5\% \sim 25\%)U_N$时释放。对于交流励磁的过电压继电器在电路正常时不动作,只有在电路电压超过额定电压,达到整定值时才动作,且一动作就将电路切断。为此,铁芯和衔铁上也可以不安放短路环。

常用的过电压继电器为JT4-A型,欠电压及零电压继电器为JT4-P型。

3. 电磁式中间继电器

电磁式中间继电器的用途很广。若主继电器的触点容量不足,或为了同时接通和断开几个回路需要多对触点时,或一套装置有几套保护需要用共同的出口继电器等,都要采用中间继电器。中间继电器实质上为电压继电器。当线圈加上70%以上的额定电压时,衔铁被吸合,并使衔铁上的动触点与静触点闭合;当失电后,衔铁受反作用弹簧的拉力而返回原位。

电磁式中间继电器的基本结构及工作原理与接触器完全相同,故称为接触器式继电器,所不同的是中间继电器的触点对数较多,并且没有主、辅之分,各对触点允许通过的电流大小是相同的,其额定电流约为5A。

常用的中间继电器有JZ7型和JZ14型等。图2-16所示为JZ7-44型中间继电器结构示

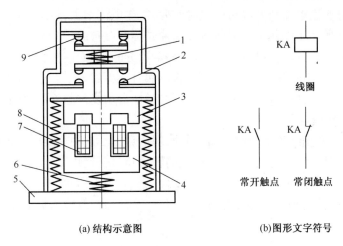

(a) 结构示意图　　　　　　　　(b) 图形文字符号

图 2 – 16　　JZ7 – 44 型中间继电器结构示意图和图形文字符号
1—触点弹簧;2—常开触点;3—衔铁;4—铁芯;5—底座;
6—缓冲弹簧;7—线圈;8—释放弹簧;9—常闭触点。

意图和在电气原理图中的符号。

　　JZ7 型继电器采用立体布置,铁芯和衔铁用 E 形硅钢片叠装而成,线圈置于铁芯中柱,组成双 E 直动式电磁系统。触点采用桥式双断点结构,上、下两层各有 4 对触点,下层触点只能是常开的,故触点系统可按 8 常开,6 常开、2 常闭及 4 常开、4 常闭组合。

　　JZ14 型中间继电器采用螺管式电磁系统及双断点桥式触点。其基本结构为交、直流通用,交流铁芯为平顶形,直流铁芯与衔铁为圆锥形接触面。触点采用直列式布置,触点对数可达 8 对,按 6 常开、2 常闭,4 常开、4 常闭及 2 常开、6 常闭任意组合。继电器还有手动操作钮,便于点动操作和作为动作指示,同时还带有透明外罩,以防尘埃进入内部,影响工作的可靠性。

　　电磁式中间继电器与电压继电器在电路中的接法和结构特征基本上也相同,在电路中起到中间放大与转换作用,即:①当电压或电流继电器触点容量不够时,可借助中间继电器来控制,用中间继电器作为执行元件,这时,中间继电器可被看成是一级放大器;②当其他继电器或接触器触点数量不够时,可用中间继电器来切换多条电路。电磁式继电器一般图形文字符号是相同的,电流继电器、电压继电器、中间继电器文字符号都为 KA。

2.3.2　热继电器

　　热继电器是利用电流的热效应来切断电路的保护电器,主要对电动机或其他负载进行过载保护以及三相电动机的断相保护。电动机在实际运行中,由于过载时间过长,绕组温升超过了允许值时,将会加剧绕组绝缘的老化,缩短电动机的使用寿命,严重时会使电动机绕组烧毁。因此,在电动机的电路中应设置有过载保护。

　　双金属片式热继电器的基本结构由加热元件、主双金属片、触点系统、动作机构、复位按钮、电流整定装置和温升补偿装置等部分组成。

　　热继电器的双金属片加热方式有三种,即直接加热式、间接加热式和复合加热式。其中间接加热式应用最普遍,它是一种双金属片间接加热式热继电器,有两个主双金属片与两个发热元件,两个热元件分别串接在主电路的两相中。双金属片作为测量组件,由两种不同线膨胀系数的金属压焊而成。动触点与静触点接于控制电路的接触器线圈回路中。在电动机正常运行时,热组件产生的热量虽能使双金属片产生弯曲变形,但还不足以使热继电器的触点系统动作;当负载电流超过整定电流值并经过一定时间后,工作电流增大,热组件产生的热量也增多,温度升高,发热元件所产生的热量足以使双金属片受热向右弯曲,并推动导板向右移动一定距离,导板又推动温度补偿片与推杆,使动触点与静触点分断,从而使接触器线圈断电释放,将电源切除起到保护作用。电源切断后电流消失,双金属片逐渐冷却,经过一段时间后恢复原状,于是动触点在失去作用力的情况下,靠自身弓簧的弹性自动复位与静触点闭合。

1. 两相结构的热继电器

图 2-17 所示为两相结构的热继电器工作原理示意图。这种热继电器也可以采用手动复位,将螺钉向外调节到一定位置,使动触点弓簧的转动超过一定角度失去反弹性,在此情况下,即使主双金属片冷却复原,动触点也不能自动复位,必须采用手动复位,按下复位按钮使动触点弓簧恢复到具有弹性的角度,使静触点恢复闭合。这在某些故障未被消除,为防止带故障投入运行的场合是必要的。

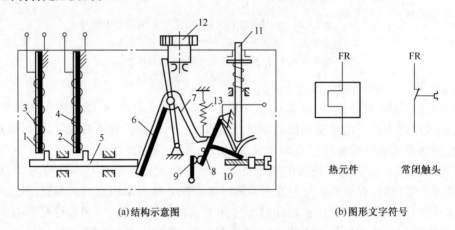

(a)结构示意图　　　　　　　　　　　　(b)图形文字符号

图 2-17　热继电器结构示意图和图形文字符号

1、2—主双金属片;3、4—热元件;5—导板;6—温度补偿双金属片;7—推杆;
8—动触点;9—静触点;10—螺钉;11—复位按钮;12—调节凸轮;13—弹簧。

热继电器的动作电流还与周围环境有关。当环境温度变化时,主双金属片会发生所谓"零点漂移"(即发热元件未通过电流时主双金属片所产生的变形),因而在一定动作电流下的动作时间会产生误差。为了补偿周围环境温度所带来的影响,设置了温度补偿双金属片,当主双金属片因环境温度升高向右弯曲时,补偿双金属片也同样向右弯曲,这就使热继电器在同一整定电流下,保证动作行程基本一致。

热继电器的整定电流是指热继电器连续工作而不动作的最大电流。整定电流的调节可以借助于旋转凸轮于不同位置来实现,旋钮上刻有整定电流值标尺,转动旋钮改变凸轮位置便改变了支撑杆的起始位置,即改变了推杆与动触点连杆的距离,调节范围可达 1∶1.6。

2. 三相结构的热继电器

一般情况下,应用两相结构的热继电器已能对电动机的过载进行保护。这是因为电源的三相电压均衡,电动机的绝缘良好,三相线电流也是对称的。但是,当三相电源因供电线路故障而产生不平衡情况,或因电动机绕组内部发生短路或接地故障时,就可能使电动机某一相线电流比另外两相电流要高,若该相线电路中恰巧没有热元件,就不能对电动机进行可靠的保护。为此,就必须选用三相结构的热继电器。

三相结构的热继电器外形、结构及工作原理与两相结构的热继电器基本相同。仅是在两相结构的基础上,增加了一个加热元件和一个主双金属片而已。三相结构的热继电器又分为带断相保护装置和不带断相保护装置两种。

三相电源的断相是引起电动机过载的常见故障之一。一般,热继电器能否对电动机进行断相保护,还要看电动机绕组的连接方式。

对于绕组是星形接法的电动机来说,当运行中发生断相,则另外两相就会发生过载现象,因流过继电器热元件的电流就是电动机绕组的电流,所以,普通的两相结构或三相结构的继电器都可以起到断相保护作用。

对于绕组是三角形接法的电动机来说,若继电器的热元件串接在电源的进线中,并且按电动机的额定电流来整定,当运行中发生断相,流过热继电器的电流与流过电动机绕组的电流增加比例是不同的。在电动机三相绕组内部,故障相电流将超过其额定电流。但此时的故障相电流并未超过继电器的整定电流值,所以热继电器不动作,但对电动机来说某相绕组就有过载危险。

为了对三角形接法的电动机进行断相保护,必须采用三相结构带断相保护装置的热继电器。由于热继电器主双金属片受热膨胀的热惯性及带动机构传递信号的惰性原因,从过载开始到控制电路分断为止,需要一定的时间,由此可以看出,电动机即使严重过载或短路,热继电器也不会瞬时动作,所以热继电器不能作短路保护。但正是这个热惯性和机械惰性,在电动机启动或短时过载时,热继电器也不会动作,从而满足了电动机的某些特殊要求。

3. 热继电器的基本特性

继电器主要用于保护电动机的过载,因此在选用时,必须了解被保护对象的工作环境、启动情况、负载性质、工作制以及电动机允许的过载能力,与此同时还应了解热继电器的某些基本特性和某些特殊要求。

(1) 安秒特性。安秒特性即电流—时间特性,是表示热继电器的动作时间与通过电流之间关系的特性,也称动作特性或保护特性。

(2) 热稳定性。热稳定性即耐受过载能力。热继电器热元件的热稳定性要求是:在最大整定电流时,对额定电流100A及以下的,通10倍最大整定电流;对额定电流100A以上的,通8倍最大整定电流,热继电器应能可靠动作5次。

(3) 控制触点寿命。热继电器的常开、常闭触点的长期工作电流为3A,并能操作视在功率为510W的交流接触器线圈10000次以上。

(4) 复位时间。自动复位时间不多于5min,手动复位时间不多于2min。

(5) 电流调节范围。电流调节范围为66%～100%,最大为50%～100%。

2.3.3 三相异步电动机的点长动控制线路

机械设备长时间运转,即要求电动机连续工作,称为长动。既有点动又有长动的控制电路为点、长动运转混合控制电路。

1. 机床三相异步电动机点动控制电路

机床三相异步电动机的点动控制电路,可以控制机械设备的步进和步退,电动机只作短时动作,不连续供电旋转。机械设备手动控制间断工作,即按下启动按钮,电动机转动,松开按钮,电动机停转,这样的控制称为点动。其控制电路如图2-18所示。

2. 三相异步电动机的点长动控制线路

机械设备长时间运转,即要求电动机连续工作,称为长动。既有点动又有长动的控制电路为点、长动运转混合控制电路。

利用复合按钮控制的点长动控制线路如图 2-19 所示。图中 SB3 为点动按钮,但需注意它是一个复合按钮,使用了一对动合触点和一对动断触点。动作过程情况:闭合电源开关 QS,按下启动按钮 SB2,接触器 KM 线圈通电吸合并自锁,电动机启动运转;如按下启动按钮 SB3,它的常闭触点(动断触点)断开接触器 KM 的自锁回路,可实现电动机点动控制。

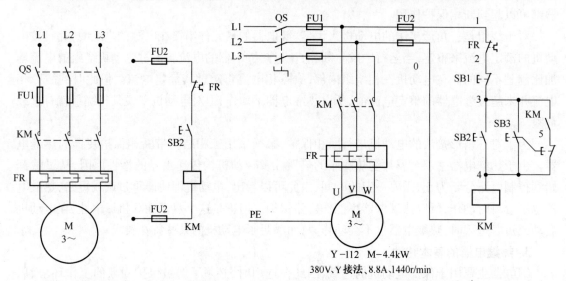

图 2-18 机床异步电动机点动控制线路　　图 2-19 复合按钮控制的点长动控制线路原理图

【任务实施】

1. 任务实施所需设备和元器件

任务所需训练设备和元器件见表 2.7。

表 2.7 训练设备和元器件明细表

代号	名　称	型　号	规　格	数量
M	三相异步电动机	Y-112M-4	4kW、380V、△接法、8.8A、1440r/min	1
QS	组合开关	HZ10-25/3	三极、25A	1
FU1	熔断器	RL1-60/25	500V、60A、配熔体 25A	3
FU2	熔断器	RL1-15/2	500V、15A、配熔体 2A	2
KM	交流接触器	CJ10-20	20A、线圈电压 380V	1
FR	热继电器	JR16-20/3	三极、20A、整定电流 8.8A	1
SB	按钮	LA4-3H	保护式、500V、5A、按钮数 3	3
XT	端子板	JX2-1015	10A、15 节	1

2. 训练内容和控制要求

图 2-19 所示为三相笼形异步电动机点长动控制线路训练原理图。

线路的动作过程:先合上电源开关 QS。

点动控制:按下按钮 SB3→SB3 常闭触点先分断(切断 KM 辅助触点电路)。SB3 常开触点后闭合→KM 线圈得电→KM 主触点闭合(KM 辅助触点闭合)→电动机 M 启动运转。松开按钮 SB3→SB3 常开触点先恢复分断→KM 线圈失电→KM 主触点断开(KM 辅助触点断开)后 SB3 常闭触点恢复闭合→电动机 M 停止运转,实现了点动控制。

长动控制:按下按钮 SB2→KM 线圈得电→KM 主触点闭合(KM 辅助触点闭合)→电动机 M 启动运转,实现了长动控制。

停止:按停止按钮 SB1→KM 线圈失电→KM 主触点断开→电动机 M 停止。

3. 训练内容与步骤

(1)分析三相异步电动机点长动控制电气原理图 2-19。

(2)三相异步电动机的点长动控制电气元件布置图如图 2-20 所示。电气安装接线图如图 2-21 所示。

(3)检查与调试:

① 检查控制电路,用万用表表笔分别搭在 U11、V11 线端上(或搭在 0 与 1 两点处),这时万用表读数应在无穷大;按下 SB2、SB3 时表读数应为接触器线圈的直流电阻阻值。

② 检查主电路时,可以手动来代替受电线圈励磁吸合时的情况进行检查。

③ 合上 QS,按下按钮 SB3 和 SB2,观察点动控制与长动控制电动机动作情况。

(4)注意事项:

① 电动机及按钮的金属外壳应可靠接地。

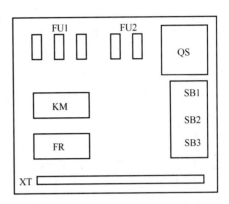

图 2-20 点长动控制线路电气元件布置图

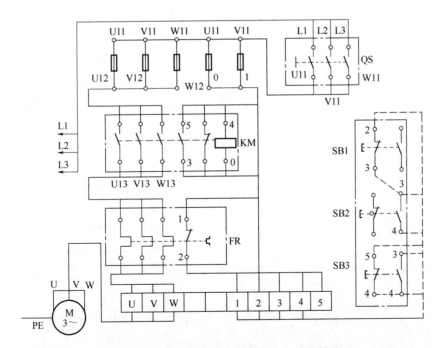

图 2-21 电动机的点长动控制电气安装接线

② 控制板外部走线，必须穿在导线的保护通道内，或采用四芯橡皮线进行临时通电校验。

③ 热继电器的整定电流应按图 2-17 中的电动机规格进行调整。

④ 点动采用复合按钮，其常闭触点必须串联在电动机的自锁控制电路中。

⑤ 通电试验车时，应先合上 QS，再按下按钮 SB2 或 SB3，并确保用电安全。

【自我测试】

1. 点动采用复合按钮，其常闭触点为什么串联在电动机的自锁控制电路中？

2. 按下按钮 SB2，线路没有任何反应，应该如何检查？

3. 写出点长动控制线路特点和工作过程。

任务 4　机床三相异步电动机正反转控制线路的安装训练

【任务描述】

（1）熟悉掌握三相异步电动机倒顺开关控制线路的工作过程；接触器联锁的正、反转控制线路的工作过程。

（2）熟悉电气和按钮双重联锁的正、反转控制。

（3）熟悉行程开关的使用方法，掌握自动往返电气线路分析和安装操作。

【任务分析】

本任务主要研究三相异步电动机正、反转控制线路分析和安装、连接、调试。

【知识链接】

2.4.1　三相异步电动机倒顺开关控制的可逆旋转控制电路

由电动机原理可知，改变电动机三相电源的相序，就能改变电动机的转向。

倒顺开关是一种组合开关，也称为可逆旋转开关。图 2-22(a) 所示为 HZ3-132 型倒顺开关控制电路示意图。倒顺开关有六个固定触点，其中 L1、L2、W 为一组，U、V、L3 为另一组。当开关手柄置于"顺转"位置时，动触片 Ⅰ1、Ⅰ2、Ⅰ3 分别将 U-L1、V-L2、L3-W 相连接，使电动机实现正转；当开关手柄置于"逆转"位置时，经动触片 Ⅱ1、Ⅱ2、Ⅱ3 分别将 U-L1、V-W、L3-L2 接通，使电动机实现反转；当开关手柄置于中间位置时，两组动触片均不与固定触点连接，电动机停止旋转。

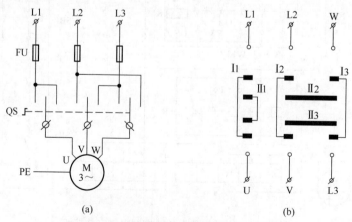

图 2-22　倒顺开关正反转控制电示意图

图 2-23(a)所示为直接操作倒顺开关实现电动机正反转的电路,因转换开关无灭弧装置,所以仅适用于电动机容量为 5.5W 以下的控制电路中。在操作过程中,使电动机由正转到反转,或由反转到正转时,应将手柄扳至"停止"位置,并稍加停留,这样就可避免电动机由于突然反接造成很大的冲击电流,防止电动机过热而烧坏。对于容量大于 5.5kW 的电动机,可用图 2-23(b)所示控制电路进行控制。它是利用倒顺开关来改变电动机相序,预选电动机旋转方向,而由接触器 KM 来接通与断开电源,控制电动机启动与停止。由于采用接触器通断负载电路,则可实现过载保护和失压与欠压保护。

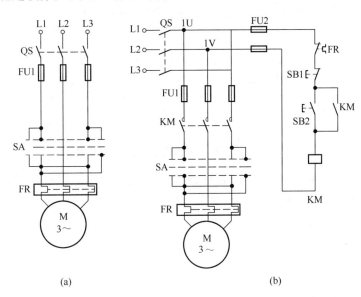

图 2-23 用倒顺开关控制的电动机正反转控制电路

2.4.2 三相异步电动机接触器联锁的正、反转控制线路

图 2-24 所示为电动机正反转控制电路。该图为利用两个接触器的常闭触头 KM1、KM2 起相互控制作用,即利用一个接触器通电时,其常闭辅助触头的断开来锁住对方线圈的电路。这种利用两个接触器的常闭辅助触头互相控制的方法叫做互锁,而两对起互锁作用的触头便称为互锁触头。

主电路中接触器 KM1 和 KM2 构成正反转相序接线,图 2-24 中按下正向启动按钮 SB2,正向控制接触器 KM1 线圈得电动作,其主触点闭合,电动机正向转动,按下停止按钮 SB1,电动机停转。按下反向启动按钮 SB3,反向接触器 KM2 线圈得电动作,其主触点闭合,主电路定子绕组变正转相序为反转相序,电动机反转。

图 2-24 控制线路作正反向操作控制时,必须首先按下停止按钮 SB1,然后再反向启动,因此它是"正—停—反"控制线路。

2.4.3 双重联锁的正、反转控制线路

在生产实际中为了提高劳动生产率,减少辅助工时,要求直接实现正反转变换控制。由于电动机正转的时候,按下反转按钮时首先应断开正转接触器线圈线路,待正转接触器释放后再接通反转接触器,于是在图 2-24 电路的基础上,将正转启动按钮 SB2 与反转启动按钮 SB3 的常闭触点串接到对方常开触点电路中,如图 2-25 所示。这种利用按钮的常开、常闭触点的机

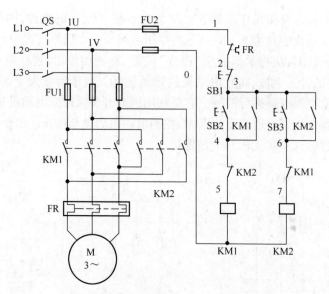

图 2-24　接触器联锁的正、反转控制线路

械连接,在电路中互相制约的接法,称为机械互锁。这种具有电气、机械双重互锁的控制电路是常用的、可靠的电动机可逆旋转控制电路,它既可实现正转—停止—反转—停止的控制,又可实现正转—反转—停止的控制。

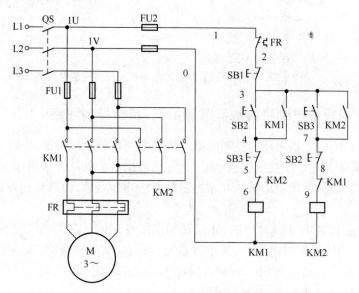

图 2-25　三相异步电动机双重联锁的正、反转控制线路

2.4.4　行程开关

行程开关又称位置开关(或称位置传感器),是一种很重要的小电流主令电器。行程开关是利用生产设备某些运动部件的机械位移而碰撞位置开关,使其触点动作,将机械信号变为电信号,接通、断开或变换某些控制电路的指令,借以实现对机械的电气控制要求。通常,这类开关被用来限制机械运动的位置或行程,使运动机械按一定位置或行程自动停止、反向运动、变速运动或自动往返运动等。即主要用于检测工作机械的位置,发出命令以控制其运动方向或行程长短。

各种系列的行程开关其基本结构大体相同,都是由操作头、传动机构、触点系统和外壳组成。操作头接收机械设备发出的动作指令或信号,并将其传递到触点系统,触点再将操作头传来的指令或信号,通过本身的结构功能变为电信号,输出到有关控制回路,使之作出必要的反应。

行程开关触点结构及运动示意图如图2-26所示。工作机械碰撞传动头时,经传动机构使顶杆向下移动,到达一定行程时,改变了弹簧力的方向,其垂直方向力由向下变为向上,则动触点向上跳动,使动断触点分断,动合触头闭合。当外力去掉后,在复位弹簧的作用下顶杆上升,动触头又向下跳动,恢复初始状态。

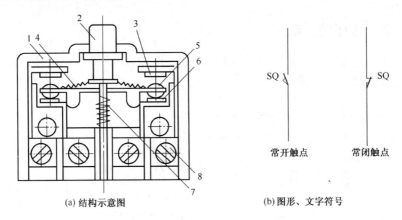

(a) 结构示意图   (b) 图形、文字符号

图2-26　行程开关触头结构及运动示意图和图形文字符号
1—外壳;2—顶杆;3—常开静触点;4—触点弹簧;5—动触头;
6—常闭静触点;7—恢复弹簧;8—螺钉。

行程开关的触点分合速度取决于生产机械挡块触动操作头移动速度,其缺点是当移动速度低于0.4m/min时,触点分合太慢易受电弧烧毁,从而减少触点使用寿命。

行程开关的种类很多,按运动形式分为直动式和转动式;按照触点性质分为有触点和无触点的。目前生产的产品有LX19、LX22、LX32及LX33,还有JLXK1系列。表2.8列出了常用的LX19和JLXK1系列行程开关的技术数据。

表2.8　LX19和JLXK1系列行程开关的技术数据

型号	额定电压电流	结构特点	触点对数		工作行程	超行程	触点转换时间/s
			常开	常闭			
LX19		元件	1	1	3mm	1mm	
LX19-111		单轮,滚轮装在传动杆内侧,能自动复位	1	1	~30°	~20°	
LX19-121		单轮,滚轮装在传动杆外侧,能自动复位	1	1	~30°	20°	
LX19-131	380V 5A	单轮,滚轮装在传动杆凹槽内,能自动复位	1	1	~30°	~15°	≤0.04
LX19-212		双轮,滚轮装在U形传动杆内侧,不能自动复位	1	1	~30°	~15°	
LX19-222		双轮,滚轮装在U形传动杆外侧,不能自动复位	1	1	~30°	~15°	
LX19-232		双轮,滚轮装在U形传动杆外侧,不能自动复位	1	1	~30°	~15°	
LX19-001		无滚轮,仅径向传动杆能自动复位	1	1	<4mm	3mm	

型号	额定电压电流	结构特点	触点对数		工作行程	超行程	触点转换时间/s
			常开	常闭			
JLXK-111		单轮防护式	1	1	12°~15°	≤30°	
JLXK-211	500V	双轮防护式	1	1	~45°	≤45°	
JLXK-311	5A	直动防护式	1	1	1~3mm	2~4mm	≤0.04
JLXK-411		直动滚轮防护式	1	1	1~3mm	2~4mm	

2.4.5 自动循环控制电路

利用机械设备运动部件行程位置,控制电动机正反转,从而使生产机械自动往复循环运动,其控制原理如图 2-27 所示。

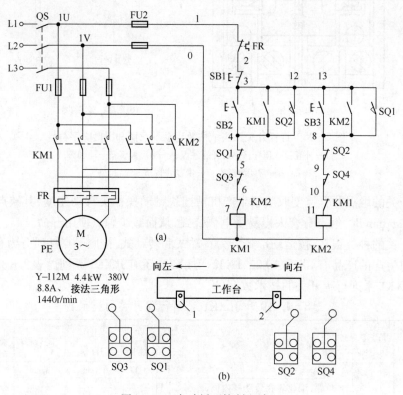

图 2-27 自动循环控制电路

图 2-27(a)所示为自动往复循环控制电路。合上电源开关 QS,按下启动按钮 SB2,接触器 KM1 通电自锁,电动机正向旋转,拖动工作台向左移动;当运动加工到位时,挡铁 1 压下行程开关 SQ1,使 SQ1 常闭触点断开,接触器 KM1 线圈断电释放,电动机 M 停转。与此同时,SQ1 常开触点闭合,又使接触器 KM2 线圈通电吸合,电动机反转,拖动工作台向右移动,当向右移到位时,挡铁 2 压下行程开关 SQ2,使接触器 KM2 线圈断电释放,同时接触器 KM1 又通电,电动机由反转变为正转,拖动运动部件变后退为前进,如此周而复始地自动往复工作。图 2-27(b)所示为机床工作台往复运动示意图,SQ1、SQ2、SQ3、SQ4 分别固定安装在床身上,SQ1、SQ2 反映加工起点、终点位置;SQ3、SQ4 限制工作台往复运动的极限位置,防止 SQ1、SQ2 失灵,工作台运动超出行程而造成事故。挡铁 1、2 安装在工作台移动部件上。

【任务实施】

1. 任务实施所需的训练设备

任务实施所需的训练设备和元件见表 2.9。

表 2.9　任务实施所需训练设备和元件明细表

代号	名　　称	型　　号	规　　格	数量
M	三相异步电动机	Y－112M－4	4kW、380V、△接法、8.8A、1440r/min	1
QS	组合开关	HZ10－25/3	三极、25A	1
FU1	熔断器	RL1－60/25	500V、60A、配熔体25A	3
FU2	熔断器	RL1－15/2	500V、15A、配熔体2A	2
KM	交流接触器	CJ10－20	20A、线圈电压380V	2
FR	热继电器	JR16－20/3	三极、20A、整定电流8.8A	1
SB	按钮	LA4－3H	保护式、500V、5A、按钮数3	3
XT	端子板	JX2－1015	500V、10A、15节	1

2. 训练步骤及要求

（1）分析三相异步电动机接触器联锁正反转控制线路的电气原理图 2－24。

（2）根据电气原理图绘制接触器联锁"正—停—反"实训线路的电气元件布置图如图 2－28 所示，电气安装接线图如图 2－29 所示。

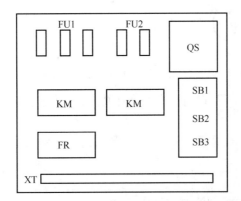

图 2－28　正、停、反控制线路电器元件布置图

（3）检查各电器元件。

（4）固定各电器元件，安装接线。

（5）用万用表检查控制线路是否正确，工艺是否美观。

（6）经教师检查后，通电调试。

仔细检查确认接线无误后，接通交流电源，按下 SB2，电动机应正转（若不符合转向要求，可停机，换接电动机定子绕组任意两个接线即可）。按下 SB3，电动机仍正转（因 KM1 联锁断开）。如果要电动机反转，应按下 SB1，使电动机停转，然后再按下 SB3，则电动机反转，若电动机不能正常工作，则应分析并排除故障，使线路正常工作。

3. 注意事项

（1）接线后要认真逐线检查核对接线，重点检查主电路 KM1 和 KM2 之间的换相线及辅助电路中接触器辅助触点之间的连接线。

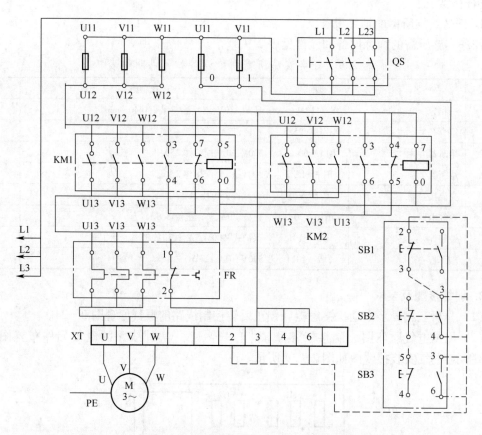

图 2-29　接触器联锁控制正反转电气安装接线图

（2）电动机必须安放平稳，以防止在可逆运转时，滚动而引起事故。并将电动机外壳可靠接地。

（3）要特别注意接触器的联锁触点不能接错，否则，将会造成主电路中二相电源短路事故。

【自我测试】

1. 接触器联锁正、反转控制线路有何优、缺点？
2. 接线时，将正、反转的自锁触点互换误接，电动机将会如何？
3. 接线时，将正、反转的互锁触点互换误接，控制线路又将会如何？
4. 按照电气原理图 2-25 和图 2-27 连接接线训练。
5. 为什么要采用双重联锁？
6. 如果单独采用按钮或接触器联锁，各有哪些弊端？

任务 5　机床电动机降压启动控制线路

【任务描述】

（1）通过学习熟悉时间继电器的结构、原理、图形文字符号及使用方法。
（2）了解三相异步电动机串电阻的降压启动控制线路及动作过程。
（3）掌握三相异步电动机星形—三角形降压启动控制线路。

（4）培养三相异步电动机星形—三角形降压启动电气线路的安装操作能力。

【任务分析】

本任务研究三相异步电动机星形—三角形降压启动控制线路,利用接触器 KM1 和 KM2 实现电动机星形连接(使电压降到 220V)进行启动,同时时间继电器通电延时,延时时间到,切断电动机星形连接,换接成三角形连接(使电压回到额定电压 380V),正常运行,启动过程结束。

【知识链接】

2.5.1　时间继电器

时间继电器是在电路中起着控制动作时间的继电器,当它的感测系统接收输入信号以后,需经过一定时间,它的执行系统才会动作并输出信号,进而操作控制电路。它被广泛用来控制生产过程中按时间原则制定的工艺程序,如下一个项目单元笼形电动机自动星形—三角形降压换接启动控制等。

时间继电器的种类很多,常用的时间继电器主要有电磁式时间继电器、空气阻尼式时间继电器、晶体管式时间继电器、电动式时间继电器等几种。

1. 空气阻尼式时间继电器

空气阻尼式时间继电器又称气囊式时间继电器。它是利用气囊中的空气通过小孔节流原理来获得延时动作的。时间继电器的结构由电磁系统、延时机构和触点系统三部分组成。其结构、示意图与动作原理见图 2-30。其中电磁机构为双 E 直动式电磁铁,触头系统是借用 LX5 微动开关,延时机构采用气囊式阻尼器。常用的为 JS7-A 系列,该时间继电器可以做成通电延时型,也可做成断电延时型。电磁机构可以是直流的,也可以是交流的。

JS7-A 系列时间继电器主要由以下几个部分组成。

（1）电磁机构:由线圈、铁芯和衔铁组成。

（2）触头系统:由两对瞬动触点(一常开、一常闭)和两对延时触点(一常开、一常闭)组成。瞬动触点和延时触点分别是两个微动开关。

（3）气室:为一空腔,内装一成型橡皮薄膜,随空气的增减而移动,气室顶部的调节螺钉可调节延时时间。

（4）传动机构:由推板、活塞杆、杠杆及各种类型的弹簧组成。

（5）基座:由金属钢板制成,用以固定电磁机构和气室。

现在以通电延时型时间继电器为例介绍其工作原理,见图 2-30(a)。

当通电延时型时间继电器电磁铁线圈 1 通电后,将衔铁吸下,于是顶杆 6 与衔铁间出现一个空隙,当与顶杆相连的活塞在弹簧 7 作用下由上向下移动时,在橡皮膜上方气室的空气逐渐稀薄,形成负压,因此活塞杆只能缓慢地向下移动,在降到一定位置时,杠杆 15 使触头 14 动作(常开触点闭合,常闭触点断开)。线圈断电时,弹簧使衔铁和活塞等复位,空气经橡皮膜与顶杆 6 之间推开的气隙迅速排出,触点瞬时复位。

断电延时型时间继电器与通电延时型时间继电器的原理与结构均相同,只是将其电磁机构翻转 180°安装,即为断电延时型,见图 2-30(b)。

空气阻尼式时间继电器延时时间范围有 0.4～180s 和 0.4～60s 两种规格,具有延时范围较宽、结构简单、工作可靠、价格低廉、寿命长等优点,其缺点是延时误差大(±10%～±20%)、无调整刻度指示、难以精确地整定延时值。然而仍然是机床交流控制线路中常用的时间继电

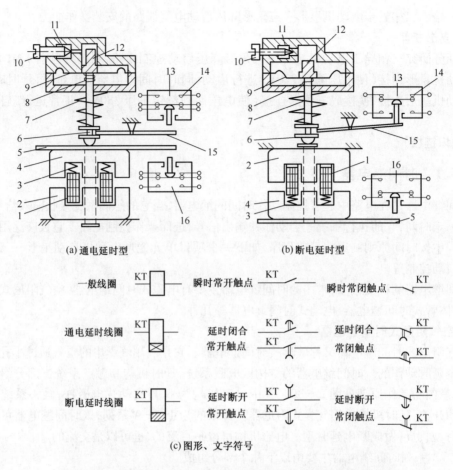

(a) 通电延时型   (b) 断电延时型

(c) 图形、文字符号

图 2 - 30　空气阻尼式 JS7 - A 型时间继电器的结构与动作原理图

1—线圈;2—静铁芯;3、7—弹簧;4—衔铁;5—推板;6—顶杆;8—弹簧;9—橡皮膜;
10—螺钉;11—进气孔;12—活塞;13、16—微动开关;14—延时触头;15—杠杆。

器。常用的 JS7 - A 型空气阻尼式时间继电器基本技术数据见表 2.10。

表 2.10　JS7 - A 型时间继电器技术数据

型号	线圈额定电压/V	触点参数								延时范围/s	延时重复误差	最大操作频率/(次/h)
		数量						0V、$\cos\varphi = 0.3 \sim 0.4$时的通断电流/A				
		通电延时		断电延时		瞬动		接通	分断			
		常开	常闭	常开	常闭	常开	常闭					
JS7 - 1A	交流24、36、110、127、220、380、420	1	1					3	0.3	分0.4~60、0.4~180两级	≤15%	TD40时为600
JS7 - 2A		1	1			1	1					
JS7 - 3A				1	1							
JS7 - 4A				1	1	1	1					

2. 晶体管时间继电器

晶体管时间继电器也称为半导体时间继电器或电子式时间继电器,是自动控制系统中的重要元件。它具有机械结构简单、延时范围广、精度高、返回时间短、消耗功率小、耐冲击、调节方便和寿命长等诸多优点,所以发展很快,使用也日益广泛。但延时会受环境温度变化及电源波动的影响。

晶体管式时间继电器的种类较多,如 JSJ、JSB、JS5、JS8、JS14、JS15 和 JS20 等系列。这里仅以具有代表性的 JS20 系列为例,介绍它们的结构和采用的电路。图 2-31 所示为 JS20 型单结晶体管式时间继电器的原理图与框图。

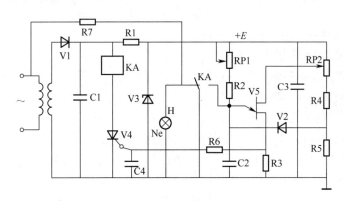

(a)单结晶体管式时间继电器的原理图

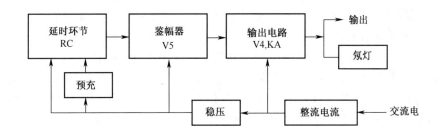

(b)单结晶体管式时间继电器的原理框图

图 2-31　JS20 型单结晶体管式时间继电器的原理图与框图

电源的稳压部分由电阻 R1 和稳压管 V3 构成,可供电给延时环节和鉴幅器,输出电路中的 V4 和 KA 则由整流电源直接供电。电容器 C2 的充电回路有两条,一条是通过充电电阻 RP1 和 R2,另一条是通过由低电阻值电阻 RP2、R4 和 R5 组成的分压器,经二极管 V2 向电容器 C2 提供的预充电电路。

电路的工作原理如下:当接通电源后,经二极管 V1 整流、电容器 C1 滤波以及稳压管 V3 稳压的直流电压,即通过 RP2、R4、V2 向电容 C2 以极小的时间常数快速充电。电容 C2 上,电压在 R5 分压的基础上经 RP1 继续充电,电压按指数规律逐渐升高。当此电压大于单结晶体管的峰点电压 U_p 时,单结晶体管导通,输出电压脉冲触发小型晶闸管 V4,V4 导通后使继电器 KA 吸合,其触点除用来接通和分断外电路外,并利用其另一对常开触点将 C2 短路,使之迅速放电,同时氖指示灯 HL 起辉。当切断电源时,继电器 KA 释放,电路恢复原始状态,等待下一次动作。只要调节 RP1 和 RP2 便可调节延时时间。

2.5.2　笼形异步电动机降压启动控制电路

笼形异步电动机采用全电压直接启动时,控制线路简单,维修工作量较少。但是,并不是所有异步电动机在任何情况下都可以采用全压启动,这是因为在电源变压器容量不是足够大的情况下,由于异步电动机启动电流一般可达其额定电流的 4～7 倍,致使变压器二次侧电压大幅度下降,这样不但会减小电动机本身的启动转矩,甚至电动机无法启动,还会影响同一供电网路中其他设备的正常工作。

判断一台电动机能否全压启动,可以用下面的经验公式来确定:

$$\frac{I_{ST}}{I_N} \leqslant \frac{3}{4} + \frac{S}{4P} \tag{2-1}$$

式中 I_{ST}——电动机全压启动电流(A);

　　　I_N——电动机额定电流(A);

　　　S——电源变压器容量(kV·A);

　　　P——电动机容量(kW)。

一般容量小的电动机常用直接启动,或满足上式时,可以用全压启动;若不满足上式,则必须采用降压启动。有时为了减小和限制启动时对机械设备的冲击,即使允许直接启动的电动机,也往往采用降压启动。三相笼形异步电动机降压启动的方法有:定子绕组串电阻(或电抗器)、Y/△换接;延边三角形和使用自耦变压器启动等。这些启动方法的实质,都是在电源电压不变的情况下,启动时减小加在电动机定子绕组上的电压,以限制启动电流,而在启动以后再将电压恢复至额定值,电动机要进入正常运行。这里主要介绍定子绕组串电阻(或电抗器)、Y/△换接降压启动方法。

1. 定子串电阻降压启动控制线路

图 2 - 32 所示是定子串电阻降压启动控制线路。电动机启动时在三相定子电路中串接电阻,使电动机定子绕组电压降低,启动结束后再将电阻短接,电动机在额定电压下正常运行。这种启动方式由于不受电动机接线形式的限制,设备简单,因而在中小型机床中也有应用。图中 KM1 为接通电源接触器,KM2 为短接电阻接触器,KT 为启动时间继电器,R 为降压启动电阻。

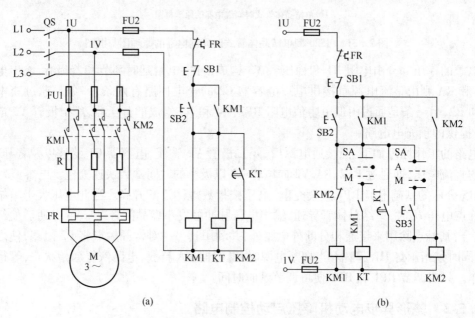

图 2 - 32　定子串电阻降压启动控制线路

图 2 - 32(a)所示控制线路工作情况如下:合上电源开关 QS,按启动按钮 SB2,KM1 通电并自锁,同时 KT 通电,电动机定子串入电阻 R 进行降压启动,经时间继电器 KT 延时,其常开

延时闭合触头闭合,KM2 通电,将启动电阻短接,电动机进入全电压正常运行。

电动机进入正常运行后,KM1、KT 始终通电工作,不但消耗了电能,而且增加了出现故障的几率。若发生时间继电器触点不动作故障,将使电动机长期在降压下运行,造成电动机无法正常工作,甚至烧毁电动机。

图 2-32(b)所示为具有手动和自动控制串电阻降压启动电路,它是在图(a)电路基础上增设了一个选择开关 SA,其手柄有两个位置,当手柄置于 M 位时为手动控制;当手柄置于 A 位时为自动控制。一旦发生 KT 触点闭合不上,可将 SA 扳至 M 位置,按下升压按钮 SB3,KM2 通电,电动机便可进入全压下工作,使电路更加安全可靠。

2. 绕线转子异步电动机启动控制线路

异步电动机的转子绕组,除了笼形以外还有绕线转子式,故称绕线转子异步电动机。三相绕线转子异步电动机的优点是可以通过滑环在转子绕组中串接外加电阻和频敏变阻器,来达到减小启动电流、提高转子电路的功率因数和增加启动转矩的目的。在一般要求启动转矩较高的场合,绕线式异步电动机得到了广泛的应用。

串接在三相转子绕组中的启动电阻,一般都接成星形接线。在启动前,启动电阻全部接入电路,在启动过程中,启动电阻被逐步地短接。短接的方式有三相电阻平衡短接法和三相电阻不平衡短接法两种。本节仅分析接触器控制的平衡短接法启动控制电路。

1)时间原则控制绕线型电动机转子串电阻启动控制电路

图 2-33 所示为按时间原则控制绕线型电动机转子串电阻启动控制电路。图中 KM1 ~ KM3 为短接转子电阻接触器,KM4 为电源接触器,KT1 ~ KT3 为时间继电器。

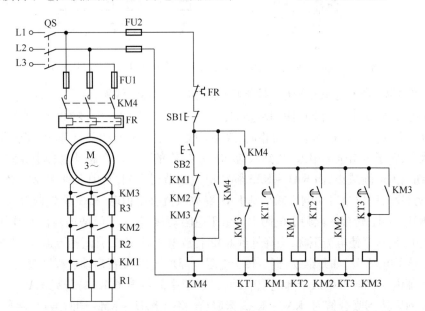

图 2-33　时间原则控制绕线型电动机转子串电阻启动控制电路

电路工作情况:合上电源开关 QS,按下启动按钮 SB2,接触器 KM4 线圈通电并自锁,KT1 同时通电,KT1 常开触头延时闭合,接触器 KM1 通电动作,使转子回路中 KM1 常开触头闭合,切除第一级启动电阻 R1,同时使 KT2 通电,KT2 常开触头延时闭合,KM2 通电动作,切除第二级启动电阻 R2,同时使 KT3 通电,KT3 常开触头延时闭合,KM3 通电并自锁,切除第三级启动电阻 R3,KM3 的另一副常闭触点断开,使 KT1 线圈失电,进而 KT1 的常开触头瞬时断开,使

KM1、KT2、KM2、KT3 依次断电释放,恢复原位。只有接触器 KM3 保持工作状态,电动机的启动过程结束,进行正常运转。

2) 电流原则控制绕线型电动机转子串电阻的启动控制电路

图 2－34 所示为电流原则控制绕线型电动机转子串电阻的启动控制电路。图中 KM1～KM3 为短接转子电阻接触器,R1～R3 为转子电阻,KA1～KA3 为电流继电器,KM4 为电源接触器,KA4 为中间继电器。

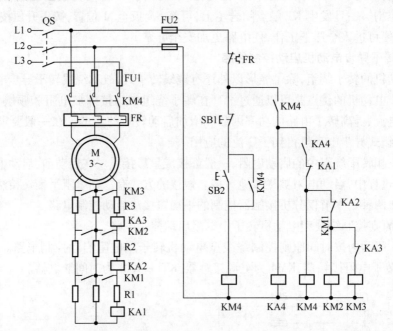

图 2－34　电流原则控制绕线型电动机转子串电阻的启动控制电路

电路工作情况:合上电源开关 QS,按下启动按钮 SB2,KM4 线圈通电并自锁,电动机定子绕组接通三相电源,转子串入全部电阻启动,同时 KA4 通电,为 KM1～KM3 通电作好准备。由于刚启动时电流很大,KA1～KA3 吸合电流相同,故同时吸合动作,其常闭触点都断开,使 KM1～KM3处于断电状态,转子电阻全部串入,达到限流和启动控制的目的。在启动过程中,随着电动机转速升高,启动电流逐渐减小,而 KA1～KA3 释放电流调节得不同,其中 KA1 释放电流最大,KA2次之,KA3 为最小,所以当启动电流减小到 KA1 释放电流整定值时,KA1 首先释放,其常闭触点返回闭合,KM1 通电,短接一段转子电阻 R1,由于电阻短接,转子电流增加,启动转矩增大,致使转速又加快上升,这又使电流下降,当降低到 KA2 释放电流时,KA2 常闭触点返回,使 KM2 通电,切断第二段转子电阻 R2,如此继续,直至转子电阻全部短接,电动机启动过程结束。

为了保证电动机转子串入全部电阻启动,设置了中间继电器 KA4,若无 KA4,当启动电流由零上升在尚未达到吸合值时,KA1～KA3 未吸合,将使 KM1～KM3 同时通电,将转子电阻全部短接,电动机进行直接启动。而设置了 KA4 后,在 KM4 通电后才使 KA4 通电,再使 KA4 常开触点闭合,在这之前启动电流已达到电流继电器吸合值并已动作,其常闭触点已将 KM1～KM3 电路断开,确保转子电阻串入,避免电动机的直接启动。

2.5.3　星形—三角形降压换接启动控制线路

正常运行时定子绕组接成三角形的笼形步电动机,可采用星形—三角形的降压换接启动方法来达到限制起电流的目的。

启动时,定子绕组首先接成星形,待转速上升到接近额定转速时,将定子绕组的接线由星形换接成三角形,电动机便进入全电压正常运行状态。因功率在 4kW 以上的三相笼形异步电动机均为三角形接法,故都可以采用星形—三角形降压启动控制的方法。

1. 按钮切换 Y/△ 降压启动控制线路

图 2-35 所示为按钮切换 Y/△ 降压启动控制电路。

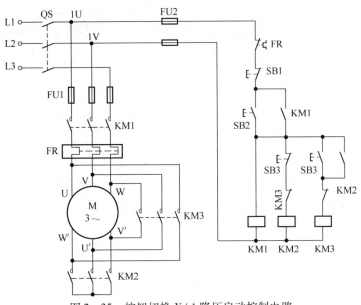

图 2-35　按钮切换 Y/△ 降压启动控制电路

电路工作情况如下:

电动机 Y 接法启动:先合上电源开关 QS,按下 SB2,接触器 KM1 线圈通电,KM1 自锁触点闭合,同时 KM2 线圈通电,KM2 主触点闭合,电动机 Y 接法启动。此时,KM2 常闭互锁触点断开,使得 KM3 线圈不能得电,实现电气互锁。

电动机△接法运行:当电动机转速升高到一定值时,按下 SB2,KM2 线圈断电,KM2 主触点断开,电动机暂时失电,KM2 常闭互锁触点恢复闭合,使得 KM3 线圈通电,KM3 自锁触点闭合,同时 KM3 主触点闭合,电动机△接法运行;KM3 常闭互锁触点断开,使得 KM2 线圈不能得电,实现电气互锁。

这种启动电路由启动到全压运行,需要两次按动按钮,不太方便,并且,切换时间也不易掌握。为了克服上述缺点,也可采用时间继电器自动切换控制电路。

2. 时间继电器自动切换 Y/△ 降压启动控制电路

图 2-36 所示是采用时间控制环节,合上 QS,按下 SB2,接触器 KM1 线圈通电,KM1 常开主触点闭合,KM1 辅助触点闭合并自锁。同时 Y 形控制接触器 KM2 和时间继电器 KT 的线圈通电,KM2 主触点闭合,电动机作 Y 连接启动。KM2 常闭互锁触点断开,使△形控制接触器 KM3 线圈不能得电,实现电气互锁。

经过一定时间后,时间继电器的常闭延时触点打开,常开延时触点闭合,使 KM2 线圈断电,其常开主触点断开,常闭互锁触点闭合,使 KM3 线圈通电,KM3 常开触点闭合并自锁,电动机恢复△连接全压运行。KM3 的常闭互锁触点分断,切断 KT 线圈电路,并使 KM2 不能得电,实现电气互锁。

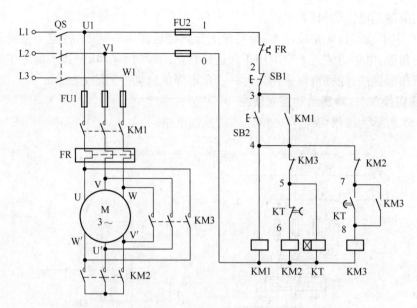

图 2-36　时间继电器自动切换 Y/△ 降压启动控制电路

SB1 为停止按钮,必须指出,KM2 和 KM3 实行电气互锁的目的,是为了避免 KM2 和 KM3 同时通电吸合而造成的严重的短路事故。

三相笼形异步电动机采用 Y/△ 降压启动时,定子绕组星形连接状态下启动电压为三角形连接直接启动的电压的 $\frac{1}{\sqrt{3}}$,启动转矩为三角形连接直接启动的 1/3,启动电流也为三角形连接直接启动电流的 1/3。与其他降压启动相比,Y/△ 降压启动投资少,线路简单,但启动转矩小。这种启动方法适用于空载或轻载状态下启动,同时,这种降压启动方法只能用于正常运转时定子绕组接成三角形的异步电动机。

【任务实施】

1. 任务实施所需的训练设备和元件

任务所需的训练设备和元件见表 2.11。

表 2.11　训练设备和元件明细表

代号	名称	型号	规　格	数量
M	三相异步电动机	Y-132S-4	7.5kW、380V、△接法、15.4A、1440r/min	1
QS	组合开关	HZ10-25/3	三极、35A	1
FU1	熔断器	RL1-60/25	500V、60A、配熔体35A	3
FU2	熔断器	RL1-15/2	500V、15A、配熔体2A	2
KM	交流接触器	CJ10-20	20A、线圈电压380V	3
KT	时间继电器	JS7-2A	线圈电压380V	1
FR	热继电器	JR16-20/3	三极、20A、整定电流8.8A	1
SB	按钮	LA4-3H	保护式、500V、5A、按钮数3	3
XT	端子板	JX2-1015	500V、10A、20节	1
	主电路导线	BVR-1.5	1.5mm²(7mm×0.25mm)	若干
	控制电路导线	BVR-1.0	1mm²(7mm×0.43mm)	若干

2. 训练步骤及要求

（1）分析三相异步电动机星形-三角形降压启动控制电气控制线路的原理图2-36。

（2）绘制电气安装接线图如图2-37所示，正确标注线号。

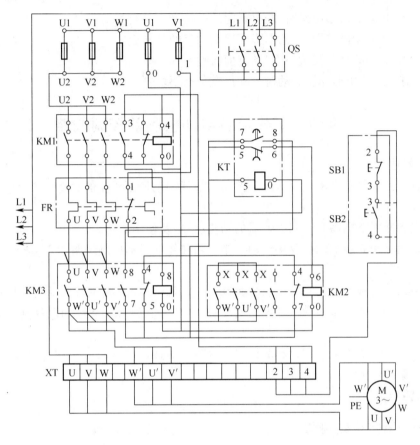

图2-37 Y/△的降压启动控制电气安装接线图

将主电路中QS、FU1、KM1、FR、KM3排成直线，KM2与KM3并列放置，将KT与KM1并列放置，并且与KM2在纵方向对齐，使各电气元件排列整齐，走线美观，检查维护方便。注意主电路中各接触器主触点的端子号不能标错；辅助电路的并列支路较多，应对照电气原理图看清楚连线方位和顺序。尤其注意连接端子较多4号线，应认真核对，防止漏标编号。

（3）检查各电气元件。特别是时间继电器的检查，检查其延时类型、延时器的动作是否灵活，将延时时间调整到5s(调节延时器上端的针阀)左右。

（4）固定电气元件，安装接线。要注意JS7-1A时间继电器的安装方位。如果设备安装底板垂直于地面，则时间继电器的衔铁释放方向必须指向下方，否则违反安装规程。

（5）按电气安装接线图连接导线。注意接线要牢固，接触要良好，文明操作。

（6）在接线完成后，用万用表检查线路的通断。分别检查主电路、辅助电路的启动控制、联锁线路、KT的控制作用等，若检查无误，经指导老师检查允许后，方可通电调试。

3. 注意事项

（1）进行Y/△启动控制的电动机，接法必须是△连接。额定电压必须等于三相电源线电压。其最小容量为2、4、8极的4kW。

（2）接线时要注意电动机的△接法不能接错，同时应该分清电动机的首端和尾端的连接。

（3）电动机、时间继电器、接线端板的不带电的金属外壳或底板应可靠接地。

【自我测试】

1. 什么是时间继电器？

2. 画出时间继电器通电延时、断电延时的图形和文字符号。

3. 三相异步电动机星形-三角形降压启动的目的是什么？

4. 时间继电器的延时长短，对启动有何影响？

5. 采用星形-三角形降压启动对电动机有什么要求？

任务6 三相异步电动机制动控制线路

【任务描述】

（1）熟悉三相异步电动机反接制动控制和能耗制动控制线路的原理。了解电磁机械制动控制。

（2）熟悉速度继电器和时间继电器的结构、原理及使用方法。

（3）掌握三相异步电动机反接制动控制线路和能耗制动控制线路的安装操作。

【任务分析】

停机制动有两种类型，一是电磁铁操纵机械进行制动的电磁机械制动；二是电气制动，使电动机产生一个与转子原来的转动方向相反的力矩来进行制动，常用的电气制动有反接制动和能耗制动。

本任务分别对电磁机械制动和电气制动线路的原理进行分析，同时掌握反接制动和能耗制动控制线路的安装、连接、调试。

【知识链接】

2.6.1 电磁机械制动

1. 电磁抱闸的结构

如图 2-38 所示，电磁抱闸主要由两部分组成：制动电磁铁和闸瓦制动器。制动电磁铁由铁芯、衔铁和线圈三部分组成，有单相和三相之分。闸瓦制动器包括闸轮、闸瓦、杠杆和弹簧等组成；闸轮与电动机装在同一根转轴上。制动强度可通过调整机械结构来改变。

2. 电磁抱闸断电制动控制线路

如图 2-39 所示为电磁抱闸断电制动控制线路。本制动线路属于断电制动，即主电路通电时，抱闸线圈有电使闸瓦和闸轮分开，主电路断电时，闸瓦与闸轮抱住。

这种制动在起重机械上被广泛采用。电动机在工作时，如果线路发生故障断电时，电磁抱闸将迅速使电动机制动，从而防止重物下落和电动机反转的事故出现，比较安全可靠。但缺点是线圈的通电时间与电动机的工作时间相同，故很不经济。

3. 电磁抱闸通电制动控制线路

如图 2-40 所示为电磁抱闸通电制动控制线路。它与断电制动型相反，即主电路有电流流过时电磁抱闸线圈无电，这时抱闸与闸轮松开；当主电路断电而通过复合按钮 SB1 的常开触头闭合使电磁抱闸线圈得电时，抱闸与闸轮抱紧呈制动状态。在电动机不转动的正常状态下，电磁抱闸线圈无电，抱闸与闸轮也处于松开状态。这样，在电动机未通电时，可以用手扳动

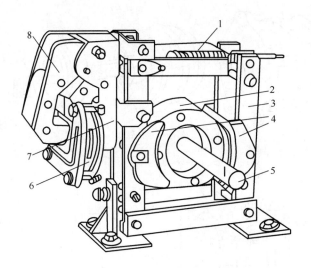

图 2 - 38　电磁抱闸的结构图

1—弹簧;2—闸轮;3—杠杆;4—闸瓦;5—轴;6—线圈;7—铁芯;8—衔铁。

主轴供调整、对刀、检测之用。对本控制线路的动作原理,读者可自行分析,但要提醒一点,在图 2 - 40 的控制线路,只有将停止按钮 SB1 按到底才有制动作用。

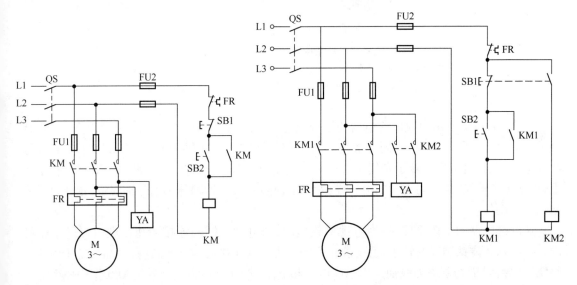

图 2 - 39　电磁抱闸断电制动控制线路　　　　图 2 - 40　电磁抱闸通电制动控制线路

2.6.2　电气制动控制电路

1. 速度继电器

速度继电器也称反接制动继电器,是用来反映电动机转速和转向变化的继电器。它的基本工作方式和主要作用是依靠旋转速度的快慢为指令信号,通过触点的分合传递给接触器,从而实现对电动机反接制动控制。速度继电器的外形及结构如图 2 - 41(a)所示。速度继电器主要由定子、转子、端盖、可动支架、触点系统等组成。

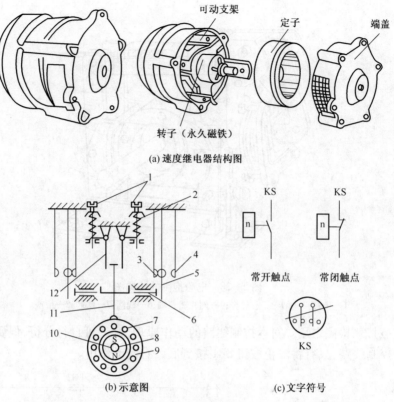

(a) 速度继电器结构图

(b) 示意图

(c) 文字符号

图 2-41 速度继电器结构图、原理示意图和图形文字符号

1—调节螺钉;2—反力弹簧;3—常闭触点;4—常开触点;5—动触点;6—推杆;

7—笼形导条;8—转子;9—圆环;10—转轴;11—摆杆;12—返回杠杆。

图 2-41(b) 所示为速度继电器的结构示意图。由图 2-41(a) 可以看出,定子由硅钢片叠成并装有笼形的短路绕组(同笼形转子绕组相似),定子与转轴同心,定子和转子间有一很小气隙,并能独自偏摆。转子是用一块永久磁铁制成,固定在转轴上;支架的一端固定在定子上,可随定子偏摆,顶块与支架的另一端由小轴连接在一起,转轴与小轴分别固定,顶块可随支架偏转而动作。

速度继电器的工作原理是:当电动机旋转时,与电动机同轴连接的速度继电器转子也转动,这样,永久磁铁制成的转子,就由静止磁场变为在空间移动的旋转磁场。此时,定子内的短路绕组(导体)因切割磁力线而产生感应电势和电流,载流短路绕组与磁场相互作用便产生一定的转矩,于是,定子便顺着转轴的转动方向而偏转。定子的偏转带动支架和顶块,当定子转过一定角度时,顶块推动动触点弹簧片(或反向偏转时)使常闭触点分断,常开触点闭合。当常开触点闭合后,可产生一定的反作用力,阻止定子继续偏转。电动机转速越高,定子导体内产生的电流越大,因而转矩越大,顶块对动触点簧片的作用力也就越大。电动机转速下降时,速度继电器转子速度也随着下降,定子绕组内产生的感应电流相应减小,从而电磁转矩减小,顶块对动触点簧片的作用力也减小。当转子速度下降到一定数值时,顶块的作用力小于触点簧片的反作用力时,顶块返回到原始位置,对应的触点也复位。

目前,机床线路中常用速度继电器有 JY1 型和 JFZ0 型,速度继电器 JY1 型能在 3000r/min 以下可靠地工作;JFZ0-1 型适用于 300~3000r/min;JFZ0-2 型适用于 1000~3600r/min;

JFZ0 型有两对常开、两对常闭触点,触点额定电压为 380V,额定电流为 2A。一般速度继电器转轴在 120r/min 左右即能动作,100r/min 触头即能恢复正常位置,可通过螺钉的调节来改变继电器动作的转速,以适应控制电路的要求。

2. 反接制动控制电路

异步电动机反接制动有两种情况:一种是在负载转矩作用下使电动机反转的倒拉反接制动;另一种是改变三相异步电动机电源相序进行反接制动。本处只介绍改变电源相序进行反接制动。

1)反接制动的基本原理

将电动机三根电源线的任意两根对调称为反接。若在停车前,把电动机反接,则其定子旋转磁场便反方向旋转,在转子上产生的电磁转矩亦随之反方向,称为制动转矩,在制动转矩作用下电动机的转速便很快降到零,称为反接制动。必须指出,当电动机的转速接进零时,应立即切断电源,否则电动机将反转。在控制电路中常用速度继电器来实现这个要求。为此采用速度继电器来检测电动机的速度的变化。在 120 ~ 3000r/min 范围速度继电器触头动作,当转速低于 100r/min 时,其触头恢复原位。

2)单方向启动的反接制动控制电路

图 2−42 所示为单方向反接制动控制电路。图中 KM1 为单方向旋转接触器,KM2 为反接制动接触器,KS 为速度继电器,R 为反接制动电阻。

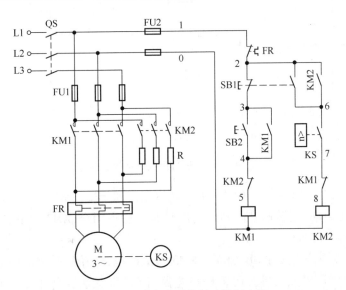

图 2−42　单方向反接制动控制电路

电路工作情况:合上电源开关 QS,按下启动按钮 SB2,接触器 KM1 通电并自锁,电动机 M 通电旋转。在电动机正常运行时,速度继电器 KS 常开触点闭合,为反接制动做准备。当按下停止按钮 SB1 时,KM1 断电,电动机定子绕组脱离三相电源,但电动机因惯性仍以很高速度旋转,KS 原闭合的常开触点仍保持闭合,当 SB1 按到底,使 SB1 常开触点闭合,KM2 通电并自锁,电动机定子串接电阻接上反序电源,电动机进入反接制动状态。

电动机转速迅速下降,当速度接近 100r/min 时,KS 常开触点复位,KM2 断电,电动机及时脱离电源,以后自然停车至零,反接制动结束。

由于反接制动时,转子与旋转磁场的相对速度接近于 2 倍的同步转速,所以定子绕组中流过的反接制动电流相当于全电压直接启动电流的 2 倍,因此反接制动特点之一是制动迅速、效果好、冲击力大,通常仅适用于 10kW 以下的小容量电动机。为了减小冲击电流,通常要求在电动机主电路中串接一定的电阻以限制反接制动电流,这个电阻称为反接制动电阻。反接制动的制动力矩较大,冲击强烈,易损坏传动零件,而且频繁反接制动可能使电动机过热,使用时必须引起注意。

3）电动机可逆运行反接制动控制电路

图 2-43 所示为可逆运行反接制动控制电路。图中 KM1、KM2 为正、反转接触器,KM3 为短接电阻接触器,KA1 ~ KA3 为中间继电器,KS 为速度继电器,其中 KS1 为正转闭合触点,KS2 为反转闭合触点,R 为启动与制动电阻。

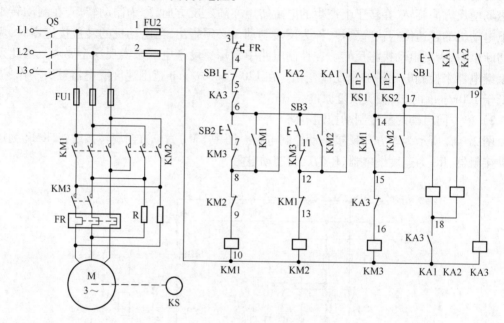

图 2-43　可逆运行反接制动控制电路

电路工作情况:合上电源开关 QS,按下正转启动按钮 SB2,KM1 通电并自锁,电动机串入电阻接入正序电源启动,当转速升高到一定值时 KS1 触点闭合,KM3 通电,短接电阻,电动机在全压下启动进入正常运行。

需要停车时,按下停止按钮 SB1,KM1、KM3 相继断电,电动机脱离正序电源并串入电阻,同时 KA3 通电,其常闭触点又再次切断 KM3 电路,使 KM3 无法通电,保证电阻 R 串接在定子电路中,由于电动机惯性仍以很高速度旋转,KS1 仍保持闭合使 KA1 通电,触点 KA1(3—12)闭合使 KM2 通电,电动机串接电阻接上反序电源,实现反接制动;另一触点 KA1(3—19)闭合,使 KA3 仍通电,确保 KM3 始终处于断电状态,R 始终串入。当电动机转速下降到100r/min时,KS1 断开,KA1,KM2、KA3 同时断电,反接制动结束,电动机停止。

电动机反向启动和停车反接制动过程与上述工作过程相同,读者可自行分析。

3. 能耗制动控制电路

所谓能耗制动,就是在电动机脱离三相交流电源之后,定子绕组上加一个直流电压,即通入直流电流,以产生静止磁场,利用转子的机械能产生的感应电流与静止磁场的作用以达到制动的目的。根据能耗制动的时间原则,可用时间继电器进行控制,也可根据能耗制动的速度原则,用速度继电器进行控制。下面分别进行介绍。

1)按时间原则控制的单向运行的能耗制动控制线路

图 2－44 所示为时间原则进行能耗制动控制电路。图中 KM1 为单向运行接触器,KM2 为能耗制动接触器,KT 为时间继电器,T 为整流变压器,VC 为桥式整流电路。

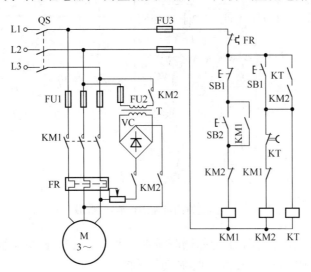

图 2－44　时间原则能耗制动控制电路

电路工作情况:合上电源开关 QS,按下正转启动按钮 SB2,KM1 通电并自锁,电动机正常运行。若要停机,按下停止按钮 SB1,KM1 断电,电动机定子脱离三相电源,同时 KM2 通电并自锁,将二相定子接入直流电源进行能耗制动,在 KM2 通电同时 KT 也通电。电动机在能耗制动作用下转速迅速下降,当接近零时,KT 延时时间到,其延时触点动作,使 KM2、KT 相继断电,制动过程结束。

该电路中,将 KT 瞬动触点与 KM2 自锁触点串接,是考虑时间继电器断线、松脱或机械卡住致使触点不动作,不致于使 KM2 长期通电,造成电动机定子长期通入直流电源。

2)按速度原则控制的可逆运行的能耗制动控制线路

图 2－45 所示为速度原则控制的可逆运行的能耗制动控制线路。图中 KM1、KM2 为正反转接触器,KM3 为制动接触器,KS 为速度继电器。

电路工作情况:合上电源开关 QS,根据需要可按下正转或反转启动按钮 SB2 或 SB3,相应接触器 KM1 或 KM2 通电并自锁,电动机正常运转。此时速度继电器相应触点 KS1 或 KS2 闭合,为停车时接通 KM3,实现能耗制动做准备。

停车时,按下停止按钮 SB1,电动机定子绕组脱离三相交流电源,同时 KM3 通电,电动机接入直流电源进行能耗制动,转速迅速下降到 100r/min 时,速度继电器 KS1 或 KS2 触点断开,此时 KM3 断电,能耗制动结束,以后电动机自然停车。

4. 无变压器单管能耗制动控制线路

前面介绍的能耗制动均为带变压器的单相桥式整流电路,其制动效果好。对于功率较大的电动机应采用三相整流电路,但所需设备多,成本高。对于 10kW 以下的电动机,在制动要求不高时,可采用无变压器单管能耗制动控制线路,这样设备简单、体积小、成本低。图 2－46 所示为无变压器单管能耗制动控制线路,其工作原理读者可自行分析。

由以上分析可知,能耗制动比反接制动消耗的能量少,其制动电流也比反接制动电流小得

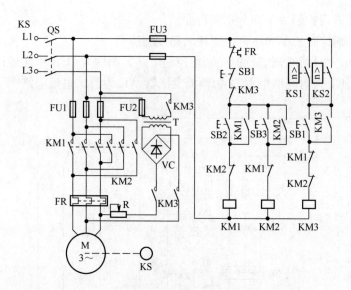

图 2-45 速度原则可逆运行能耗制动控制线路

多,但能耗制动效果不及反接制动明显,同时需要一个直流电源,控制线路相对比较复杂,通常能耗制动适用于电动机容量较大和启动、制动频繁的场合。

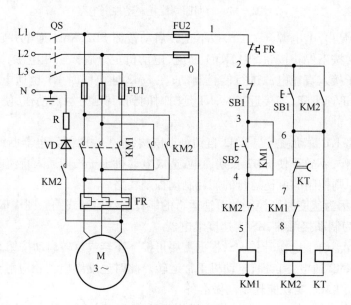

图 2-46 单管能耗制动控制线路

【任务实施】

1. 项目实施所需的设备与材料

项目实施所需的训练设备和元件见表 2.12。

2. 训练内容和控制要求

图 2-47 所示为三相异步电动机能耗制动控制线路安装接线训练的电气原理图。在运转中的三相异步电动机脱离电源后,立即给定子绕组通入直流电产生恒定磁场,则正在惯性运转的转子绕组中的感生电流将产生制动力矩,使电动机迅速停转,这就是能耗制动。

表 2.12　三相异步电动机能耗制动控制训练的设备和元件明细表

代号	名　称	型号	规　格	数量
M	三相异步电动机	Y-112S-4	4kW、380V、△接法、15.4A、1440r/min	1
QS	组合开关	HZ10-25/3	三极、35A	1
FU1	熔断器	RL1-60/25	500V、60A、配熔体25A	3
FU2	熔断器	RL1-15/4	500V、15A、配熔体4A	2
KM	交流接触器	CJ10-20	20A、线圈电压380V	2
KT	时间继电器	JS7-2A	线圈电压380V(代用)	1
FR	热继电器	JR16-20/3	三极、20A、整定电流8.8A	1
SB	按钮	LA4-3H	保护式、500V、5A、按钮数3	3
V	整流二极管	2CZ30	30A、600V	1
R	制动电阻		0.5Ω、50W	1
XT	端子板	JD$_0$-1020	500V、10A、20节	1
	主电路导线	BVR-1.5	1.5mm^2(7mm×0.52mm)	若干
	控制电路导线	BVR-1.0	1 mm^2(7mm×0.43mm)	若干

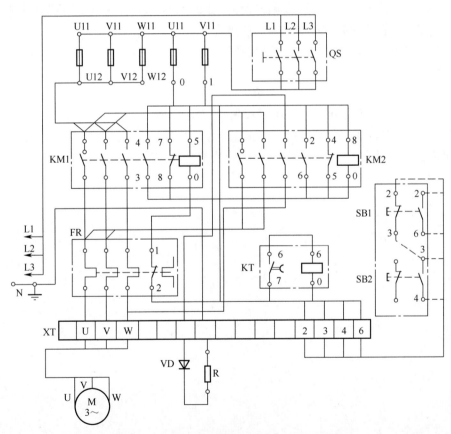

图 2-47　能耗制动控制电路电气安装接线图

主电路由 QS、FU1、KM1 和 FR 组成单向启动控制环节;整流器 V 将 C 相电源整流,得到脉动直流电,由 KM2 控制通入电动机绕组,显然 KM1、KM2 不得同时得电动作,否则将造成电源短路事故。辅助电路中由时间继电器延时触点来控制 KM2 的动作,而时间继电器 KT 线圈由 KM2 的常开辅助触点控制。线路由 SB1 控制电动机惯性停机(轻按 SB1)或制动(将 SB1 按到底)。制动电源通入电动机的时间长短由 KT 的延时长短决定。

线路的动作过程:先合上电源开关 QS。

按下按钮 SB2→KM1 线圈通电并自锁→电动机 M 通电旋转。

当按下 SB1→KM1 线圈断电→电动机 M 因惯性仍高速旋转→KM2 通电并自锁、KT 线圈通电→电动机 M 接入直流电能耗制动→KT 延时触点断开→KM2 线圈断电、KT 线圈断电→电动机 M 切断直流电源停车并停转→能耗制动结束。

3. 训练步骤及要求

(1)熟悉电气控制原理图(图2-46),分析控制线路的控制关系。

(2)绘制三相异步电动机能耗制动控制线路的电器安装接线图,如图2-47所示。

(3)按表2.12配齐所用电器元件并固定电器元件。

(4)按照电气安装接线图接线。先连接主线路,后连接辅助线路;先串联连接,后并联连接。

(5)在接线完成后且检查无误后,经指导老师检查允许方可通电调试。

4. 注意事项

(1)时间继电器的整定时间不要调得太长,以免制动时间过长引起定子绕组发热。

(2)整流二极管要配装散热器和固定散热器支架。

(3)电动机进行制动时,停止按钮要按到底。

【自我测试】

1. 时间继电器的整定时间应如何调节?

2. 电动机制动时,若停止按钮 SB1 没按到底,电动机能否制动?

3. 什么是电动机能耗制动?写出电动机单向能耗制动工作过程。

4. 可以按照原理图2-42绘制反接制动安装图,检修连接反接制动安装接线。

3 项目三 数控车床、铣床电气控制线路

☞**学习目标**

1. 培养目标

（1）通过学习了解数控车床的结构组成。掌握车床的电气控制线路，会分析。

（2）初步掌握数控系统，认识主轴编码器反馈信号接口 P1、轴控制信号接口 P2、开关量输入/输出信号接口 P3。

（3）通过学习掌握数控铣床的电气控制线路、步进驱动器与电动机接口信号、开关量输入/输出接口信号。

2. 技能目标

（1）通过训练会连接数控车床的数控系统与变频器、步进电动机、直流和交流电动机电动刀架的接线、冷却泵电动机和其他信号的连接。

（2）学会连接数控系统与变频器、步进驱动器（X 轴）的连接。

任务 1　数控车床电气控制线路

【任务描述】

（1）了解数控车床的结构和数控系统。

（2）掌握数控车床的电路分析。

【任务分析】

本任务主要研究数控车床的数控系统与电气控制线路，变频器、步进驱动、刀架控制等电路和主电路、控制电路分析。

【知识链接】

3.1.1　数控车床的结构

1. 数控车床的结构

数控机床的电气控制线路同普通的机床有所不同，除了常用的电气控制线路外，还装有数控装置。数控机床的组成结构框图如图 3-1 所示。数控机床与普通机床的区别主要是数控机床的主轴调速、刀架的进给全部自动完成，即根据编程指令按要求执行。

在图 3-1 中，数控装置是整个数控机床的核心，机床的操作要求均由数控装置发出。驱

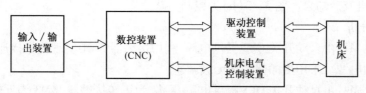

图 3-1　数控机床的组成结构框图

动控制装置位于数控装置和机床之间,包括进给驱动和主轴驱动装置。驱动控制装置根据控制的电动机不同,其控制电路形式也不同。步进电动机有步进驱动装置,直流电动机有直流驱动装置,交流伺服电动机有交流伺服驱动装置等(伺服、驱动在项目五中介绍)。

机床电器及控制装置也位于数控装置与机床之间,它主要接收数控装置发出的开关命令,控制机床主轴的启动/停止、正/反转、换刀、冷却、润滑、液压、气压等相关信号。

2. 数控机床的主要工作情况

数控机床的机械部分比同规格的普通机床更为紧凑和简洁。主轴传动为一级传动,去掉了普通机床中的主轴变速齿轮箱,采用变频器(在项目五中介绍)实现主轴无级调速。进给移动装置采用滚珠丝杠,传动效率好,精度高,摩擦力小。一般经济型数控车床的进给均采用步进电动机。进给电动机的运动由数控装置实现信号控制。

数控机床的刀架能够自动转位。换刀电动机有步进、直流和交流电动机之分,这些电动刀架的旋转、定位均由数控装置发出信号,控制其动作。而其他的冷却、液压等电气控制与普通机床差不多。

现以 CK0630 型数控车床为例说明普通数控车床的电气控制原理。

3.1.2　数控车床的电气控制线路

数控车床的电气控制框图如图 3-2 所示。数控车床分别由数控装置(CNC),机床控制电器,X、Z 轴进给驱动,电动主轴变频器,刀架电动机控制,冷却控制及其他信号控制电路组成。

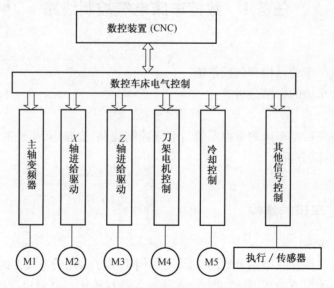

图 3-2　数控车床电气控制框图

数控车床的电气控制线路原理图如图 3-3 所示,图 3-3(a) 为主电路,分别控制主轴电动机、刀架电动机及冷却泵。图 3-3(b) 为控制电路。

1. 主电路分析

主轴电动机 M1:由自动开关 QF2 提供电源,利用接触器 KM1 实现频繁接通和断开 M1,变频器与步进驱动电源。采用变频器实现无级调速。

刀架电动机 M4:由自动开关 QF3 提供电源,KM2 为正转接触器,KM3 为反转接触器,实现刀架的进给和退出。

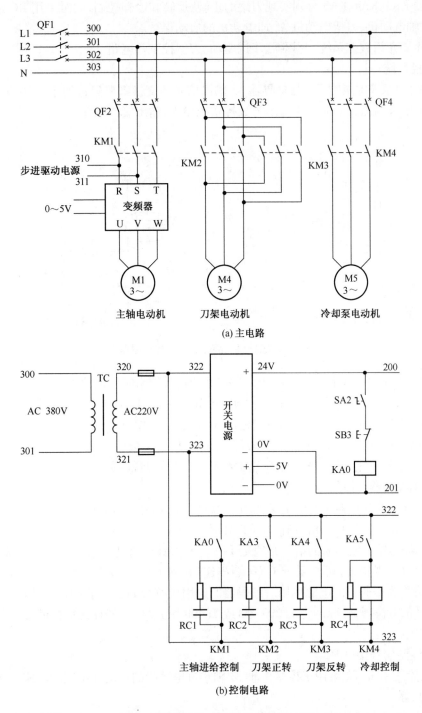

(a) 主电路

(b) 控制电路

图 3-3　数控车床电气控制线路原理图

冷却泵电动机 M5：由自动开关 QF4 提供电源，用 KM4 实现接通和断开。

2. 控制电路分析

控制电路通过控制变压器提供 220V 控制电源，采用开关电源提供 24V 安全电压。用转换开关控制继电器 KA0 来实现主轴电动机 M1 进给控制，SB3 实现停止进给控制。

继电器 KA3、KA4、KA5 分别实现刀架的正转、反转和冷却控制,同时采用 RC 进行阻容吸收,实现主轴电动机、刀架电动机、冷却电动机的启动保护。

下面简要介绍数控系统、变频器、步进驱动、刀架控制等电路。

3. 数控系统

数控系统(又称数控装置)与外界输入、输出信号的交换都要经过处理,其中输入、输出信号采取光电隔离措施,如图 3-4 所示为数控系统输入、输出接口原理图。

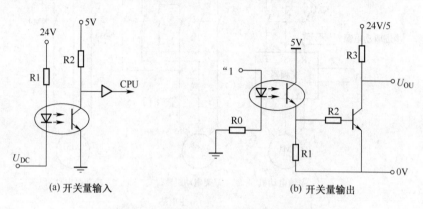

(a) 开关量输入　　　　　　　　(b) 开关量输出

图 3-4　数控系统输入、输出接口原理图

在图 3-4(a)中,当输入电压 U_{IN} 为 14~24V 时,数控系统认定输入是"1"状态,当输入电压 U_{IN} 为 0~8V 时,数控系统认定输入是"0"状态。图 3-4(b)为数控系统输出接口电路,当输出"1"时,光耦导通,U_{OUT} 输出导通;当输出"0"时,U_{OUT} 输出截止。

数控系统分别有主轴编码器接口、轴控制器接口、开关量输入接口、操作面板按钮输出接口等,经济型数控车床选用 HN-100T 型数控装置,其接口说明如下。

1) 主轴编码器反馈信号接口 P1

数控系统 9 芯连接器引脚的定义如图 3-5 所示。Z 为主轴编码器的头脉冲,A、B 为主轴编码器的码道脉冲。A、B 两信号有 90° 的相位差。

从主轴编码器反馈回来的信号必须是 TTL 电平方波。这几个信号应采用屏蔽电缆连接,屏蔽层应通过一点接地,可与系统 GND 端相连(可选 6、7、8 脚中任意一个)。P1 口的 5V、GND 引脚可作为编码器的电源使用。编码器的选用应符合如下要求:工作电压 5V,输出信号为 TTL 电平的方波,每转脉冲为 1(200 个)或 2(400 个)。编码器详细资料可参考有关编码的使用手册。

2) 轴控制信号接口 P2

轴控制信号接口 P2 可用来控制 X 轴、Z 轴步进电动机的运动和主轴的转速。其引脚定义如图 3-6 所示。

由于每一种驱动器的接口方式会略有不同,故在连接时应仔细阅读使用说明,P2 可根据不同的连接方式而得到电平或电流输出信号。

(1) 当系统参数 P1(1) = 0 时,D1 = ZCW;D3 = ZCCW;D2 = XCW;D4 = XCCW。

CW 为电动机正脉冲信号,负脉冲有效;CCW 为电动机反脉冲信号,负脉冲有效;它们与步进驱动的相应端子连接,可驱使 X 轴、Z 轴步进电动机顺时针或逆时针旋转。

(2) 当系统参数 P1(1) = 1 时,D1 = ZCP;D3 = ZDIR;D2 = XCP;D4 = XDIR。

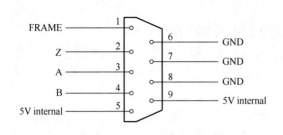

图 3-5　数控系统编码器接口 P1

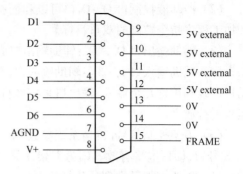

图 3-6　轴控制信号接口 P2

DIR 为电动机方向信号,高电平正转,低电平反转。

CP 为电动机运转脉冲(负脉冲),每一脉冲对应步进电动机进给一步。脉冲信号波形如图 3-7 所示。

(3) D5、D6 暂时没有使用,留给扩展第三轴使用。

(4) V+、AGND 是主轴速度控制端,输出 0~5V 的模拟量信号,作为变频器的输入,以控制主轴的转速。这一组模拟电压信号必须使用屏蔽电缆传输,电缆不带屏蔽层部分应尽可能短。电缆屏蔽层应接在 P2 口的 0V 引脚上,另一头悬空。布线时应尽量远离交流电源线和噪声发生电路。

3) 开关量输入/输出信号接口 P3

P3 口的各类信号如图 3-8 所示。其中 P3 口的 $O_1 \sim O_9$ 输出端输出信号均为低电平有效。

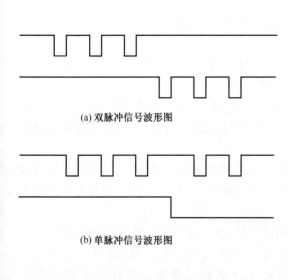

(a) 双脉冲信号波形图

(b) 单脉冲信号波形图

图 3-7　脉冲信号波形图

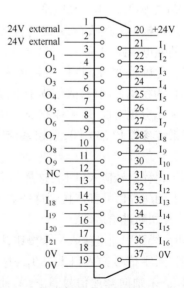

图 3-8　开关量输入/输出信号接口 P3

(1) 24V external 和 0V:这是一组来自外部的 24V 直流电源,它给光电隔离电路的外端提供电源。在系统上有一只 24V 电源保险丝。所用保险丝的大小应按输入/输出接口和总电流来设定。此外,只有在此外部电源接入后,系统面板上的按键才起作用。

（2）冷却液控制口 O_1：O_1 口可以和面板上的冷却液按钮并接起来，这样可实现手动控制和加工程序指令控制的双重目标。

（3）辅助输出口 $O_2 \sim O_5$：辅助输出口为辅助功能中的 M21 指令所用。

（4）辅助输入口 $I_9 \sim I_{12}$：辅助输入口（低电平有效）是为辅助功能中 M21、M22 指令所用。用户可以利用这几个输入、输出口来扩展自己的专用功能。在扩展时，应根据实际情况对输出信号进行放大。

（5）刀架控制信号口：当系统参数 P1（4）= 0 时，$I_1 \sim I_8$ 为刀架控制信号输入口，分别对应 1 ~ 8 号刀，即低电平有效。I_{18} 为刀架反靠到位信号输入口，低电平有效。O_6 为刀架正转信号输出口。O_7 为刀架反靠到位信号输出口。

利用上述这组刀架控制信号口，可控制 8 把刀以下的自动刀架。

当系统参数 P1（4）= 1 时，$I_1 \sim I_3$ 为刀架控制信号输入口，其编码分别对应 1 ~ 8 号刀，低电平有效。O_6 为刀架正转信号输出口。O_7 为刀架反靠信号输出口。

（6）主轴控制信号口：O_8、O_9 这两个口控制主轴的正反转、启动和停止等状态。

下面分别介绍在主轴 M 功能指令作用下时，这两个口的工作状态。

当系统参数 P1（2）= 0 时，工作状态如下。

M03（主轴正转）：O_8—高电平；O_9—低电平。

M04（主轴反转）：O_9—高电平；O_8—低电平。

M05（主轴停）：O_8—高电平；O_9—高电平。

当系统参数 P1（2）= 1 时，工作状态如下。

M03（主轴正转）：O_9—高电平；O_8—低电平。

M04（主轴反转）：O_9—低电平；O_8—低电平。

M05（主轴停）：O_8—高电平。

用户可根据上述状态，并结合自己对主轴控制的实际控制情况，在外部接口电路中自行设计相应的强电线路。

（7）主轴换挡控制口：当系统参数 P1（3）= 1 时，主轴变速采用换挡的方式。此时，$O_2 \sim O_5$ 作为换挡控制口，故编程中不再允许使用 M21 指令。

$O_2 \sim O_5$ 分别对应 S1 ~ S4 指令。动作时，输出一个宽度为 0.5s 的低电平信号。

当系统参数 P1（3）= 0，数控系统输出 0 ~ 5V 模拟电压控制主轴变频器对主电动机进行调速。

（8）超程信号输入口 I_{17}：这是一个外部输入信号，低电平有效。用户在连接时，应将 X、Z 两个轴上的超程信号都连接到这一输入口上。这样无论哪个方向发生超程，数控系统都能及时报警，并切断进给运动。

同时，线路中还应接入一个按钮，以便解除超程信号，在手动方式下脱离超程位置。

（9）回零信号输入口 $I_{13} \sim I_{16}$：这一组外部输入信号均为低电平有效，每个口的定义如下：I_{13}—X 轴向降速信号；I_{14}—X 轴向到位信号；I_{15}—Z 轴向降速信号；I_{16}—Z 轴向到位信号；

（10）在 P3 口上还有 $I_{19} \sim I_{21}$ 共三个输入口留着备用。

【任务实施】

1. 任务实施所需设备元器件

任务所需训练设备元器件见表 3.1。

表 3.1　数控车床训练设备和元器件明细表

名　称	型号或规格	数量	名　称	型号或规格	数量
数控车床西门子	CK6136	14 台	西门子 802S 系统	CK0630	10 台
802S 系统	CK6140	4 台	相应的各种信号线	CK6136	若干

2. 数控系统与变频器的接线

数控系统模拟量输出 P2.8 和 P2.7 可以直接连接到变频器的模拟量输入端 2、5 端,接线图如图 3-9 所示。数控系统输出开关量是不能直接连接变频器的对应功能输入端。这是因为数控系统输出是集电极开路输出,是有源输出,而变频器输入是触点开关。为了解决以上问题,中间要增加中间继电器。因输出是集电极开路,所以输出低电平有效,即采用数控系统控制中间继电器,继电器触点控制变频器输入端。

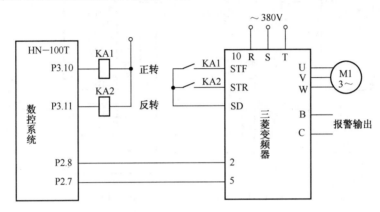

图 3-9　数控系统与变频器的接线

数控系统输出的正反转、启停信号和变频器接收信号,其组合关系介绍如下。

(1) 当数控系统参数 P1(2)=0 时,有以下三种情况。

M03(主轴正转):O_8—高电平;O_9—低电平。

M04(主轴反转):O_9—高电平;O_8—低电平。

M05(主轴停):O_8—高电平;O_9—高电平。

(2) 当数控系统参数 P1(2)=1 时,有以下三种情况。

M03(主轴正转):O_9—高电平;O_8—低电平。

M04(主轴反转):O_9—低电平;O_8—低电平。

M05(主轴停):O_8—高电平。

根据上述情况,可列出如表 3.2 所示的数控系统参数与继电器信号组合关系。

表 3.2　数控系统参数与继电器信号组合关系

继电器	P1(2)=1			P1(2)=0		
	M03	M04	M05	M03	M04	M05
KA1	合	合	断	合	断	断
KA2	断	合	断	断	合	断

3. 数控系统与步进驱动器的接线

数控系统与步进驱动器的接线图如图 3-10 所示。

从数控系统 P2 口的输出信号可以看出,控制进给驱动的信号共有 XCP、XDIR、ZCP、ZDIR,其中 XCP、XDIR 控制 X 轴,ZCP、ZDIR 控制 Z 轴。输出信号低电平有效。

从步进驱动接口来看,需要接收 CP 脉冲信号、DIR 方向信号,接口信号高低电平都可以。数控系统接口电路需要外加+5V 电源。

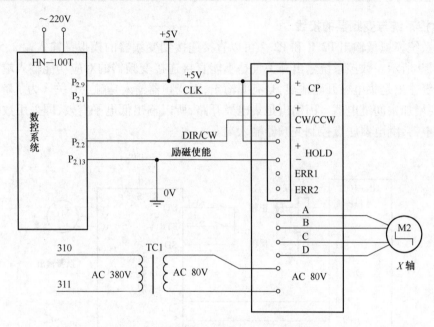

图 3-10 数控系统与步进驱动器接线

数控系统可以单脉冲或双脉冲输出,使用时要取决于步进驱动输入信号要求和数控系统参数设置。

4. 数控系统对电动刀架的连接

电动刀架的连接有直流电动机、交流电动机电动刀架的连接。

1)直流电动机电动刀架

以 CK0630 型数控车床为例,电动刀架选用的是力矩式直流电动机,额定电压为 27V,额定电流为 2A,转速为 800r/min。由于换刀的精度和可靠性要求,设计中通过蜗轮蜗杆机构进行减速,从而使带动的刀盘减速。在刀架结构上还装有格雷码凸轮,凸轮上方装有三个微动开关,以反映所换刀的刀位号,三个微动开关通、断组合与刀号的关系如表 3.3 所示。

表 3.3 刀号与格雷码的关系

刀号	1	2	3	4	5	6	7	8
格雷码	000	001	011	010	110	111	101	100

数控系统控制电动刀架,主要控制刀架电动机的正反转,所反映的刀号数送给数控系统。从数控系统输入信号接口来看,低电平有效。由于电动机电流不是太大,故选用数控系统能驱动的功率继电器。数控系统与直流电动机电动刀架的接线图如图 3-11 所示。

P3 口的 $O_6(P_{3.6})$ 和 $O_7(P_{3.7})$ 控制 KA3、KA4 继电器,由于输出低电平有效,故中间继电器另一端接+24V 电源。三个微动开关信号 $SQ_1 \sim SQ_3$ 分别接 P3 口的 $I_1(P_{3.21})$、$I_2(P_{3.22})$、$I_3(P_{3.23})$,信号低电平有效。在图 3-11 中,用 KA3、KA4 的触点控制直流电动机的正反转,而直

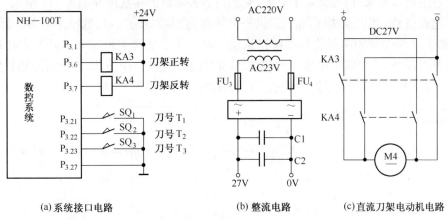

(a)系统接口电路　　　　　(b)整流电路　　　　(c)直流刀架电动机电路

图 3-11　数控系统与直流电动机电动刀架的接线

流 DC27V 电源通过变压器和整流桥等电路产生。

2）三相异步电动机电动刀架

在 CK0630 型数控车床中,还有一种规格的数控车床,电动刀架选用三相异步电动机。由于换刀的精度和可靠性要求,设计中通过蜗轮蜗杆机构进行减速,从而使带动的刀盘减速。在每个刀位上都安装了一个传感器,当刀架旋转到某个刀位时,该传感器发出信号给数控系统,以反映所在的刀位。

数控系统控制电动刀架,主要控制刀架电动机的正反转,所反映的刀号送给数控系统。从数控系统输入信号接口来看,低电平有效。数控系统与交流电动机电动刀架的接线图如图 7-12 所示。P3 口的 $O_6(P_{3.6})$ 和 $O_7(P_{3.7})$ 控制 KA3、KA4 继电器,由于输出低电平有效,故中间继电器另一端接 +24V 电源,四个传感器信号($SQ_1 \sim SQ_4$)分别接 P3 口的 $I_1(P_{3.21})$、$I_2(P_{3.22})$、$I_3(P_{3.23})$、$I_4(P_{3.24})$,信号低电平有效。再用 KA3、KA4 的触点控制功率线圈,再由功率线圈的触点控制交流电动机。

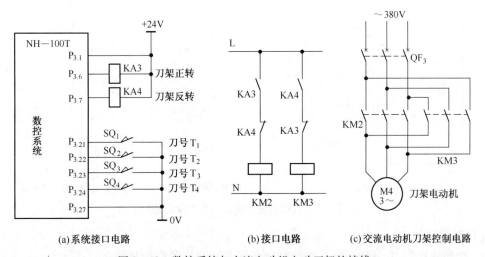

(a)系统接口电路　　　　(b)接口电路　　　　(c)交流电动机刀架控制电路

图 3-12　数控系统与交流电动机电动刀架的接线

5. 数控机床其他信号连接

（1）回零信号。根据数控机床控制要求,数控机床要建立坐标系,一般都要回参考点,把参考点位置送给数控系统,一般每个轴有两个信号:一个用于回零减速,一个用于回零到位。

根据数控系统接口要求,信号低电平有效,它们与数控系统的接线图如图3-13所示。

(2)超程信号。用于数控系统只提供一个外部超程信号输入口,低电平有效。用户在连接时,应将X、Z两个轴的超程信号都连接到这一接口上。这样无论哪个方向方式超程,数控系统都能及时报警,并切断进给运动。同时,线路中还应接入一个按钮,以便解除超程信号,在手动方式下脱离超程位置。数控系统超程信号接线示意图如图3-14所示。

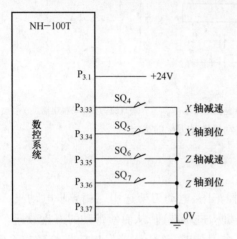

图3-13 数控系统回零信号的接线   图3-14 数控系统超程信号的接线

(3)冷却信号。如电源输入为380V,则冷却泵选择三相异步电动机作为冷却电动机。由数控系统输出接口可知,P3口的$O_1(P_{3.3})$输出作为冷却控制信号。数控系统控制冷却泵电动机的原理图如图3-15所示。$O_1(P_{3.3})$输出信号控制KA5中间继电器,由KA5继电器的触点控制KM4交流接触器,KM4的主触点控制冷却泵的通断。

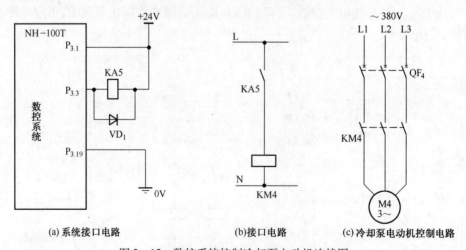

(a)系统接口电路   (b)接口电路   (c)冷却泵电动机控制电路

图3-15 数控系统控制冷却泵电动机连接图

【自我测试】

1. 冷却液控制口O_1和面板上的冷却液按钮并接起来的作用是什么?

2. 将X、Z两个轴的超程信号都连接到这$P_{3.13}$口上,起到什么作用?

3. 轴控制信号接口P2用来控制轴的什么运动?

任务2　数控铣床电气控制线路

【任务描述】

（1）掌握数控铣床的电气控制线路、步进驱动器与电动机接口信号、开关量输入/输出接口信号。

（2）掌握数控系统与变频器、步进驱动器（X轴）的连接。

【任务分析】

本任务主要研究数控铣床的结构及主要接口功能，电气控制线路的主电路、控制电路的分析和主轴电机、步进电机、冷却泵电机的连接。

【知识链接】

3.2.1　数控铣床的系统概述

1. 经济型数控铣床主要工作情况

经济型数控铣床主要工作为三轴联动，步进进给，主轴为无级调速，有冷却控制。步进电动机驱动的脉冲当量为 0.01 mm。数控系统采用国产的 ZKN 型数控装置。数控铣床的主要电气控制框图如图 3－16 所示。

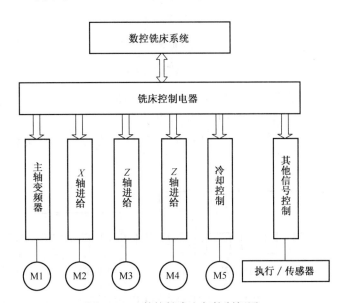

图 3－16　数控铣床电气控制框图

2. 数控系统的主要接口及功能说明

ZKN 型数控铣床系统的主要接口有步进电动机与主轴控制接口、开关量输入/输出接口，其对外连接信号端如图 3－17 所示。

1）步进驱动器与主轴电动机的控制接口信号

步进驱动器与主轴电动机的控制接口信号端（JM）功能介绍如下：

YCLK—Y 轴电动机脉冲信号；ZCLK—Z 轴电动机脉冲信号；

YDIR—Y 轴电动机方向信号；ZDIR—Z 轴电动机方向信号；

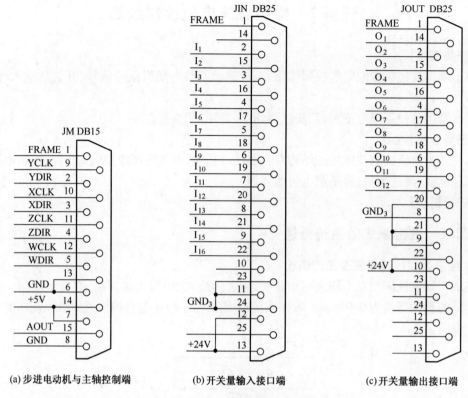

图 3 - 17 ZKN 型数控铣床系统接口

XCLK—X 轴电动机脉冲信号；WCLK—W 轴电动机脉冲信号；

XDIR—X 轴电动机方向信号；WDIR—W 轴电动机方向信号。

CLK 脉冲与 DIR 信号波形如图 3 - 18 所示，数控系统与步进驱动器的接口如图 3 - 19 所示。

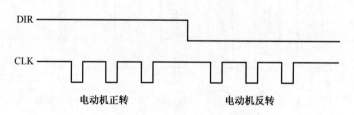

图 3 - 18 CLK 脉冲与 DIR 信号波形

AOUT 端输出模拟量范围为 0 ~ 5V，主要是与变频器相连接，控制主轴电动机进行调速。

2）开关量输入接口信号

开关量输入接口信号端（JIN）功能介绍如下：

I_1—超程报警信号；　　　　　　　　I_9—X 轴参考点粗定位开关；

I_2—用于 M06 指令的应答输入；　　　I_{10}—Y 轴参考点粗定位开关；

I_3—用于 M10、M11 指令的应答输入；I_{11}—Z 轴参考点粗定位开关；

I_4—用于 M03、M04 指令的应答输入；I_{12}—X 轴参考点精定位开关；

I_5—备用；　　　　　　　　　　　　I_{13}—Y 轴参考点精定位开关；

I_6—备用; I_{14}—Z 轴参考点精定位开关;

I_7—备用; I_{15}—W 轴参考点粗定位开关;

I_8—备用; I_{16}—W 轴参考点精定位开关。

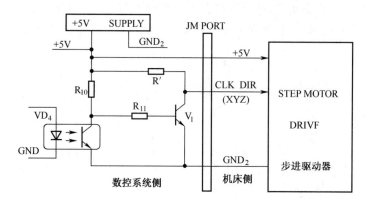

图 3 – 19　数控系统与步进驱动器的接口

数控系统中的开关量输入接口(JIN)中的 +24V、GND3 电源与开关量输出接口(JOUT)中的 +24V、GND3 电源在数控系统内部已连接在一起。使用时,只要向 +24V、GND3 提供 24V 电源,数控系统的开关量输入、输出就能正常工作。开关量输入信号的接口如图 3 – 20 所示。

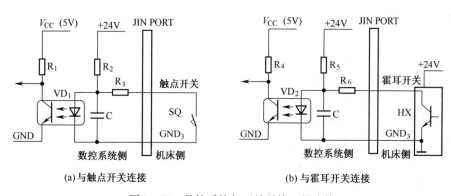

(a) 与触点开关连接   (b) 与霍耳开关连接

图 3 – 20　数控系统与开关量接口的连接

3) 开关量输出接口信号

开关量输出接口信号端(JOUT)的功能介绍如下:

O_1—M03 指令,主轴正转信号;

O_2—M04 指令,主轴反转信号;

O_3—M12 指令,输出信号;M13 指令,断开该信号;

O_4—M41 指令,输出信号;M42 指令,断开该信号;

O_5—M08 指令,断开信号,延时,然后输出信号,延时 0.5s,再断开该信号;

O_6—M09 指令,断开信号,延时,然后输出信号,延时 0.5s,再断开该信号;

O_7—M06 指令,输出信号,等待 I_2 信号,再断开该信号;

O_8—M11 指令,输出信号,等待 I_3 信号,M10 指令,断开该信号,等待 I_3 无效,该指令完成;

$O_9 \sim O_{12}$—备用。

数控系统的开关量输出接口信号属于晶体管集电极开路型,输出功率小。若控制机床电器(如接触器)动作,需外接中间继电器,由中间继电器的触点控制开关量动作或接触器。数控系统输出接口连接如图 3 - 21 所示。

在图 3 - 21 中,VT_2 截止时,中间继电器不动作;VT_2 导通时,中间继电器动作,中间继电器的电源为 24V,导通电流应小于 60mA。二极管 VD_3 是中间继电器线圈的泄放电路,不能接反。

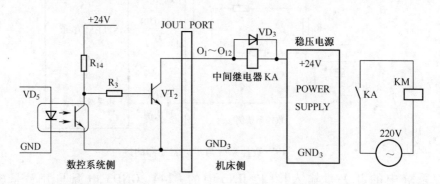

图 3 - 21 数控系统与开关量接口的连接

3.2.2 数控铣床的电气控制线路

经济型数控铣床的电气控制线路原理图如图 3 - 22 所示。

1. 主轴电动机

按下 SA2,KA0 线圈通电,其动合触点闭合,使 KM1 线圈通电,KM1 的主触点闭合使变频器通电。按下 SB3,主轴变频器断电。主轴电动机的速度、正反转等由变频器控制,变频器由数控系统控制。数控系统与变频器的接口如图 3 - 23 所示。

ZKN 数控系统的主轴调速模拟信号与变频器的 13、14 号端相连,变频器正/反转信号由数控系统 JOUT 的 14、2 号端控制(通过继电器控制)。变频器的 U、V、W 与交流电动机 M1 相连。

2. 步进电动机

数控系统 X、Y、Z 三轴的步进电动机接口如图 3 - 23 所示。在图 3 - 23 中,数控系统输出信号为低电平有效,而步进驱动器输入为高、低电平都可以,因此,数控系统输出信号可接步进驱动器的对应信号的负端,正端统一与系统的+5V 端相连接,其余信号一一对应相连。步进驱动器的输入电源为 AC80V,输出端 A、$\bar{A}$、B、$\bar{B}$ 与步进电动机相应端相连。

3. 冷却泵电动机

如图 3 - 23 所示,当数控系统编程为 M08 指令时,开关量输出口(O_5)输出信号,使 KA3 中间继电器吸合,KA3 触点闭合,KM2 线圈得电,触点闭合自锁,冷却泵工作。当数控系统编程为 M09 指令时,开关量输出口(O_6)输出信号,使 KA4 中间继电器得电,KA4 常闭触点断开,KM2 线圈失电,冷却泵停止工作。

【任务实施】

1. 任务实施所需设备及元器件

任务所需训练设备元器件见表3.4。

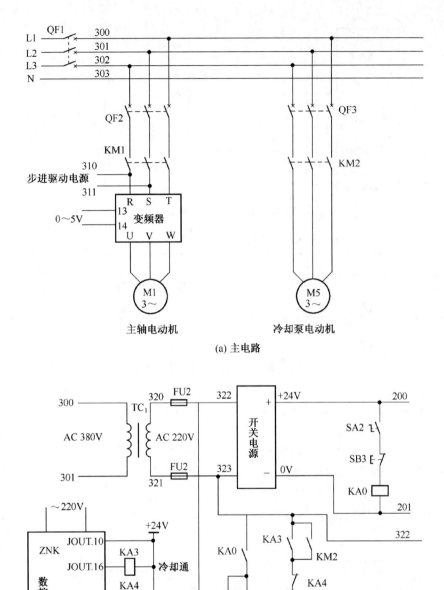

(a) 主电路

(b) 电气控制电路

图 3-22 数控铣床电气控制线路原理图

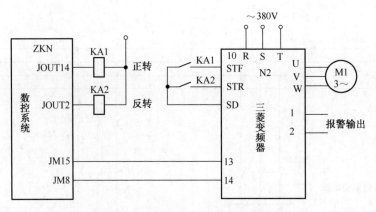

图 3 – 23　数控系统与变频器的接线

表 3.4　训练设备和元器件明细表

名　称	型号或规格	数量	名　称	型号或规格	数量
数控铣床	XK7136	4 台	ZKN 型数控铣床系统	ZKN	10 台
FANUC0 - i 系统	XK5025	4 台	相应的各种信号线	ZKN	若干

2. 训练内容与步骤

（1）按照数控铣床电气控制线路图 3 – 22（b）连接控制变压器 TC1（300、301）、FU2（320、321）与开关电源（322、323）。

（2）连接数控系统，接入交流电源 220V，同时接入中间继电器 KA3 和 KA4 线圈，连接到 24V 地，并将数控系统接地（0V）。

（3）按照电气控制线路连接转换开关 SA2、停止按钮 SB3 和中间继电器 KA0（200、201），连接接触器 KM1、KM2 与阻容启动保护元件 RC1、RC2（322、323）。

（4）按图 3 – 23 所示，连接数控系统与变频器的相关元器件。

（5）按图 3 – 24 所示，连接数控系统与步进驱动器的相关元器件。

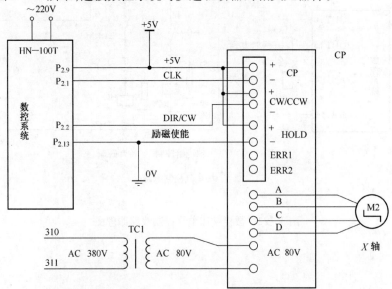

图 3 – 24　数控系统与步进驱动器接线

【自我测试】

1. 经济型数控铣床主轴采用有级还是无级调速？步进电动机驱动的脉冲当量为多少毫米？

2. 数控铣床主轴电动机的速度和转向等由什么元件控制？

3. 写出步进驱动器与主轴电动机的控制接口信号端(JM)功能。

4 项目四 数控机床检测装置

☞学习目标

1. 培养目标

（1）通过学习了解数控机床对检测装置的主要要求。

（2）掌握检测装置的分类及应用。

2. 技能目标

（1）熟悉光电式旋转编码器的工作原理，掌握编码器在数控机床中的应用。

（2）熟悉霍耳接近开关传感器的工作原理，了解数控机床电动刀架的自动换刀原理和霍耳接近开关传感器的接线，培养综合运用知识的能力和动手能力。

任务1　光电式旋转编码器

【任务描述】

（1）掌握位置检测的概念及检测装置的分类。

（2）掌握光电式编码器的结构、工作原理。

（3）掌握光栅的结构、工作原理及莫尔条纹的特点。

【任务分析】

本任务主要研究数控机床位置检测装置的概念、性能指标、测量方法；光电编码器及应用；光栅的结构及工作原理；培养综合运用知识的能力和动手能力。

【知识链接】

伺服系统分为开环控制系统和闭环控制系统。开环控制系统用步进电动机作为执行元件，不用检测装置及反馈，其控制精度取决于步进电动机和丝杠的精度。闭环控制系统必须有检测环节以取得反馈信号，并根据反馈信号来控制伺服电动机带动工作台移动，消除实际位置（或速度）与指令位置（或速度）之间的误差。数控系统的位置控制是将插补计算的指令位置与实际反馈位置相比较，用其差值去控制进给电动机。而实际反馈位置的检测则是通过位置检测装置来实现的。因此，数控机床的加工精度主要由检测装置的精度决定，而检测装置的精度则通过分辨率来体现。分辨率是位移检测系统所能测量的最小位移量。分辨率的高低不仅取决于检测元件本身，也取决于检测电路，分辨率越小，说明检测精度越高。

为提高数控机床的加工精度，必须提高测量元件和测量系统的精度，不同的数控机床对测量元件和测量系统的精度要求、允许的最高移动速度各不相同。通常，大型数控机床以满足速度要求为主，中小型和高精度数控机床以满足精度要求为主。

图4－1所示为带有位置检测装置的闭环控制系统框图。图中检测装置包括位置传感器和测量电路，其作用是经过一系列转换将位置或速度等被测参数由物理量转化为计算机能识别的数字脉冲信号，送入微机数控装置以控制驱动元件正确运转。

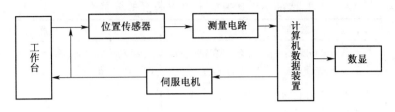

图 4-1　闭环数控系统框图

4.1.1　位置检测的概念

检测装置是数控机床的重要组成部分,它是依靠将指令值和检测装置的反馈值比较后发出控制指令,控制伺服系统和传动装置驱动机床的运动部件,实现数控机床各种加工过程,保证具有较高的加工精度。

在闭环和半闭环控制系统中,数控检测装置的主要作用是检测运动部件的位移(线位移或角位移)和速度,并发送反馈检测信号至数控装置,构成伺服系统的闭环或半闭环控制,使工作台按指令的路径精确地移动。对于采用半闭环控制的数控机床,其位置检测装置一般采用旋转变压器或编码器,安装在进给电机或丝杠上,旋转变压器或编码器每旋转一定角度,都严格地对应着工作台移动的一定距离。测量了电机或丝杠的角位移,也就间接地测量了工作台的直线位移。对于采用闭环控制的数控机床,可采用安装在工作台导轨上的感应同步器、光栅、磁栅等测量装置,直接测量工作台的直线位移。

数控机床对检测装置的要求主要有以下几点:

(1)高可靠性和抗干扰能力。检测装置应能抗各种电磁干扰,抗干扰能力强,基准尺对温度和湿度敏感性低,温湿度变化等环境因素对测量精度的影响小。

(2)满足精度和速度要求。随着数控机床的发展,其精度和速度越来越高,因此,要求检测装置必须满足数控机床的高精度和高速度的要求。其分辨率应在 $0.001\sim0.01\text{mm}$ 内,测量精度应满足 $\pm0.002\sim0.02\text{mm/m}$,运动速度应满足 $0\sim20\text{m/min}$。

(3)便于安装和维护。检测装置安装时要满足一定的安装精度要求,安装精度要合理,考虑到影响,整个检测装置要求有较好的防尘、防油污、防切屑等措施。

(4)成本低,寿命长。不同类型的数控机床对检测系统的分辨率和速度有不同要求,一般情况下,选择检测系统的分辨率或脉冲当量,要求比加工精度高一个数量级。

1. 检测装置的分类

数控机床检测装置的种类很多,根据被测物理量分为位移、速度和电流三种类型;按检测量的基准分为增量式和绝对式两种;根据运动形式分为旋转型和直线型检测装置。

数控机床伺服系统中采用的位置检测装置一般分为直线型和旋转型两大类。直线型的位置检测装置用来检测运动位移的直线位移量;旋转型的位置检测装置用来检测回转部件的转动位移量。除了以上位置检测装置,伺服系统中往往还包括检测速度元件,用以检测和调节电动机的转速。数控机床常用的检测装置见表4.1。对于不同类型的数控机床,工作条件和检测要求不同,可采用不同的检测方式。

2. 数控检测装置的性能指标

检测装置放置在伺服驱动系统中。由于所测量的各种物理量是不断变化的,因此传感器的测量输出必须能准确、快速地跟随反映这些被测量的变化。传感器的性能指标包括静态特

表 4.1　数控机床检测装置的分类

分类		增 量 式	绝 对 式
位移检测装置	旋转型	脉冲编码器、自整角机、旋转编码器、感应同步器、光栅角度传感器、光栅、磁栅	多极旋转变压器、绝对脉冲编码器、绝对值式光栅、三速圆感应同步器、磁阻式多极旋转变压器
	直线型	直线感应同步器、光栅尺、磁栅尺、激光干涉仪、霍耳传感器	三速感应同步器、绝对值磁尺、光电编码尺、磁性编码器
速度检测装置		交、直流测速发电机、数字脉冲编码式速度传感器、霍耳速度传感器	速度-角度传感器、数字电磁式传感器、磁敏式速度传感器
电流检测装置		霍耳电流传感器	

性和动态特性,主要如下:

(1) 精度:符合输出量与输入量之间的特定函数关系的准确程度称为精度,数控用传感器要满足高精度和高速实时测量的要求。

(2) 分辨率:分辨率应适应机床精度和伺服系统的要求。分辨率的提高,对提高系统其他性能指标和运行平稳性都很重要。

(3) 灵敏度:实时测量装置灵敏度要高,输出、输入关系中对应的灵敏度要求一致。

(4) 迟滞:对某一输入量,传感器正行程的输出量和反行程的输出量的不一致,称为迟滞。数控伺服系统的传感器要求迟滞要小。

(5) 测量范围:传感器的测量范围要满足系统的要求,并留有余地。

(6) 零漂与温漂:传感器的漂移量是其重要性能标志,它反映了随时间和温度的改变,传感器测量精度的微小变化。

3. 位置检测装置的测量方式

根据工作条件和测量要求的不同,位置检测装置有不同的测量方式。

1) 直接测量和间接测量

位置传感器按形状可分为直线式和旋转式。用直线式位置传感器测直线位移,用旋转式位置传感器测角位移,则该测量方式称为直接测量。用直线式检测装置测量,可直接反映工作台的实际位移量。但由于检测装置要和行程等长,故其在大型数控机床中的应用受到限制。

如旋转式位置传感器测量的回转运动只是中间值,由它再推算出与之相关联的工作台的直线位移,那么该测量方式称为间接测量。这种检测方式先由检测装置测量进给丝杠的旋转位移,再利用旋转位移与直线位移之间的线性关系求出直线位移量。其检测精度取决于检测装置和机床传动链两者的精度。由于存在着直线与回转运动间的中间传递误差,故准确性和可靠性不如直接测量。其优点是无长度限制。

2) 增量式测量和绝对式测量

按照检测装置的编码方式可分为增量式测量和绝对式测量。增量式测量的特点是只测量位移增量,即工作台每移动一个基本长度单位,检测装置便发出一个测量信号,此信号通常是脉冲形式。这样,一个脉冲所代表的基本长度单位就是分辨率,而通过对脉冲计数便可得到位移量。若增量式检测系统分辨率为 0.01mm,则工作台每移动 0.01mm,检测装置便发出一个脉冲,送往微机数控装置或计数器计数。当计数值为 100 时,表示工作台移动了 1mm。这种检测方法结构比较简单。但是一旦计数有误，后面的测量结果就会发生错误；另外，在发生某种故障时，尽管故障已经排除，但由于该测量没有一个特定的标志，所以不能找到原来的正确位置。

3）数字式测量和模拟式测量

数字式测量是以量化后的数字形式表示被测量。得到的测量信号通常是电脉冲形式，它将脉冲个数计数后以数字形式表示位移。

模拟式测量是以模拟量表示被测量，得到的测量信号是电压或电流，电压或电流的大小反映位移量的大小。由于模拟量需经 A/D 转换后才能被计算机数控系统接受，所以目前模拟式测量在计算机数控系统中应用很少。而数字式测量检测装置简单，信号抗干扰能力强，且便于显示和处理，所以目前应用非常普遍。

绝对式测量特点：被测的任一点的位置都由一个固定的零点算起，每一被测点都有一个对应的测量值，常以数据形式表示。这种测量装置分辨率越小，结构越复杂。

4）接触式测量和非接触式测量

接触式测量的测量装置与被测对象间存在着机械联系，因此机床本身的变形、振动等因素会对测量产生一定的影响。典型的接触式测量装置有光栅、接触式编码器。

非接触式测量装置与测量对象是分离的，不发生机械联系。典型的非接触式测量装置有双频激光干涉仪、光电式编码器。

下面就数控机床上几种常用的位置检测装置作逐一介绍。

4.1.2　光电编码器

编码器又称编码盘或码盘，是一种旋转式测量元件，通常安装在被测轴上，随被测轴一起转动，可将被测轴的机械角位移转换成增量脉冲形式或绝对式的代码形式。经过变换电路也可用于速度检测，同时作为速度检测装置。它具有精度高、结构紧凑和工作可靠等优点，常在半闭环伺服系统中作为角位移数字式检测元件。

编码器根据内部结构和检测方式可分为接触式、光电式和电磁式三种形式，其中，光电式编码器的精度和可靠性都优于其他两种，因而广泛应用于数控机床上。编码器是一种增量检测装置，它的型号是由每转发出的脉冲数来区分。数控机床上常用的脉冲编码器有 $2000P/r$、$2500P/r$ 和 $3000P/r$ 等；在高速、高精度数字伺服系统中，应用高分辨率的脉冲编码器，如 $20000P/r$、$25000P/r$ 和 $30000P/r$ 等，现在已有使用每转发出 10 万个脉冲，乃至几百万逐步形成脉冲的脉冲编码器，该编码器装置内部应用了微处理器。本单元重点介绍光电式编码器。

光电编码器利用光电原理把机械角位移变换成电脉冲信号，是数控机床最常用的位置检测元件。光电编码器按输出信号与对应位置的关系，通常分为增量式光电编码器和绝对式光电编码器。

1. 增量式光电编码器

光电编码器的结构如图 4-2 所示。在一个圆盘（一般为真空镀膜玻璃圆盘）的圆周上刻有间距相等的细密线纹，分为透明和不透明部分，称为圆盘形主光栅。主光栅与转轴一起旋转。在主光栅刻线的圆周位置，与主光栅平行地放置一个固定的指示光栅，它是一小块扇形薄片，制有三个狭缝。其中两个狭缝在同一圆周上相差 1/4 节距（称为辨向狭缝）；另外一个狭缝叫做零位狭缝，主光栅转一周时，由此狭缝发出一个脉冲。在主光栅和指示光栅两边，与主光栅垂直的方向上固定安装有光源、光电接收元件。此外，还有用于信号处理的印制电路板。

光电脉冲编码器通过十字连接头与伺服电动机相连,它的法兰盘固定在电动机端面上,罩上防护罩,构成一个完整的检测装置。

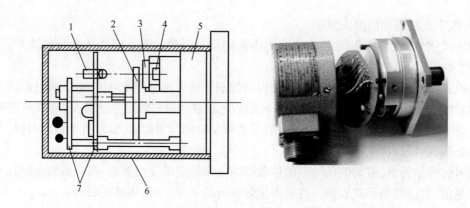

图4-2　光电编码器的结构和实物图

1—光源;2—光栅;3—指示光栅;4—光电池组;

5—机械部件;6—护罩;7—印制电路板。

如图4-3为增量式光电编码器测量系统原理图。当圆光栅旋转时,光线透过两个光栅的线纹部分,形成明暗相间的三路莫尔条纹。同时光电元件接收这些光信号,并转化为交替变化的电信号 A、B(近似于正弦波)和 Z,再经放大和整形变成方波。其中 A、B 信号称为主计数脉冲,它们在相位上相差90°如图4-4所示;Z 信号称为零位脉冲,"一转一个",该信号与 A、B 信号严格同步。零位脉冲的宽度是主计数脉冲宽度的 1/2,细分后同比例变窄。这些信号作为位移测量脉冲,如经过频率/电压变换,又可作为速度测量反馈信号。

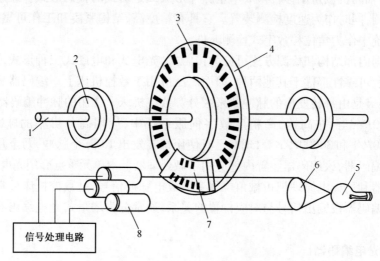

图4-3　增量式光电编码器测量系统

1—旋转轴;2—滚珠轴承;3—透光狭缝;4—光电编码器;

5—光源;6—聚光镜;7—光阑板;8—光敏元件。

增量式光电编码器的测量精度取决于它所能分辨的最小角度 α(分辨角或分辨率),而这与光电码盘圆周内所分狭缝的条数有关。

$$\alpha = 360°/狭缝数$$

随着码盘转动,光敏元件输出的信号不是方波,而是近似正弦波。而了测量出转向,光栏板的两个狭缝距离比码盘两个狭缝之间的距离小 1/4 节距,使两个光敏元件的输出信号相差 $\pi/2$ 相位。

由于增量式光电编码器每转过一个分辨角就发出一个脉冲信号,因此根据脉冲数目可得出工作轴的回转角度,由传动比换算出直线位移距离;根据脉冲频率可得到工作轴的转速;根据光栏板上两个狭缝中信号的相位先后,可判断光电码盘的正反转。

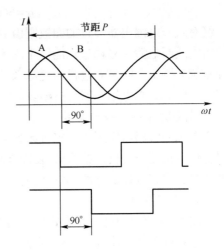

图 4-4　光电脉冲编码器的输出波形

2. 绝对式光电编码器

绝对式光电编码器的光盘上有透光和不透光的编码图案,编码方式可以有二进制编码、二进制循环编码、二至十进制编码等。绝对式光电编码器通过读取编码盘上的编码图案来确定位置。

如图 4-5 所示为绝对式光电编码器原理图,编码盘上有 4 圈码道。所谓码道就是码盘上的同心圆。按照二进制分布规律,把每圈码道加工成透明和不透明相间的形式。码盘的一侧安装光源,另一侧安装一排径向排列的光电管,每个光电管对准一条码道。当光源照射码盘时,如果是透明区,则光线被光电管接收,并转变成电信号,输出信号为"1";如果是不透明区,光电管接收不到光线,则输出信号为"0"。被测工作轴带动码盘旋转时,光电管输出的信息就代表了轴的对应位置,即绝对位置。

绝对式光电编码器大多采用格雷码编盘。格雷码的特点是每一相邻数码之间仅改变一位二进制,这样,即使制作和安装不十分准确,产生的误差最多也只是最低位的一位数。

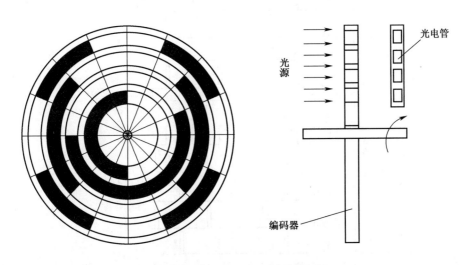

图 4-5　绝对式光电编码器原理图

四位二进制码盘能分辨的最小角度(分辨率)为

$$\alpha = 360°/2^4 = 22.5°$$

码道越多,分辨率越小。目前,码盘码道可做到 18 条,能分辨的最小角度

$$\alpha = 360°/2^{18} \approx 0.0014°$$

绝对式光电编码器转过的圈数则由 RAM 保存,断电后由后备电池供电,保证机床的位置即使断电或断电后又移动过也能够正确地记录下来。因此采用绝对式光电编码器进给电机的数控系统只要出厂时建立过机床坐标系,以后就不用再作回参考点的操作,保证机床坐标系一直有效。绝对式光电编码器与进给驱动装置或数控装置通常采用通信的方式反馈位置信息。

3. 光电脉冲编码器的应用

光电脉冲编码器应用在数控机床数字比较伺服系统中,作为位置检测装置。光电脉冲编码器将位置检测信号反馈给 CNC 装置有几种方式:①适应带加减计数要求的可逆计数器,形成加计数脉冲和减计数脉冲;②适应有计数控制端和方向控制端的计数器,形成正走、反走计数脉冲和方向控制电平。

如图 4-6 所示为第一种方式的电路图和波形图。光电脉冲编码器的输出脉冲信号 A、Ā、B、B̄ 经过差分驱动传输进入 CNC 装置,仍为 A 相信号和 B 相信号,如图中所示。将 A、B 信号整形后,变成规整的方波(电路中 a、b 点)。当光电脉冲编码器正转时,A 相信号超前 B 相信

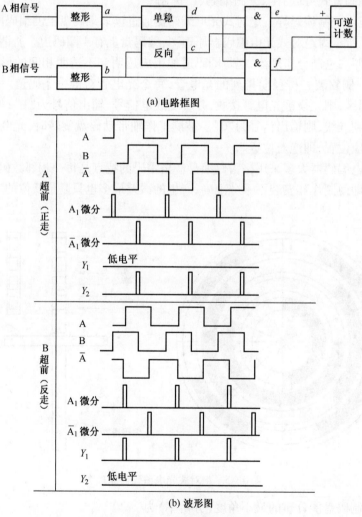

(a) 电路框图

(b) 波形图

图 4-6　脉冲编码器组成计数器方式一

号,经过单稳电路 d 点的窄脉冲,与 b 相反向后 c 点的信号进入"与"门,由 e 点输出正向计数脉冲;而 f 点由于在窄脉冲出现时,b 点的信号为低电平,所以 f 点也保持低电平,这时可逆计数器进行加计数。当光电脉冲编码器反转时,B 相信号超前 A 信号,在 d 点窄脉冲出现时,因为 c 点是低电平,所以 e 点保持低电平;而 f 点输出窄脉冲,作为反向减计数脉冲,这时可逆计数器进行减计数。这样就实现了不同旋转方向时,数字脉冲由不同通道输出,分别进入可逆计数器做进一步的误差处理。

如图 4-7 所示为产生方向控制信号和计数脉冲的电路图和波形图。光电脉冲编码器的输出信号 A、$\bar{A}$、B、$\bar{B}$ 经过差分驱动传输进入 CNC 装置,为 A 相信号和 B 相信号,该两相信号为本电路的输入脉冲,经整形和单稳后变成 A_1、B_1 窄脉冲。正走时,A 脉冲超前 B 脉冲,B 方波和 A_1 窄脉冲进入 C"与非门",A 方波和 B_1 窄脉冲进入 D"与非门",则 C 门和 D 门分别输出高电平和负脉冲。这两个信号使由 1、2"与非门"组成的 R-S 触发器置"0"(此时,Q 端输出"0",代表正方向),使 3"与非门"输出正走计数脉冲。反走时,B 脉冲超前 A 脉冲。B、A_1 和 A、B_1 信号同样进入 C、D 门,但由于其信号相位不同,使 C、D 门分别输出负脉冲和高电平,从而将 R-S 触发器置"1"(Q 端输出"1",代表负方向)、3 门输出反走计数脉冲。不论正走、反走,与非门 3 都是计数脉冲输出门、R-S 触发器的 Q 端输出方向控制信号。

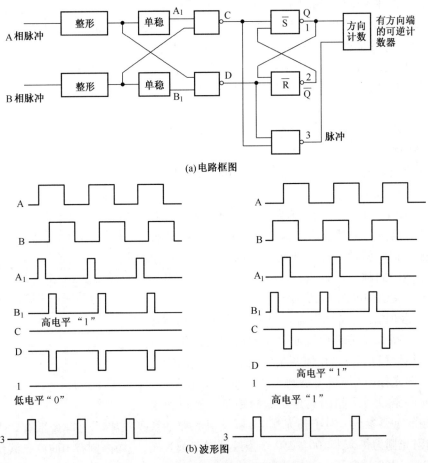

(a) 电路框图

(b) 波形图

图 4-7　脉冲编码器组成计数器方式二

现代全数字伺服系统中,由专门的微处理器通过软件对光电脉冲编码器的信号进行采集、传送、处理,完成位置控制任务。

上面介绍的光电脉冲编码器主要用于进给系统中。如在主运动(主轴控制)中也采用这种光电脉冲编码器,则该系统成为具有位置控制功能的主轴控制系统,或者叫做"C"轴控制。在一般主轴控制系统中,采用主轴位置脉冲编码器,其原理和与光电脉冲编码器一样,只是光栅线纹数为1024/周,经4倍频细分电路后,为每转4096个脉冲。

主轴位置脉冲编码器的作用是自动换刀时的主轴准停和车削螺纹时进刀点、退刀点的定位。加工中心自动换刀时,需要定向控制主轴停在某一固定位置,以便在该处进行换刀等动作,只要数控系统发出换刀指令,利用主轴位置脉冲编码器输出的信号使主轴停在规定的位置上。数控车床车削螺纹时需要多次走刀,车刀和主轴都要求停在固定的准确位置,其主轴的起点、终点角度位置依据主轴位置脉冲编码器的"零脉冲"作为基准来准确保证。

在进给坐标轴中,还应用一种手摇脉冲发生器,一般每转产生1000个脉冲,脉冲当量1μm,其作用是慢速对刀和手动调整机床。

4.1.3　光栅

光栅是一种最常见的测量装置,是在玻璃或金属基体上均匀刻划很多节距的线纹而制成的。光栅分为物理光栅和计量光栅,物理光栅刻线细密,用于光谱分析和光波波长的测定。计量光栅,比较而言刻线较粗,但栅距也较小,在0.004~0.25mm之间,它利用光的透射、衍射原理,通过光敏元件测量莫尔条纹移动的数量来测量机床工作台的位移量,一般用于机床数控系统的闭环控制。光栅传感器为动态检测元件,按运动方式分为长光栅和圆光栅,长光栅用来测量直线位移;圆光栅用来测量角度位移。根据光线在光栅中的运动路径分为透射光栅和反射光栅。一般光栅传感器都是做成增量式的,也可以做成绝对值式的。目前光栅传感器应用在高精度数控机床的伺服系统中,其精度仅次于激光式测量。

1. 光栅的结构

长光栅检测装置(直线光栅传感器)是由标尺光栅、指示光栅和光栅读数头等组成。标尺光栅一般固定在机床活动部件上(如工作台上),光栅读数头装在机床固定部件上。当光栅主读数头相对于标尺光栅移动时,指示光栅便在标尺光栅上相对移动。标尺光栅和指示光栅的平行度以及两者之间的间隙要严格保证(0.05~0.1mm)。光栅检测装置的安装结构如图4-8所示。

标尺光栅和指示光栅统称为光栅尺,它们是在真空镀膜的玻璃片上或长条形金属镜面上光刻出均匀密集的线纹。光栅的线纹相互平行,相邻两条线纹之间的距离叫做栅距。对于圆光栅,这些线纹是圆心角相等的向心条纹。相邻两条向心条纹线之间的夹角叫做栅距角。栅距和栅距角是光栅的重要参数。对于长光栅,金属反射光栅的线条纹密度为每毫米有25~50个条纹;玻璃透射光栅为每毫米100~250个条纹。对于圆光栅,一周内刻有10800条线纹(圆光栅直径为270mm,360进制)。

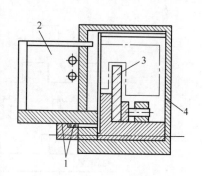

图4-8　光栅的结构
1—防护垫;2—光栅读数头;
3—标尺光栅;4—防护罩。

在光栅测量中,通常由一长一短两块光栅尺配套使用,其中,长的一块称为主光栅或标尺光栅,固定在机床的活动部件上,随运动部件移动,要求与行程等长。短的一块称为指示光栅,安装在光栅读数头中,光栅读数头安装在机床的固定部件上。两光栅尺上的刻线密度均匀且相互平行放置,并保持一定的间隙(0.05mm 或 0.1mm)。如图4-9 所示为一光栅尺的简单示意图。

两个光栅尺上均匀刻有很多条纹,从其局部放大部分来看,白的部分 b 为透光宽度,黑的部分 a 为不透光宽度,若 p 为栅距,则 $p=a+b$。通常情况下,光栅尺刻线的不透光宽度和透光宽度是一样的,即 $a:b=1:1$。常见的直线光栅线纹密度为 50 条/mm、100 条/mm 和 200 条/mm。

光栅读数头又叫光电转换器,它把光栅莫尔条纹变为电信号。图4-10 所示为垂直入射的光栅读数头。读数头是由光源,透镜、指示光栅、光敏元件和驱动线路组成。图中的标尺光栅不属于光栅读数头,但它要穿过光栅读数头,且保证与指示光栅有准确的相互位置关系。光栅读数头有分光读数头、反射读数头和镜像读数头等几种。

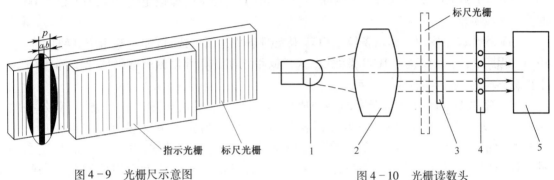

图4-9 光栅尺示意图

图4-10 光栅读数头

1—光源;2—透镜;3—指示光栅;4—光敏元件;5—驱动线路。

2. 光栅的工作原理

以透射光栅为例,如图4-11 所示。在安装时,将两块栅距相同、黑白宽度相同的标尺光栅和指示光栅刻线面平行放置,将指示光栅在其自身平面内倾斜一很小的角度,以便使它的刻线与标尺光栅的刻线保持一个很小的夹角 θ,在光源的照射下,由于光的衍射或遮光效应,形成了与光栅刻线几乎垂直的横向明暗相间的条纹。这种条纹称为"莫尔条纹"。严格地说,莫

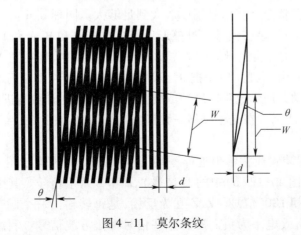

图4-11 莫尔条纹

尔条纹排列的方向是与两片光栅线纹夹角的平分线相垂直。莫尔条纹中相邻两条亮纹或两条暗纹之间的距离称为莫尔条纹的宽度,以 W 表示。

莫尔条纹具有以下特征:

(1)放大作用。在两光栅栅线夹角较小的情况下,莫尔条纹宽度 W 和光栅栅距 d、栅线角 θ 之间有下列关系:

$$W = \frac{\dfrac{d}{2}}{\sin\dfrac{\theta}{2}} \qquad\qquad (4-1)$$

式(4-1)中,θ 的单位为 rad,W 的单位为 mm。由于 θ 角很小,$\sin\dfrac{\theta}{2} \approx \dfrac{\theta}{2}$,所以

$$W \approx \frac{d}{\theta} \qquad\qquad (4-2)$$

若 $d = 0.01\text{mm}$,$\theta = 0.01\text{rad}$,则由式(4-2)可得 $W = 1\text{mm}$,即把光栅距转换成放大 100 倍的莫尔条纹宽度。

(2)均化误差作用。莫尔条纹是由若干光栅条纹共用形成,例如每毫米 100 线的光栅,10mm 宽度的莫尔条纹就有 1000 条线纹,这样栅距之间的相邻误差就被平均化了,消除了由于栅距不均匀、断裂等造成的误差。

(3)莫尔条纹的移动与栅距的移动成比例。两片光栅相对移过一个栅距,莫尔条纹也相应移动一个莫尔条纹宽度;若光栅移动方向相反,则莫尔条纹移动方向也相反。由于光的衍射与干涉作用,莫尔条纹的变化规律近似正(余)弦函数,变化周期数与光栅相对位移的栅距数同步。因此,测量光栅水平方向移动的微小距离就可用检测莫尔条纹移动的变化来代替。

3. 光栅位移—数字变换电路

在光栅测量系统中,提高分辨率和测量精度,不可能仅靠增大栅线的密度实现。工程上采用莫尔条纹的细分技术,细分技术有光学细分、机械细分和电子细分等方法。伺服系统中,应用最多的是电子细分方法。下面介绍一种常用的 4 倍频光栅位移—数字变换电路。该电路的组成如图 4-12 所示。光栅移动时产生的莫尔条纹由光电元件接收。图中由 4 块光电池发出的信号分别为 a、b、c 和 d,相位彼此相差 90°。a、c 信号相差为 180°,送入差动放大器放大,得正弦信号。将信号幅度放大到足够大。同理 b、d 信号送入另一个差动放大器,得到余弦信号。正、余弦信号经过整形后变成方波 A 和 B,A 和 B 信号经反向得 C 和 D 的信号。A、B、C、D 信号再经微分变成窄脉冲 A′、B′、C′、D′,即在正走或反走时每个方波的上升沿产生窄脉冲,由"与门"电路把 0°、90°、180°、270° 这 4 个位置上产生的窄脉冲组合起来,根据不同的移动方向形成正向脉冲或反向脉冲,用可逆计数器进行计数,测量光栅的实际位移如图 4-13 所示。在光栅位移—数字变换电路中,除上面介绍的 4 倍频回路外,还有 10 倍频回路等。

增量式光栅检测装置通常给出这样一些信号:A 和 A′(相当于图 4-12(b)中的 C 信号)、B 和 B̄(相当于图 4-12(b)中的 D 信号)、Z 和 Z̄ 六个信号。其中,A 和 B 相差 90°,Ā、B̄ 分别为 A、B 反相 180° 信号。Z、Z̄ 互为反相,是每转输出一个脉冲的零位参考信号,Z 有效电平为正,Z̄ 有效电平为负。所有这些信号都是方波信号。利用这些信号组成了 4 倍频细分电路。

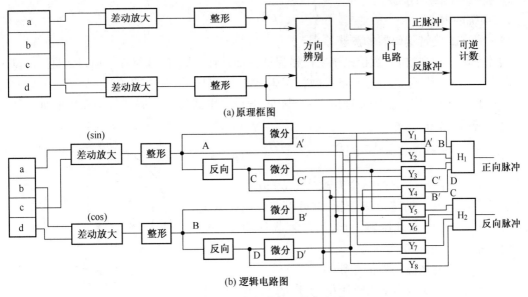

(a) 原理框图

(b) 逻辑电路图

图 4-12 光栅信号 4 倍频电路

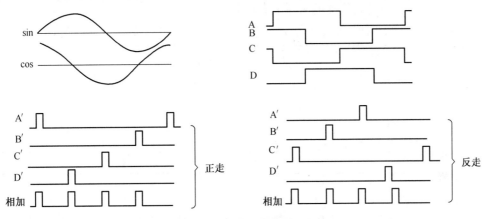

图 4-13 四倍频电路波形图

【任务实施】

1. 任务实施训练所需的设备和元器件

任务所需训练设备和元器件见表 4.2。

表 4.2 实训设备和元器件明细表

名　称	型号或规格	数量
经济型数控车床	CK6136 或加工中心	1 台
增量式光电旋转编码器	YGM-615V	1 台
24V 直流稳压电源	XY-800K	1 台
双踪示波器	DS1102E	1 台
一般电工工具	扳手、螺丝刀、测电笔、剥线钳等	1 套
导线	2.5mm^2	若干

2. 训练的内容与步骤

1）训练的内容

（1）光电式旋转编码器的测速原理。

数控车床车削螺纹时,数控系统要严格保证主轴旋转一周,滚珠丝杠带动刀架直线移动一个导程。光电式旋转编码器在经济型数控车床上的作用就是测量主轴的转速。在 t 采样时间内,可以测得光电式旋转编码器输出 N_1 个脉冲,假设光电式旋转编码器每转发出的脉冲数为 N 个,则主轴转速为

$$n = \frac{N_1}{N} \times \frac{60}{t} \qquad (4-3)$$

式中, t 的单位为秒（s）; n 的单位为转/分（r/min）。

数控系统测得主轴转速信号后,就可以有效地控制滚珠丝杠的转速,确保主轴旋转一周,刀架直线移动一个导程,实现螺纹加工的控制要求。

（2）光电式旋转编码器的接线。

以中科院南京天文仪器研制中心生产的 YGM-615V 型增量式光电旋转编码器为例,其接线孔座示意图如图4-14所示,各引脚的导线颜色及定义列于表4.3中。

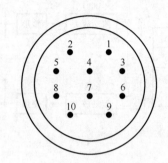

图4-14 YGM-615V 型增量式光电旋转编码器接线孔座示意图

表4.3 YGM-651V 型增量式光电旋转编码器各引脚的导线颜色及定义

引脚号	导线颜色	定义	引脚号	导线颜色	定义
1	棕粗 brown(0.5mm)	+5V	6	粉红 pink	$\overline{B}$
2	红 red	Z	7	绿 green	$\overline{A}$
3	灰 grey	B	8	黑 black	$\overline{Z}$
4	白粗 white(0.5mm)	0V	9	白 white	0V
5	棕 brown	A	10	蓝 blue	+5V

2）训练的步骤

（1）打开经济型数控车床主轴箱的侧盖,观察光电式旋转编码器的安装位置和外形结构。

（2）拆卸和安装经济型数控车床上的光电式旋转编码器。

拆卸和安装时注意以下事项:

编码器轴与连接轴之间建议采用弹性软连接（如弹性联轴器）,以避免因连接轴窜动、跳动而造成编码器轴系和码盘的损坏。

安装时应注意允许的轴负载。

应保证编码器轴与连接轴之间的同轴度≤0.02mm,与轴线偏角≤15°,如图4-15所示。

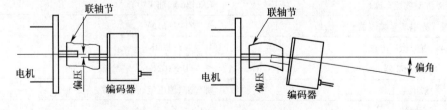

图4-15 编码器轴与连接轴安装示意图

安装时严禁敲打或碰撞,以避免编码器轴系和码盘的损坏。

(3) 将光电式旋转编码器的引脚 A、B、Z 分别同双踪示波器的输入端相连,顺时针、逆时针方向旋转编码器轴,观察波形。

(4) 将光电式旋转编码器的引脚 A 与 Z 同双踪示波器的输入端相连,顺时针、逆时针方向匀速旋转编码器轴,分别记录编码器轴在采样时间内输出脉冲个数 N_1 顺和 N_1 逆,利用式(4-3)计算出转速 $n_顺$ 和 $n_逆$。

【自我测试】

1. 位置检测装置在数控机床控制中起什么作用?

2. 编码器在数控机床中有哪些应用?

3. 光栅工作原理是什么?莫尔条纹的作用是什么?

4. 试述光栅四倍频细分电路的工作原理。设有一光栅,其刻线密度为 250 线/mm,要利用它测量出 0.5μm 的位移,应采取什么措施?

任务2　开关型霍耳传感器

【任务描述】

(1) 掌握开关型霍耳传感器的工作原理,了解霍耳传感器在数控机床上的应用。

(2) 掌握直线式感应同步器的工作原理及两种工作方式。

【任务分析】

本任务主要研究霍耳元件的结构、特性及工作原理,霍耳传感器在数控机床上的应用,感应同步器的结构和类型、工作原理与典型应用

【知识链接】

4.2.1　霍耳传感器

霍耳传感器是基于霍耳效应的一种传感器。1879 年美国物理学家霍耳首先在金属材料中发现了霍耳效应,但由于金属材料的霍耳效应太弱而没有得到应用。随着半导体技术的发展,开始用半导体材料制成霍耳元件,由于它的霍耳效应显著而得到应用和发展。霍耳传感器是基于霍耳效应将被测量如电流、磁场、位移、压力、压差和转速等转换成电动势输出的一种传感器。霍耳元件具有结构简单、体积小、动态特性好和寿命长等优点,它不仅用于磁感应强度、有功功率及电能参数的测试,而且在检测工件位置、转速、微位移等方面都得到了广泛的应用。

1. 霍耳元件的结构及工作原理

将金属或半导体薄片置于磁感应强度为 B 的磁场中,磁场方向垂直于薄片,如图 4-16(a)所示,当有电流流过薄片时,在垂直于电流和磁场的方向上将产生电动势,这种现象称为霍耳效应,所产生的电动势称为霍耳电势。上述半导体薄片称为霍耳元件。

霍耳元件是一种半导体四端薄片,它一般做成正方形,在薄片的相对两边对称地焊上两对电极引出线,如图 4-16(b)所示。其中一对(a、b 端)称为激励电流端,另外一对(c、d 端)称为霍耳电势输出端,c、d 端一般应处于侧面的中点。

作以下三点假设:①设半导体薄片为 N 型,且尺寸、材料确定;②设在激励电流端通入电流 I,并将薄片置于磁感应强度为 B 的磁场中;③设该磁感应强度 B 与霍耳元件平面法线成某

一角度 θ。则通过分析可得霍耳电势为

$$E_{\mathrm{H}} = K_{\mathrm{H}} I B \cos\theta \tag{4-4}$$

由式(4-4)可知,霍耳电势与输入电流 I、磁感应强度 B 成正比,且当 I 或 B 的方向改变时,霍耳电势的方向也随之改变。

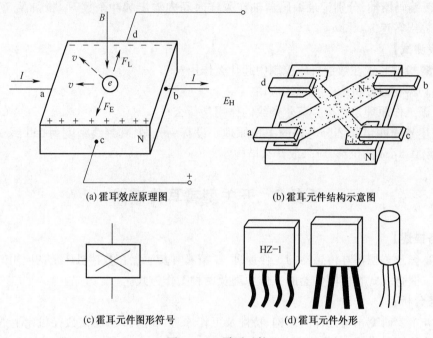

(a) 霍耳效应原理图   (b) 霍耳元件结构示意图

(c) 霍耳元件图形符号   (d) 霍耳元件外形

图 4-16   霍耳元件

如果选用的霍耳元件不是 N 型,而是 P 型半导体材料,我们依然可以用类似的方法分析其霍耳电势的大小及方向。图 4-16(c)为霍耳元件的图形符号。

目前常用的霍耳元件材料是 N 型硅,它的霍耳灵敏度系数、温度特性、线性度均较好,而锑化铟、砷化铟、锗等也是常用的霍耳元件材料,砷化镓是新型的霍耳元件材料,今后将逐渐得到应用。

霍耳元件的壳体使用非导磁性金属、陶瓷、塑料或环氧树脂封装。

2. 霍耳元件的主要特性

1）输入电阻 R_{i} 和输出电阻 R_{o}

霍耳元件两激励电流端的直流电阻称为输入电阻,它的数值从几欧到几百欧。为了减少温度的影响,最好采用恒流源作为激励源。

两个霍耳电势输出端之间的电阻称为输出电阻,它的数值与输入电阻属同一数量级。

2）额定控制电流 I_{M}

由于霍耳电势随着激励电流的增大而增大,故在应用中总希望选用较大的激励电流。但激励电流增大,霍耳元件的功耗也相应增大,元件的温度升高,从而引起霍耳电势的变化量增大。因此每种型号的元件均规定了最大激励电流,它的数值从几毫安至几百毫安。一般能使霍耳元件产生 10℃ 温升的电流值称为额定控制电流 I_{M}。

3）灵敏度 K_{H}

由霍耳电势公式易得:$K_{\mathrm{H}} = E_{\mathrm{H}}/(IB\cos\theta)$,它的数值约为 10 mV/(mA·T)。

4）最大磁感应强度 B_M

磁感应强度超过 B_M 时，霍耳电势的非线性误差将明显增大。B_M 的数值一般为零点几特斯拉。

5）不等位电势

在额定激励电流下，当外加磁场为 0 时，霍耳输出端之间的开路电压称为不等位电势。它是因为 4 个电极的几何尺寸不对称引起的，使用时多采用电桥法来补偿不等位电势引起的误差。

6）霍耳电势的温度系数

在一定的磁场强度和激励电流的作用下，温度每变化 1℃时霍耳电势变化的百分数称为霍耳电势的温度系数，它与霍耳元件的材料有关。

3. 霍耳传感器

随着微电子技术的发展，目前霍耳传感器多已达到集成化，并具有许多优点，如体积小、灵敏度高、输出幅度大、温漂小、对电源稳定性要求低等。

霍耳传感器可分为线性型和开关型两大类，分别介绍如下：

（1）线性型霍耳传感器是将霍耳元件和恒流源、线性放大器等做在一个芯片上，输出电压较高，使用非常方便，目前已得到广泛的应用。较典型的线性型霍耳器件如 UGN3501 等。

（2）开关型霍耳传感器是将霍耳元件、稳压电路、放大器、施密特触发器、OC 门等电路做在同一个芯片上。当外加磁场强度超过规定的工作点时，OC 门由高阻态变为导通状态，输出变为低电平；当外加磁场强度低于释放点时，OC 门重新变为高阻态，输出高电平。这类器件中较典型的有 UGN3020 等。

图 4-17、图 4-18 分别是 UGN3501 和 UGN3020 的外形及内部电路框图，图 4-19、图 4-20 分别是其输出电压与磁场的关系曲线，即输出特性。

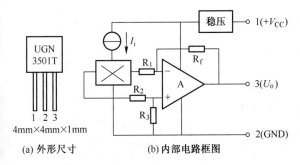

图 4-17 线性型霍耳传感器

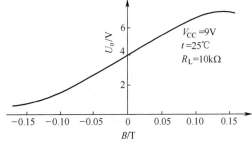

图 4-18 线性型霍耳传感器输出特性

4. 霍耳传感器在数控机床上的应用

应用实例一 数控车床电动刀架上的应用

国产 LD4 系列电动刀架及其结构如图 4-21 所示。刀架的工作过程如下：数控系统发出换刀信号→刀架电动机正转→上刀架上升并转位→刀架到位发出信号→刀架电动机反转→初定位→精定位夹紧→刀架电动机停转→换刀完成应答。刀架到位信号由刀架上的霍耳开关传感器和永久磁铁检测获得后发出。其工作原理如下：4 个霍耳开关传感器分别对准 4 个刀位，当上刀架上升旋转时，带动 4 个霍耳开关传感器一起旋转。到达指定刀位后，霍耳开关传感器输出信号，控制器控制电动机反转，实现自动换刀。

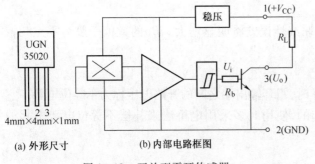

(a) 外形尺寸　　　(b) 内部电路框图

图 4-19　开关型霍耳传感器

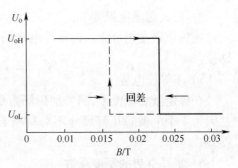

图 4-20　开关型霍耳传感器输出特性

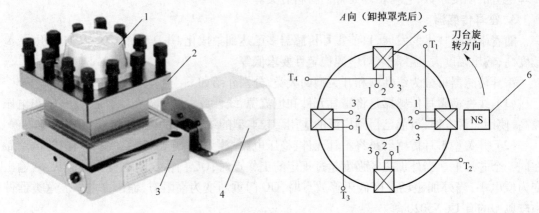

图 4-21　LD4 系列电动刀架结构示意图

1—罩壳;2—上刀架;3—刀架座;4—刀架电动机;5—霍耳开关传感器;
6—永久磁铁;T_1—刀位 1;T_2—刀位 2;T_3—刀位 3;T_4—刀位 4。

应用实例二　数控铣床或加工中心主轴准停装置

在数控铣床和加工中心上进行镗孔等加工,需要自动换刀时,要求主轴每次停在一个固定的准确位置上。所以在主轴上必须设有准停装置。准停装置分为机械式和电气式两种,现代数控机床一般采用电气式主轴准停装置。图 4-22 所示是电气式主轴准停装置的结构示意图。

较常用的电气式主轴准停装置有两种,一种是利用主轴上的光电脉冲发生器产生的同步脉冲信号,另一种是用霍耳传感器检测定向。图 4-22 属于后者,其工作原理如下:在主轴上安装一个永久磁铁与主轴一起转动,在距离永久磁铁旋转轨迹外 1~2mm 处,固定有一个霍耳传感器,当机床主轴需要停车换刀时,数控装置发出主轴停转的指令,主轴电动机立即降速,使主轴以很低的转速回转。当永久磁铁对准霍耳传感器时,磁传感器发出准停信号,此信号经过放大后,由定向电路使电动机准确停在规定的周向位置上。这种准停装置机械结构简单,发磁

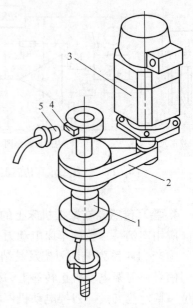

图 4-22　电气式主轴准停装置

1—主轴;2—同步感应器;3—主轴电动机;
4—永久磁铁;5—霍耳传感器。

体与磁传感器间没有接触摩擦,准停的定位精度可达±1°,能满足一般换刀要求,而且定向时间短,可靠性较高。

4.2.2 感应同步器

1. 感应同步器的结构和类型

感应同步器是一种电磁感应式多极位置传感元件,是由旋转变压器演变而来,即相当于一个展开的旋转变压器。它的极对数一般取 360、720 对极,最多的可达 2000 对极。由于多极结构,在电与磁两方面均能对误差起补偿作用,所以具有很高的精度。感应同步器的励磁频率一般取 2 ~ 10kHz,输出电压为几毫伏。

感应同步器是一种电磁感应式的高精度的位移检测装置。它是利用两个平面印制电路绕组的互感随其位置变化的原理制造的,用于检测位移。按其运动方式分为旋转式(圆形感应同步器)和直线式两种。两者都包括固定和运动两部分,对旋转式分别称为定子和转子;对直线式分别称为定尺和滑尺。前者测量角位移,后者测量直线位移。

1)旋转式感应同步器

旋转式感应同步器的结构如图 4-23 所示。定子、转子都用不锈钢、硬铝合金等材料作基板,呈环形辐射状。定子和转子相对的一面均有导电绕组,绕组用铜箔构成(厚 0.05mm)。基板和绕组之间有绝缘层。绕组表面还要加一层和绕组绝缘的屏蔽层(材料为铝箔或铝膜)。转子绕组为连续绕组;定子上有两相正交绕组(正弦绕组和余弦绕组),做成分段式,两相绕组交差分布,相差成 90°相位角。属于同一相的各相绕组用导线串联起来(图 4-24)。

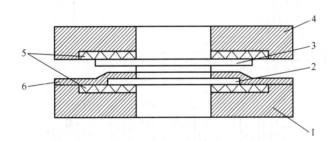

图 4-23 圆感应同步器

1—转子基板;2—转子绕组;3—定子绕组;4—定子基板;5—绝缘层;6—屏蔽层。

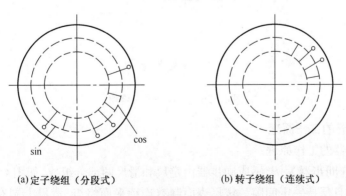

(a)定子绕组(分段式)　　　　　　(b)转子绕组(连续式)

图 4-24 圆形感应同步器绕组图

2）直线式感应同步器

直线式感应同步器是直线条形，它同样由基板、绝缘层、定尺与滑尺绕组及屏蔽层组成。由于直线式感应同步器一般都必须用在机床上，为使线膨胀系数一致，所以感应同步器基板的材料用钢板或铸铁。直线式感应同步器的结构如图 4 – 25 所示。考虑到接长和安装，通常定尺绕组做成连续式单相绕组，滑尺绕组做成分段式的两相正交绕组。在图 4 – 26(b) 中自左向右四个接点分别是 s、c 、s′、c′。ss′ 为正弦绕组，cc′ 为余弦绕组，定尺与滑尺之间的间隙为 0.3mm 左右。定尺比滑尺长，其中被滑尺绕组所覆盖的定尺有效导体数称为直线感应同步器的极数。定尺绕组中相邻两有效导体之间的距离称为极距，滑尺绕组相邻两有效导体之间的距离称为节距，一般都统称为节距，用 2τ 表示，常取为 2mm，节距代表了测量周期。

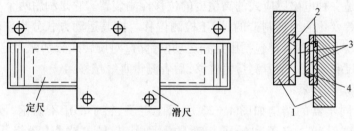

图 4 – 25　直线式感应同步器
1—基板；2—绝缘层；3—绕组；4—屏蔽层。

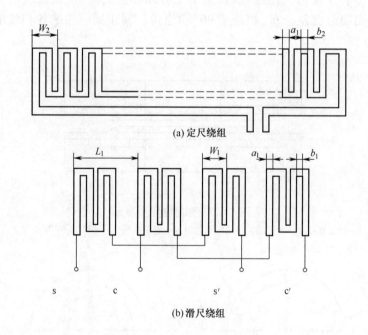

(a) 定尺绕组

(b) 滑尺绕组

图 4 – 26　定尺与滑尺绕组

2. 感应同步器的工作原理

1）感应同步器的工作原理

以直线式感应同步器为例，感应同步器由定尺和滑尺两部分组成，如图 4 – 27 所示。定尺和滑尺平行安装，且保持一定间隙。定尺表面制有连续平面绕组，滑尺上制有两组分段绕组，分别称为正弦绕组和余弦绕组，这两段绕组相对于定尺绕组在空间错开 1/4 节距，节距用 τ 表示。工作时,当在滑尺两个绕组中的任一绕组加上激励电压时,由于电磁感应,在定尺绕组中会感应出相同频率的感应电压,通过对感应电压的测量,可以精确地测量出位移量。

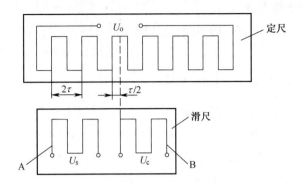

图 4-27　直线式感应同步器的定尺与滑尺

图 4-28 所示为滑尺在不同位置时定尺上的感应电压。在 a 点时,定尺与滑尺绕组重合,这时感应电压最大;当滑尺相对于定尺平行移动后,感应电压逐渐减小,在错开 1/4 节距的 b 点时,感应电压为零;再继续移至 1/2 节距的 c 点时,得到的电压值与 a 点相同。这样,滑尺在移动一个节距的过程中,感应电压变化了一个余弦波形。由此可见,在励磁绕组中加上一定的交变励磁电压,感应绕组中会感应出相同频率的感应电压,其幅值大小随着滑尺移动作余弦规律变化。滑尺移动一个节距,感应电压变化一个周期。感应同步器就是利用感应电压的变化进行位置检测的。

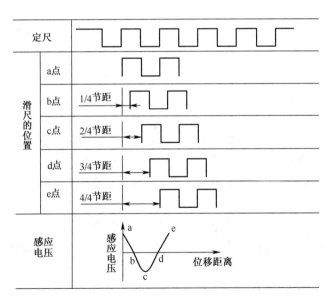

图 4-28　定尺上的感应电压与滑尺位置的关系

由图 4-28 可以看出,当滑尺相对于定尺右移时,正弦绕组在定尺中感应电压幅值为 $\cos\theta$,余弦绕组在定尺中的感应电压幅值为 $-\sin\theta$,设移动距离为 x,则

$$\theta = \frac{2\pi}{2\tau}x = \frac{\pi}{\tau}x \qquad (4-5)$$

同理,当滑尺相对于定尺左移时,正弦绕组在定尺中的感应电压为 $\cos\theta$,而余弦绕组在定

尺中的感应电压为 $\sin\theta$。所以,根据正弦绕组和余弦绕组在定尺中感应电压相位的超前或滞后关系可以辨别滑尺的移动方向。

2)感应同步器的检测电路

根据励磁绕组中励磁供电方式的不同,感应同步器有两种工作方式:鉴相式和鉴幅式。

(1)相位(鉴相式)工作方式。在此工作方式下,给滑尺的正弦绕组和余弦绕组分别通以同频、同幅但相位相差 $\frac{\pi}{2}$ 的交流励磁电压,即

$$\begin{cases} u_s = U_m\sin\omega t \\ u_c = U_m\sin(\omega t + \pi/2) = U_m\cos\omega t \end{cases}$$

由于两绕组在定尺绕组的感应电压滞后滑尺的励磁电压90°电角度,再考虑两尺间位置变化的机械角 θ,则两绕组在定尺上的感应电压分别为

$$\begin{cases} E_s = kU_m\cos\omega t\cos\theta \\ E_c = -kU_m\sin\omega t\sin\theta \end{cases}$$

励磁信号将在空间产生一个 ω 频率移动的行波。磁场切割定尺导片,并在其中感应出电动势,该电动势随着定尺与滑尺位置的不同而产生超前或滞后的相位差 θ。

叠加后为

$$u_d = E_s + E_c = kU_m(\cos\omega t\cos\theta - \sin\omega t\sin\theta)$$
$$= kU_m\cos(\omega t + \theta) \qquad\qquad (4-6)$$

$$\theta = \frac{x}{2\tau}2\pi = \frac{\pi x}{\tau} \qquad\qquad (4-7)$$

式中　k——电磁耦合系数;

　　U_m——励磁电压幅值;

　　2τ——节距;

　　x——滑尺相对定尺位移;

　　θ——相位角。

由式(4-3)、式(4-7)可知,定尺的感应电压与滑尺的位移 x 有严格的对应关系,通过测量定尺感应电压的相位 θ,即可测量出滑尺相对于定尺的位移 x。例如,定尺感应电动势与滑尺励磁电动势之间的相位角 $\theta = 180°$,在节距 $2\tau = 2\text{mm}$ 的情况下,表明滑尺移动了 0.1mm。

(2)幅值(鉴幅式)工作方式。在这种工作方式下,给滑尺的正弦绕组和余弦绕组分别通上相位、频率相同,但幅值不同的励磁电压,并根据定尺上感应电压的幅值变化来测定滑尺和定尺之间的相对位移量。

加在滑尺正、余弦绕组上励磁电压幅值的大小,应分别与要求工作台移动的 x_1(与位移相应的相位角为 θ_0)成正弦、余弦关系:

$$\begin{cases} u_s = U_m\sin\theta_0\sin\omega t \\ u_c = U_m\cos\theta_0\cos\omega t \end{cases} \qquad\qquad (4-8)$$

正弦绕组单独供电时:

$$\begin{cases} u_s = U_m\sin\theta_0\sin\omega t \\ u_c = 0 \end{cases} \qquad\qquad (4-9)$$

当滑尺移动时,定尺上的感应电压 U_d 随滑尺移动距离 x(相应的位移角 θ)而变化。设滑尺正弦绕组和定尺绕组重合时 $x=0$(即 $\theta=0°$),当滑尺从 $x=0$ 开始移动,则在定尺上的感应电压为

$$u'_d = kU_m\sin\theta_0\cos\theta\cos\omega t \tag{4-10}$$

余弦绕组单独供电时:

$$\begin{cases} u_c = U_m\cos\theta_0\sin\omega t \\ u_s = 0 \end{cases} \tag{4-11}$$

若滑尺从 $x=0$ 开始移动时,则在定尺上的感应电压为

$$u''_d = -kU_m\cos\theta_0\sin\theta\cos\omega t \tag{4-12}$$

当正弦和余弦同时供电时,根据叠加原理,有

$$\begin{aligned} u_d &= u'_d + u''_d \\ &= kU_m\sin\theta_0\cos\theta\cos\omega t - kU_m\cos\theta_0\sin\theta\cos\omega t \\ &= kU_m\sin(\theta_0 - \theta)\cos\omega t \end{aligned} \tag{4-13}$$

在滑尺移动过程中,节距内任一 $u_d = 0$、$\theta = \theta_0$ 点称为节距零点,若改变滑尺的位置 $\theta \neq \theta_0$,则在滑尺上会感应出电压

$$u_d = kU_m\sin\Delta\theta\cos\omega t \tag{4-14}$$

当 $\Delta\theta$ 很小时:

$$u_d \approx kU_m\Delta\theta\cos\omega t \tag{4-15}$$

式中,$\Delta\theta = \Delta x \dfrac{\pi}{\tau}$;$\Delta x$ 是定尺和滑尺的相对位移增量。

则 $u_d = kU_m\Delta x \dfrac{\pi}{\tau}\cos\omega t$;$u_d$ 的幅值与 Δx 成正比,因此可通过测定 u_d 幅值来测定位移量 Δx 的大小。

在幅值工作方式中,每当改变一个 Δx 位移增量,就有误差电压 u_d,当 u_d 超过某一预先整定门槛电平就会产生脉冲信号,并以此来修正励磁信号 u_s、u_c,使误差信号重新降到门槛电平以下(相当节距零点),这样把位移量转化为数字量,实现位移测量。

3. 感应同步器的典型应用

1)感应同步器的特点

由于感应同步器优点较多,所以广泛用于位置检测。

(1)精度高。感应同步器是直接对机床位移进行测量,中间不经过任何机械转换装置,测量精度只受本身精度限制。定尺和滑尺上的平面绕组,采用专门的工艺方法制作精确。由于感应同步器极对数多,定尺上的感应电压信号是多周期的平均效应,从而减少了制造绕组局部误差的影响,所以测量精度较高。目前直线感应同步器的精度可达 ±0.001mm,重复精度 0.0002mm,灵敏度 0.00005mm。直径 302mm 的感应同步器的精度可达 0.5″,重复精度 0.1″,灵敏度 0.05″。

(2)测量长度不受限制。根据测量的需要,可采用多块定尺接长,相邻定尺间隔也可调整,使拼接后总长度的精度保持(或略低于)单块定尺的精度。尺与尺之间的绕组连接方式如图 4-29 所示,当定尺少于 10 块时,将各绕组串联连接,如图 4-29(a)所示;当多于 10 块时,先将各绕组分成两组串联,然后将此两组再并联,如图 4-29(b)所示,以不使定尺绕组阻抗过高为原则。

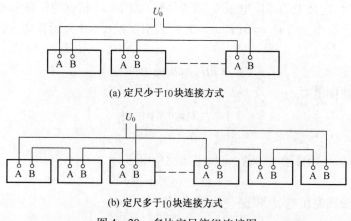

(a) 定尺少于10块连接方式

(b) 定尺多于10块连接方式

图4-29　多块定尺绕组连接图

（3）工作可靠、抗干扰性强。直线式感应同步器金属基尺与安装部件的材料（钢或铸铁）的膨胀系数相近，当环境温度变化时，两者的变化规律相同，而不影响测量精度。感应同步器为非接触式电磁耦合器件，可选耐温性能好的非导磁性材料作保护层，加强了其抗温防湿能力，同时在绕组的每个周期内，任何时候都可给出与绝对位置相对应的单值电压信号，不受环境干扰的影响。

（4）维护简单，使用寿命长。由于感应同步器定尺与滑尺之间不直接接触，因而没有磨损，所以寿命长。但是感应同步器大多装在切屑或切削液容易入侵的部位，必须用钢带或折罩覆盖，以免切屑划伤滑尺与定尺的绕组。同时，由于感应同步器是电磁耦合器件，所以不需要光源、光电元件，不存在元件老化及光学系统故障等问题。

（5）抗干扰能力强，工艺性好，成本低，便于复制和成批生产。

2）鉴相测量系统的应用

数控机床闭环系统采用鉴相式系统时，其结构方框图如图4-30所示。误差信号$\pm\Delta\theta_2$，用

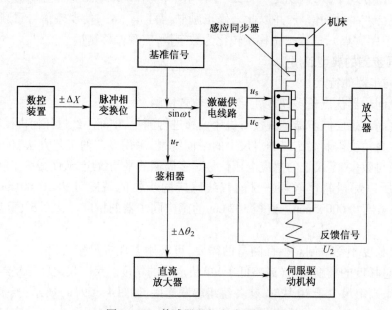

图4-30　传感器鉴相方式测量系统

来控制数控机床的伺服驱动机构,使机床向消除误差的方向运动,构成位置反馈,指令信号 $u_1 = k'' \sin(\omega t + \theta)$ 的相位角 θ_0 由数控装置发出。机床工作时,由于定尺和滑尺之间产生了相对移动,则定尺上感应电压 $u_2 = k \sin(\omega t + \theta)$ 的相位发生了变化,其值为 θ。当 $\theta \neq \theta_0$ 时,鉴相器有信号 $\pm\Delta\theta_2$ 输出,使机床伺服驱动机构带动机床工作台移动。当滑尺与定尺的相对位置达到指令要求值时 θ_0,即 $\theta = \theta_0$,鉴相器输出电压为零,工作台停止移动。

3)鉴幅测量系统的应用

鉴幅式系统用于数控机床闭环控制系统的结构方框图如图 4-31(a)所示。

当工作台位移值未达到指令要求值时,即 $x \neq x_1(\theta \neq \theta_1)$,定尺上感应电压 $U_2 \neq 0$。该电压经检波放大控制伺服驱动机构,带动机床工作台移动。当工作台移动至 $x = x_1(\theta = \theta_1)$ 时,定尺上感应电压 $U_2 = 0$。误差信号消失,工作台停止移动。定尺上感应电压 U_2 同时输出至相敏放大器,与来自相位补偿器的标准正弦信号进行比较,以控制工作台运动的方向。

鉴幅式系统的另一种形式为脉宽调制型系统,同样是根据定尺上感应电压的幅值变化来测定滑尺和定尺之间的相对位移量。但是供给滑尺的正、余弦绕组的励磁信号不是正弦电压,而是方波脉冲。这样便于用开关线路实现,使线路简化,性能稳定。

设 u_c 和 u_s 分别为提供给感应同步器滑尺的励磁信号,如图 4-31(b)所示方波。若同时将 u_c 和 u_s 的方波信号分别加到滑尺的正弦、余弦绕组上作为励磁,则在定尺上将产生相应的感应电压。利用性能良好的低通滤波器去掉高次谐波,得到含有基波成分的感应电压。它将定尺和滑尺相对运动的位移角与励磁脉冲角度联系起来,调整励磁脉冲的宽度,相当于改变鉴幅式测量系统中激磁电压中的相位角,以跟踪工作台位移值。脉宽调制型系统保留了鉴幅式系统的优点,克服了某些缺点。它用固体组件组成数字电路来代替函数发生器,体积小、易于产生,系统应用比较灵活,如要提高分辨率,只要加几位计数器即可实现,因此这种系统很有发展前途。

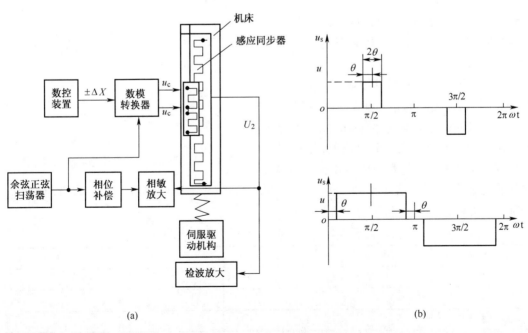

图 4-31 鉴幅方式测量系统

【任务实施】

1. 任务实施所需训练设备和元器件

任务所需训练设备和元器件见表4.4。

表4.4 实训设备和元器件明细表

名　　称	型号或规格	数量
经济型数控车床	CK6136 或加工中心	1 台
万用表	FA－47	1 只
一般电工工具	扳手、螺丝刀等工具	1 套

2. 训练的内容与步骤

1）实训内容

（1）4 工位电动刀架的自动换刀原理。

将 4 工位刀架中的 4 个霍耳接近开关传感器的状态信号输出到数控系统指定的端子，以华中世纪星数控车床系统为例，4 个霍耳接近开关传感器的输出信号是连接到 XS11 接口模块上的 I26、I27、I28 和 I29 这 4 个端子上。PLC（可编程控制器）接收这些信号后，就可以判断出当前刀架上的刀位号。一旦 CNC 执行换刀指令，系统便会对指令中指定的换刀刀位号进行译码，然后传给 PLC。PLC 不断地将该译码与当前刀架上的刀位号进行比较，如果不同，PLC 控制刀架电机正转换刀，直至相同，接着控制刀架电机反转锁紧，完成自动换刀过程。

（2）霍耳接近开关传感器的接线。

霍耳接近开关传感器的接线如图 4－32 所示，1 脚接 DC 24V；2 脚为输出信号，接到接口模块对应的端子上；3 脚接地。

2）实训步骤

（1）取下刀架罩壳，观察霍耳接近开关结构，找到 4 个霍耳接近开关传感器的 3 个引脚和永久磁铁。

（2）用万用表检查霍耳接近开关传感器脚 2 与控制器接口之间的导线有无断路现象。

（3）接通机床电源，启动机床，用手动方式依次换取 4 个刀位。在每个刀位处，分别用万用表测量 4 个霍耳接近开关传感器脚 1 与脚 2

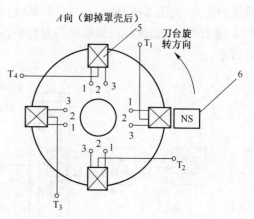

图 4－32　霍耳接近开关传感器接线示意图

之间的通断状态，填入表 4.5 中。同时思考在各个刀位号上所对应的 T_1、T_2、T_3、T_4 的状态是否唯一？为什么？

表 4.5　霍耳接近开关传感器状态

刀位号	T_1	T_2	T_3	T_4
1				
2				
3				
4				
要求："高电平"状态填 1，"低电平"状态填 0				

（4）将永久磁铁取出，把原来的上端变成下端重新装入，重复步骤（3），观察这种情况会出现什么后果。

【自我测试】

1. 什么是霍耳效应？霍耳传感器由哪几部分组成？
2. 作为直线位移传感器的感应同步器的工作原理是什么？
3. 简述感应同步器的组成和特点。
4. 已知感应同步器的节距 $\tau = 2\text{mm}$，当以鉴相方式工作时和以鉴幅方式工作时，感应同步器定尺的感应电动势 E_0 与被测直线位移 x 有何函数关系？

5 项目五　数控机床的驱动控制

☞学习目标

1. 培养目标

（1）掌握数控系统的直流驱动、交流驱动装置。

（2）掌握伺服驱动系统的组成、位置控制、主轴定向控制的作用，伺服系统性能及参数。

2. 技能目标

（1）通过训练掌握华中世纪星数控系统 HNC - 21M 与步进驱动模块 WD5LD01 的连接，驱动器与步进电机、电源及 PLC 的连接。

（2）通过训练掌握数控机床综合实训台与 CK0628S 车床的连接、XK160P 铣床 7 个模块的连接、变频器的基本操作。

任务1　步进电动机的驱动控制

【任务描述】

（1）通过学习掌握伺服系统的作用和数控机床对伺服系统的要求。

（2）掌握步进电动机的结构和工作原理及有关术语，通电方式及步距角。

（3）掌握步进电动机的驱动控制。

【任务分析】

本任务研究伺服系统概念、步进电动机及主要特性与驱动控制。

【知识链接】

5.1.1　伺服系统概述

伺服系统是指以机械位置或速度为控制对象的自动控制系统。在数控机床中，如果控制对象是各坐标轴的位置和速度，就叫作进给伺服系统；如果控制对象是主轴的位置和速度，就叫作主轴伺服系统。从本项目开始介绍伺服系统的概念、组成和控制原理，着重介绍由步进电动机组成的开环控制系统和由直流伺服电动机、交流伺服电动机组成的闭环控制系统。

1. 伺服系统的作用

进给伺服系统是联系 CNC 装置和机床各坐标轴的中间环节，是数控机床的重要组成部分。数控机床工作台的最高运动速度、跟踪及定位精度、加工表面质量、生产率及可靠性等可靠指标，主要取决于进给伺服系统的静态及动态性能，伺服控制技术是现代数控机床的关键技术之一。

主轴伺服系统应实现机床主轴的转速调节及正反转功能，当要求机床有螺旋加工功能、准停功能、恒线速切削功能时，则对主轴提出了相应的位置控制要求。与进给伺服系统相比，主轴伺服系统控制相对简单一些。

2. 数控机床对伺服系统的要求

随着数控机床的发展，进给伺服系统是计算机数控装置控制命令的执行装置，其性能直接反映了机床运动的坐标轴跟踪指令和实现定位的性能。机床加工特性、生产率、加工精度等，主要取决于这一部分。所以，数控机床对伺服系统有很高的要求：

（1）高精度。由于数控机床的动作是由伺服电动机直接驱动的，为了保证移动部件的定位精度，对进给伺服系统要求定位准确。一般要求定位精度达到 0.01 ~ 0.001mm；高档设备的定位精度要求达到 0.1μm 以上。速度控制要求在负载变化时有较强的抗扰动能力，以保证速度恒定。这样才能在轮廓加工中保证有较好的加工精度。

（2）可逆运行。在加工过程中，机床工作台根据加工轨迹的要求，随时都可能实现正向或反向运动，同时要求在方向变化时，不应有反向间隙和运动的损失。从能量角度看，应该实现能量的可逆转换，即在加工运行时，电动机从电网吸收能量变为机械能；在制动时应把电动机的机械惯性能量变为电能回馈给电网，以实现快速制动。

（3）响应快速。为了提高生产率，保证加工精度，要求伺服系统有良好的快速响应特性，即要求跟踪指令信号的响应要快。这就对伺服系统的动态性能提出了两方面的要求：一方面，在伺服系统处于频繁地启动、制动、加速、减速等动态过程中，为了提高生产效率和保证加工质量，要求加、减速度足够大，以缩短过渡过程时间，一般电动机速度由零到最大，或从最大减少到零，时间应控制在 200ms 以下，甚至少于几十毫秒，且速度变化不应有超调；另一方面，当负载突变时，过渡过程恢复时间要短且无振荡，这样才能达到光滑的加工表面。

（4）调速范围宽。调速范围 D 指伺服电动机提供的最低转速 n_{min} 和最高转速 n_{max} 之比，即

$$D = n_{min}/n_{max} \qquad\qquad (5-1)$$

数控机床加工零件时，由于所用刀具、材料及加工要求的差异，为保证在任何情况下都能得到最佳的切削速度，就要求伺服系统有足够宽的调速范围。通常一般要求进给伺服系统的调速范围是 0 ~ 30m/min，有的已达到 240m/min。除去滚珠丝杠和降速齿轮的降速作用，伺服电动机要有更宽的调速范围。对于主轴电动机，因使用无级调速，要求有(1 : 100) ~ (1 : 1000) 范围内的恒转矩调速以及 1 : 10 以上的恒功率调速。

（5）低速大转矩。机床在低速切削时，切深和进给都较大，要求主轴电动机输出转矩较大。现代的数控机床，通常是伺服电动机与丝杠直联，没有降速齿轮，这就要求进给电动机能输出较大的转矩。对于数控机床进给伺服系统主要是速度和位置控制。

（6）较强的过载能力。由于电动机加、减速时要求有很快的响应速度，而使电动机可能在过载的条件下工作，这就要求电动机有较强的抗过载能力。通常要求在数分钟内过载 4 ~ 6 倍而不损坏。

（7）具有足够的刚性和速度的稳定性。传动刚性指速度受负载力矩变化的影响程度，传动刚性好的系统，速度受负载力矩变化的影响小，速度稳定性就好。传动刚性由伺服系统优良的动态和静态性能来保证。

3. 伺服系统的组成

从硬件角度看，伺服系统由伺服电动机、电力电子驱动模块、驱动信号转换电路、电流调节器、速度调节器、位置调节器、电流检测元件、速度检测元件、位置检测元件等组成。

从控制系统的角度看，伺服系统是一个由位置环、速度环和电流环组成的三环自动控制系统，如图 5-1 所示。位置环处在最外层，由位置调节器、位置检测与反馈部分组成，给定值为CNC 的插补位置信号，反馈信号为工作台的实际位置（全闭环）或伺服电动机的转角（半闭

环);速度环处在中层,由速度调节器、速度检测和反馈装置组成,给定信号为位置调节器的输出,反馈信号为伺服电动机的转速;电流环处在内层,给定信号为速度调节器的输出,反馈信号为伺服电动机的定子电流。

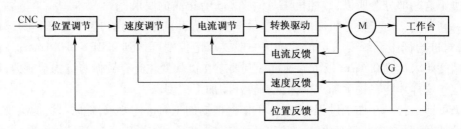

图 5-1 典型三环反馈伺服系统框图

位置和速度检测元件可以是光栅、感应同步器、光电脉冲编码器、旋转变压器等,电流检测元件可以是霍耳传感器。随着计算机技术的发展,位置调节器、速度调节器和电流调节器也可以由软件来实现,构成所谓的全数字式伺服控制系统。

数控机床对伺服系统位置环的要求最高,不但要求严格控制单个轴的位置精度,而且在多轴联动时,还要求各进给轴有良好的动态配合,才能保证零件的加工精度和表面质量。

4. 伺服系统的分类

按执行元件的类别,分为步进电动机伺服系统、直流电动机伺服系统和交流电动机伺服系统。目前的主流是数字式交流伺服系统。

按有无检测元件和反馈环节,分为开环伺服系统、半闭环伺服系统和全闭环伺服系统。目前,经济型数控机床采用步进电动机驱动的开环伺服系统,中档全功能数控机床采用交流电动机驱动的半闭环伺服系统,高档数控机床采用采用交流电动机驱动的数字式全闭环伺服系统。

按输出量的性质,分为位置伺服系统(进给)和速度伺服系统(主轴)。

5.1.2 步进电机及其驱动系统

数控机床的运动由主轴运动和进给运动组成,它们都是由电动机来驱动的,所以数控机床的驱动包括主轴驱动和进给驱动。由于完成的任务不同,所以系统对它们的要求也不同。主轴驱动对速度控制、恒功率调速范围和主轴定位控制等有较高的要求;进给驱动对位置精度、快速响应特性、调速范围等有较高的要求。实现主轴驱动的电动机主要有两种:直流主轴电动机(即他励式直流电动机)和交流主轴电动机(即三相交流异步电动机);实现进给驱动的电动机主要有三种:步进电动机、直流伺服电动机和交流伺服电动机。

1. 步进电动机的结构和工作原理

步进电动机伺服系统是典型的开环伺服系统。在这种开环伺服系统中,执行元件是步进电动机。步进电动机把进给脉冲转换为机械角位移,并由传动丝杠带动工作台移动。由于该系统中为位置和速度检测环节,因此它的精度主要由步进电动机的步距角和与之相联系的丝杠等传动机构所决定。步进电动机的最高极限速度通常要比伺服电动机低,并且在低速时容易产生振动,影响加工精度。但步进电动机开环伺服系统的控制和结构简单,调整容易,在速度和精度要求不高的场合具有一定的使用价值。步进电动机细分技术的应用,使步进电动机开环伺服系统的定位精度明显提高;并且降低了步进电动机低速振动,使步进电动机在中低速场合的开环伺服系统中得到更广泛的应用。

1）步进电动机的分类及基本结构

步进电动机的分类方法很多。按力矩产生的原理分为反应式和励磁式。

（1）反应式。转子中无绕组,定子绕组励磁后产生反应力矩,使转子转动。这是我国主要发展的类型,已于20世纪70年代末形成完整的系列,有比较好的性能指标。反应式步进电动机有较高的力矩转动惯量比,步进频率较高,频率响应快,不通电时可以自由转动,结构简单,寿命长。

（2）励磁式。电动机定子和转子均有励磁绕组,由它们之间的电磁力矩实现步进运动。

（3）混合式（即永磁感应子式）。它与反应式的主要区别是转子上置有磁钢。反应式电动机转子上无磁钢,输入能量全靠定子励磁电流供给,静态电流比永磁式大许多。永久感应子式具有步距角小、有较高的启动和运行频率、消耗功率小、效率高、不通电时有定位转矩、不能自由转动等特点,广泛应用于机床数控系统、打印机、软盘机、硬盘机和其他数控装置中。

按输出力矩大小可分为伺服式和功率式。

（1）伺服式。伺服式步进电机输出扭矩一般为0.07~4N·m,只能驱动较小的负载,一般与液压转矩放大器配合使用,才能驱动机床等较大负载。或者用于控制小型精密机床的工作台（例如线切割机床）。

（2）功率式。功率式步进电机输出扭矩一般为5~40N·m,可以直接驱动较大负载。

按励磁相数可分为三相、四相、五相、六相等。相数越多步距角越小,但结构越复杂。

按各相绕组分布形式分为径向式和轴向式。

（1）径向式（单段式）。径向式步进电机定子各相绕组按圆周依次排列。

（2）轴向式（多段式）。轴向式步进电机定子各相绕组按轴向依次排列。

2）反应式步进电动机的工作原理

（1）步进电动机的有关术语:

相数:电动机定子上有磁极,磁极对数称为相数。如图5-2(a)所示有6个磁极,则为三相,称该电动机为三相步进电动机。10个磁极为五相,称该电动机为五相步进电动机。

拍数:电动机定子绕组每改变一次通电方式称为一拍。

步距角:转子经过一拍转过的空间角度用符号 α 表示。

齿距角:转子上齿距在空间的角度。如转子上有 N 个齿,齿距角 $\theta = 360°/N$。

从图5-2(a)可以看出,在定子上有六个大极,每个极上绕有绕组。每对对称的大极绕组形成一相控制绕组。这样形成A、B、C三相绕组,极间夹角为60°。在每个大极上,面向转子的部分分布着多个小齿,这些小齿呈梳状排列,大小相同,间距相等。转子上均匀分布40个齿,大小和间距与大齿上相同。当某相（如A相）上的定子和转子上的小齿由于通电电磁力使之对齐时,另外两相（B相,C相）上的小齿分别向前或向后产生1/3齿的错齿,这种错齿是实现步进旋转的根本原因。这时如果在A相断电的同时,另外某一相通电,则电动机的这个相由于电磁吸力的作用使之对齐,产生旋转。步进电动机每走一步,旋转的角度是错齿的角度。错齿的角度越小,所产生的步距角越小,步进精度越高。现在步进电动机的步距角通常为3°、1.8°、1.5°、0.9°、0.5°~0.09°等。步距角越小,步进电动机结构越复杂。

（2）步进电动机的通电方式及步距角。由步进电动机的结构我们了解到,要使步进电动机能连续转动,必须按某种规律分别向各相通电。步进电动机的步进过程如图5-2(b)所示。假设图中是一个三相反应式步进电动机,每个大极只有一个齿,转子有4个齿,分别称0、1、2、

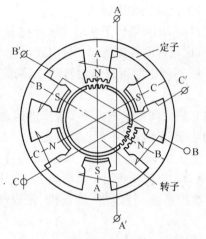

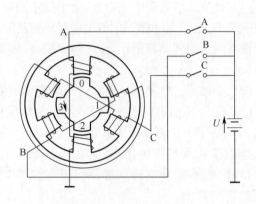

(a) 反应式步进电动机结构原理　　　　(b) 步进电动机步进过程原理

图 5-2　反应式步进电动机结构与步进过程原理

3 齿。直流电源开关分别对 A、B、C 三相通电。整个步进循环过程如表 5.1 所示。

表 5.1　步进电动机步进循环过程

通电相	对齐相	错齿相	转子转向
A 相(初始状态)	A 和 0、2	B、C 和 1、3	
B 相	B 和 1、3	A、C 和 0、2	逆转 1/2 齿
C 相	C 和 0、2	A、B 和 1、3	逆转 1 齿

2. 步进电动机的通电方式

步进电动机有单相轮流通电、双相轮流通电、单双相轮流通电几种通电方式。

三相单三拍:我们把对一相绕组一次通电的操作称为一拍,则对三相绕组 A、B、C 轮流通电三拍,才使转子转过一个齿,转一齿所需的拍数为工作拍数。对 A、B、C 三相轮流通电一次称为一个通电周期,步进电动机转动一个齿距。对于三相步进电动机,如果三拍转过一个齿,称为三相三拍工作方式。

由于按 A→B→C→A 相序顺序轮流通电,则磁场逆时针旋转,则转子也逆时针旋转,反之则顺时针转动。电压波形如图 5-3 所示。

这种通电方式只有一相通电,容易使转子在平衡位置上发生振荡,稳定性不好。而且在转换时,由于一相断电时,另一相刚开始通电,易失步(指不能严格地对应一个脉冲转一步),因而不常采用这种通电方式。步距角系数 $c=1$。

双相双三拍:这种通电方式由于两相同时通电,其通电顺序为 AB→BC→CA→AB,控制电流切换三次,磁场旋转一周,其电压波形如图 5-4 所示。双相双三拍转子受到的感应力矩大,静态误差小,定位精度高,而且转换时始终有一相通电,可以使工作稳定,不易失步。其步距角和单三拍相同,步距角系数 $c=1$。

三相六拍:如果把单三拍和双三拍的工作方式结合起来,就形成六拍工作方式,这时通电次序为 A→AB→B→BC→C→CA→A。在六拍工作方式中,控制电流切换六次,磁场旋转一周,转子转动一个齿距角,所以齿距角是单拍工作时的 1/2。每一相是连续三拍通电(图

5-5），这时电流最大，且电磁转矩也最大。且由于通电状态数增加 1/2，而使步距角减少 1/2。步距角系数 $c=2$。

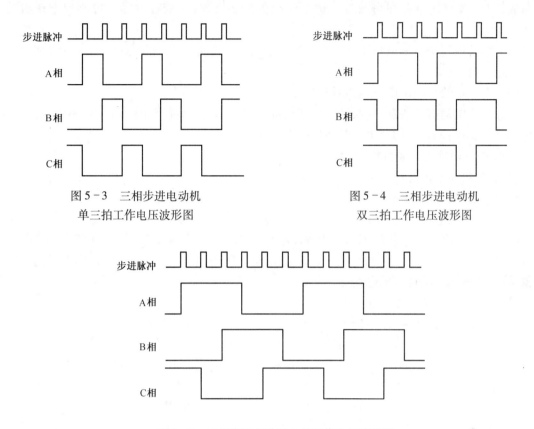

图 5-3　三相步进电动机
单三拍工作电压波形图

图 5-4　三相步进电动机
双三拍工作电压波形图

图 5-5　三相步进电动机六拍工作电压波形图

3. 步距角 θ_S 的计算

设步进电动机的转子齿数为 N，则它的齿距角为

$$\theta_Z = 2\pi/N \tag{5-2}$$

由于步进电动机运行 K 拍可使转子转动一个齿距角，所以每一拍的步距角 θ_S 可以表示为

$$\theta_S = \theta_Z \times K = 2\pi/N \times K = 360°/N \times K \tag{5-3}$$

式中　　K——步进电动机的工作拍数；

　　　　N——转子齿数。

$$或 \ \theta_S = \frac{360°}{mzc} \tag{5-4}$$

式中　　m——相数；

　　　　z——步进电动机转子齿数；

　　　　c——步距角系数。

如果按单相对于转子有 40 齿并且采用三拍工作的步进电动机，其步距角为：$\theta_S = 360°/N \times K = 360°/40 \times 3 = 3°$，或 $\theta_S = 360°/mzc = 360°/40 \times 3 \times 1 = 3°$。

如果按单、双相通电方式运行，则三相步进电动机的转子齿数 $z=40$，步距角系数 $c=2$，其步距角为：$\theta_S = 360°/mzc = 360°/40 \times 3 \times 2 = 1.5°$。

4. 步进电动机的特点

（1）步进电动机受脉冲控制，其转子的角位移量和转速严格地与输入脉冲的数量和脉冲频率成正比，改变通电顺序可改变步进电动机的旋转方向；改变通电频率可改变电动机的转速。

（2）维持控制绕组的电流不变，电动机便停在某一位置不动，即步进电动机有自整角能力，不需要机械制动。

（3）有一定的步距精度，没有累积误差。

（4）步进电动机的缺点是效率低，拖动负载的能力不大，脉冲当量（步距角）不能太大，调速范围不大，最高输入脉冲频率一般不超过18kHz。

5. 步进电动机的主要特性

1）步距角和步距误差

步距角是步进电动机的一项重要性能指标，它直接关系到进给伺服系统的定位精度，因此选用电动机也要选步距角。步进电动机在转动过程中无累积误差，但在每步中实际步距角和理论步距角之间有误差。我们把一转内各步距误差的最大值定为步距误差。步进电动机的静态步距误差通常为理论步距的5%左右。步进电动机的进给系统为开环控制，步距误差无法补偿，故应尽量选择精度高的电动机。

2）静态矩角特性和最大静转矩

当步进电动机某相通电时，转子处于不动状态，这时转子上无转矩输出。如果在电动机轴上加一个负载转矩，转子按一定方向转过一个角度 θ，重新处于不动（稳定）状态，这时转子上受到的电磁转矩 T 称为静态转矩，它与负载转矩相等，转过的角度 θ 称为失调角。静态时 T 与 θ 的关系称为矩角特性，它近似于正弦曲线，如图5-6所示。该特性上的电磁转矩最大值称为最大静转矩。在静态稳定区域内，当外转矩除去后，转子在电磁转矩的作用下，仍能回到稳定平衡点位置。最大静转矩表示步进电动机承受负载的能力。最大静转矩越大，电动机带动负载能力越强，运行的快速性和稳定性越好。

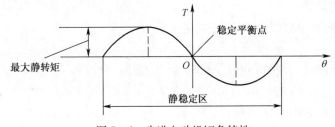

图5-6　步进电动机矩角特性

3）最大启动转矩

电动机相邻两相的静态矩角特性曲线交点所对应的转矩即为最大启动转矩。当外界负载超过最大启动转矩时，步进电动机就不能启动。如图5-7所示。

4）最大启动频率

空载时，步进电动机由静止状态启动，达到不丢步的正常运行的最高频率称为最大启动频率。启动时指令脉冲频率应小于启动频率，否则将产生失步。步进电动机在带负载下的启动频率比空载要低。每一种型号的步进电动机都有固定的空载启动频率，它是步进电动机快速性能的重要指标。一般来说，负载转矩与转动惯量增加，启动频率下降。实际上，这是表明步进电动机所允许的最高启动加速度。

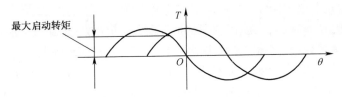

图 5-7　步进电动机最大启动转矩

5）连续运行频率

步进电动机在最大启动频率以下启动后，当输入脉冲信号频率连续上升时，能不失步运行的最大输入信号频率，称为连续运行频率。该频率远大于最大启动频率。

6）矩频特性与动态转矩

步进电动机在连续运行状态下所产生的转矩，称为动态转矩。最大动态转矩和脉冲频率的关系 $T=F(f)$，称为矩频特性，如图 5-8（a）所示。该特性上每一个频率对应的转矩称为动态转矩。最大动态转矩小于最大静转矩，使用时要考虑动态转矩随连续运行频率的升高而降低的特点。

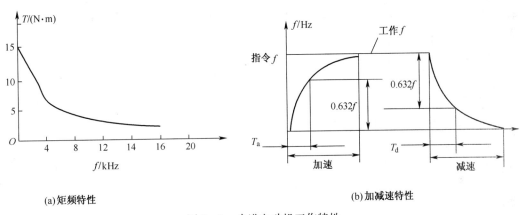

(a)矩频特性　　　　　　　　　　　　(b)加减速特性

图 5-8　步进电动机工作特性

7）加减速特性

步进电动机的加减速特性是描述步进电动机由静止到工作频率或由工作到静止的加、减速过程中，定子绕组通电状态的频率变化与时间的关系。步进电动机的升速和降速特性用加速时间常数 T_a 和减速时间常数 T_d 来描述，如图 5-8（b）所示。

为了保证运动部件的平稳和准确定位，根据步进电动机的加减速特性，在启动和停止时应进行加减速控制。加减速控制的具体实现方法很多，常用的有指数规律和直线规律加减速控制。指数加减速控制具有较强的跟踪能力，但当速度变化较大时平衡性较差；指数规律加减速控制一般适用于跟踪响应要求较高的切削加工中；直线规律加减速平稳性较好，适用在速度变化范围较大的快速定位方式中。

在选用步进电动机时，应根据驱动对象的转矩、精度和控制特性来选择步进电动机。

6. 步进电动机的驱动控制

步进电动机的各励磁绕组是按一定节拍轮流通电工作的，因此，需将 CNC 输出插补脉冲按步进电动机规定的通电顺序分配到各定子绕组中。完成脉冲分配的功能元件称为环形分配器（既可以由硬件实现，也可以软件实现）。环形脉冲分配器发出的脉冲功率很小，不能直接驱动步进电动机,必须经过电力电子器件组成的功率驱动电路将信号电流放大到数安培的等级,才能驱动电动机。因此,步进电动机驱动器由环形脉冲分配器和功能放大器组成,加到环形脉冲分配器的插补脉冲经过加减速处理,使脉冲频率平滑上升和下降,以适应步进电动机的驱动特性。晶体管、场效应管、晶闸管、IGBT 等功率开关器件都可以作为步进电动机的功率放大器。

图 5-9 所示为世纪星数控系统 HNC-21M 与步进驱动模块 WD5LD01 的连接图。

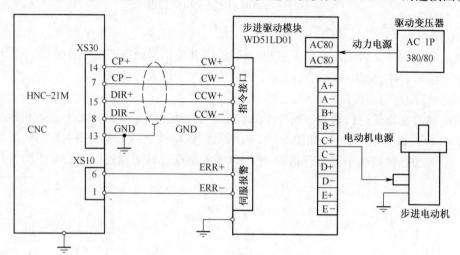

图 5-9 HNC-21 与步进驱动模块 WD5LD01 的连接

【任务实施】

1. 任务实施所需的训练设备和元器件

任务实施所需的训练设备和元器件为晶体管型 PLC1 台,计算机 1 台,通信电缆 1 根,步进电动机 1 台,步进驱动器 1 台,滚珠丝杠 1 根,按钮开关若干,导线若干,24V 直流电源,2kΩ 电阻 2 只。上述设备按每组计算,但具体型号、数量各校可根据自己的实际情况进行选择。

2. 训练的内容与步骤

(1)按照图 5-9 所示进行数控系统 HNC-21M 与步进驱动模块 WD5LD01 的连接。

(2)实训驱动系统的硬件组成:PLC 与步进电机驱动器组成的驱动系统一般由以下 4 部分组成,如图 5-10 所示。

① 控制器 PLC。它向步进电机驱动器发出步进脉冲信号和步进方向电平信号。

② 步进电机驱动器。它把 PLC 提供的弱电信号放大为步进电动机能够接收的强电流信号,从而确保步进电动机正常工作。

③ 步进电动机。它把接收到的电信号转换为主轴旋转运动。

④ 执行机构。如丝杠螺母机构,它把步进电动机的主轴旋转运动转换为工作台或刀架拖板的直线运动。

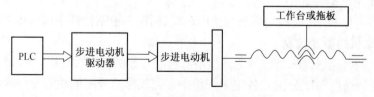

图 5-10 驱动系统的硬件组成

（3）脉冲参数计算。假设步进电机的步距角为 θ，滚珠丝杠的导程为 P。

① 行程控制。若工作台移动距离为 L，则控制行程的脉冲个数 $n=360L/P\theta$。

② 进给速度控制。若工作台进给速度为 F（单位：mm/min），则控制速度的脉冲频率 $f=60F/P$（Hz）。

③ 进给方向控制。它是通过控制步进电机的转动方向信号 DIR 实现的。如图 5-11 所示，如果 DIR 端高电平为正转，那么低电平就为反转。

在数控机床中，控制器根据数控加工的 F 指令、坐标（X、Y、Z）指令计算出脉冲个数、脉冲频率，并判断电机转动方向。将这些信息输入到步进电动机驱动器，就可以实现工作台或刀架的定位以及调节进给速度。

④ 实训要求：按下启动信号按钮 SB1，工作台从左侧起，以 300mm/s 向右移动 120mm，再以 10mm/s 向左移动 30mm；按下停止按钮 SB0，工作台停止移动。

⑤ 编好梯形图程序，接线现场调试。

⑥ 参照图 5-10、图 5-11 建立 PLC 与步进电机驱动器组成驱动系统（如果选择不同型号的步进电机驱动器，应按说明书要求接线）。

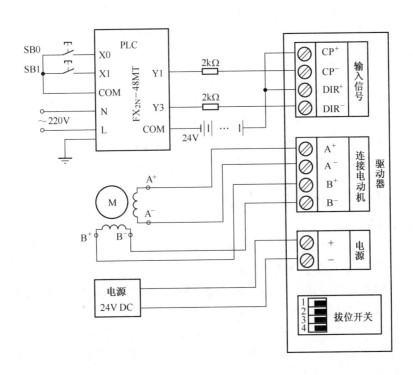

图 5-11　驱动系统接线图

【自我测试】

1. 伺服电动机的调速范围 D 指的是什么？

2. 伺服系统是由哪些部分的组成的？

3. 写出步进电动机的相关术语。

4. 步进电动机的主要特性有哪些？

任务 2　直流伺服电动机及其速度控制

【任务描述】

（1）通过学习掌握直流伺服电动机工作原理和特性。

（2）通过学习掌握直流电动机的速度控制、PWM 的脉宽调制。

【任务分析】

本任务主要研究直流主轴电动机和伺服电动机工作原理、特性及速度控制。

【知识链接】

5.2.1　直流主轴电动机的工作原理和特性

为满足数控机床对主轴驱动的要求，主轴电动机应具备以下性能：

（1）电动机功率要大，且在大的调速范围内速度要稳定，恒功率调速范围宽。

（2）在断续负载下电动机转速波动要小。

（3）加速、减速时间短。

（4）温升低，噪声和振动小，可靠性高，寿命长。

（5）电动机过载能力强。

直流主轴电动机与直流伺服电动机的主要区别是：直流主轴电动机为他励式，在基速以下的为变电枢电压调速，在基速以上的为变励磁电流调速。如应用于加工中心，主轴控制系统还要具有定位功能和坐标伺服控制功能。所以直流主轴电动机与直流伺服电动机有很大的不同。

当采用直流电动机作为主轴电动机时，直流主轴电动机的磁极不是永磁式，而是采用铁芯加励磁绕组，以便进行调磁调速的恒功率控制。为改善磁场分布，有的主轴电动机在主磁极之间还有换向极。直流主轴电动机的过载能力一般约为 1.5 倍。

5.2.2　直流伺服电动机的工作原理与特性

1. 伺服电动机

伺服电动机作为进给电动机通常用于闭环和半闭环伺服系统中。为了满足数控机床对伺服系统的要求，伺服电动机有别于普通电动机。

（1）从低速到最高速，伺服电动机都能平滑运转，转矩波动要小，尤其在低速如 1r/min 或更低速时，仍有平衡的速度而无爬行现象。

（2）伺服电动机应具有较长时间的过载能力，以满足低速大转矩的要求。

（3）为了满足快速响应的要求，伺服电动机应有较小的转动惯量和大的堵转转矩，并具有尽可能小的时间常数和启动电压。

（4）伺服电动机应具有承受频繁启动、制动和正、反转能力。

2. 直流伺服电动机

图 5 - 12 所示为直流伺服电动机的结构示意图。

为了满足伺服系统的要求，有效的方法就是提高直流伺服电动机的力矩/惯量比，由此产生了小惯量直流伺服电动机和宽调速直流伺服电动机。

1）小惯量直流伺服电动机

小惯量直流伺服电动机是通过减小电枢的自动惯量来提高力矩/惯量比的。小惯量直流伺服电动机的转子与一般直流电动机的区别在于：①转子长而直径小，从而得到较小的惯量；②转子是光滑无槽的铁芯，用绝缘黏合剂直接把线圈粘在铁芯表面上。小惯量直流伺服电动机机电时间常数小，响应快，低速运转稳定而均匀，能频繁启动与制动。但由于其过载能力低，并且自身惯量比机床相应运动部件的惯量小，因此必须配置减速机构与丝杠相连接才能和运动的惯量相匹配，这样增加了传动链误差。小惯量直流伺服电动机在早期的数控制造机床上得到广泛应用。

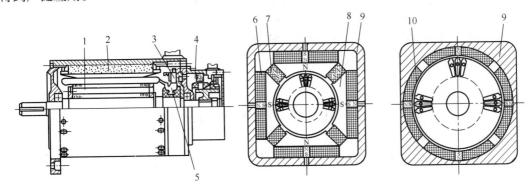

(a)轴向剖面图　　(b)集流式定、转子径向剖面图　(c)壳形磁铁式定、转子径向剖面图

图 5-12　直流伺服电动机的结构

1—转子;2—定子(永磁体);3—电刷;4—测速发电机;5—换向器;6—主极磁铁;

7-换向极;8—主极硅钢片;9—导磁轭铁;10—磁铁。

2）宽调速直流伺服电动机

宽调速直流伺服电动机又称大惯量直流伺服电动机，通过提高输出力矩来提高力矩/惯量比。具体措施是：①增加定子磁极对数并采用高性能的磁性材料，如稀土钴等以产生强磁场，该磁性材料性能稳定且不易退磁；②在同样的转子外径和电枢电流的情况下，增加转子上的槽数与槽的截面积。由此，电动机的机械时间常数和电气时间常数都有所减小，这样就提高了快速响应性。宽调速直流伺服电动机能提供大转矩的意义在于：

（1）能承受的峰值电流和过载能力高（能产生额定力矩 10 倍的瞬时转矩），以满足数控机床对加减速的要求。

（2）具有大的力矩/惯量比，快速性好。由于电动机自身惯量大，外部负载惯量相对来说较小，提高了抗机械干扰的能力。因此伺服系统的调速与负载几乎无关，大大方便了机床制造厂的安装调试工作。

（3）低速时输出力矩大。这种电动机能与丝杠直接连接，省去了齿轮等传动机构，提高了机床进给传动精度。

（4）调速范围大。在与高性能伺服驱动单元组成速度控制系统时，调速范围超过1∶1000。

（5）转子热容量大。电动机过载性能好，一般能过载运行几十分钟。

在结构上，这类电动机采用了内装式的测速发电机。测速发电机的输出电压作为速度环的反馈信号，使电动机在较宽的范围内平稳运转。除测速发电机外，还可以在电动机内部安装位置检测装置，如光电编码器和旋转变压器。当伺服电动机用于垂直轴驱动时，电动机内部可安装电磁制动器，以克服滚珠丝杠垂直安装时的非自锁现象。大惯量直流伺服电动机的机械特性如图 5 - 13 所示。

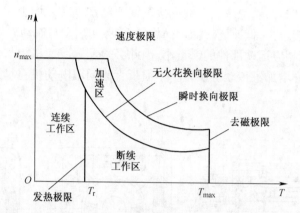

图 5 - 13　大惯量直流伺服电动机的机械特性

在图 5 - 13 中, T_r 为连续工作转矩, T_{max} 为最大转矩。

（1）连续工作区：电动机通以连续工作电流，可长期工作，连续电流值受到发热极限的限制。

（2）断续工作区：电动机处于接通—断开的断续工作方式，换向器与电刷工作于无火花的换向区，可承受低速大转矩的工作状态。

（3）加减速区：电动机处于加减速工作状态，如启动、停止。启动时，电枢瞬时电流很大，所引起的电枢反应会使磁极退磁、换向时产生火花，因此，电枢电流受到去磁极限和瞬时换向极限的限制。

5.2.3　直流电动机的速度控制

驱动装置用来调节直流电动机的速度，使电动机驱动额定负载稳定的运行。一般它应该具有两部分功能：控制和驱动。控制功能常用速度环和电流环双环系统，以实现系统的稳定性。控制方式根据功率驱动元件的不同分为晶闸管整流方式（SCR）和晶体管脉宽调制（PWM）方式，PWM 是主流方向。如 FANUC 公司的直流伺服系统从 20 世纪 80 年代中期就用 PWM 代替了 SCR 方式。

1. 晶闸管直流调速控制

所谓调速，是指在某一具体负载条件下，通过改变电动机电源参数的方法，使机械特性得以改变，从而使电动机的转速发生变化或保持不变。

调速具有两个方面的含义：①能在一定的范围内"变速"。电动机负载不变时，转速可在所允许的范围内变化，即"变速"调速。②"恒速"。为了保证工作速度不受外界干扰（如负载变化）的影响，也可进行调速。例如，由于负载增加，电动机的转速就会降低，为了维持转速的恒定，就得调整电动机的转速，使其回升，并等于或接近于原来的转速。

1）直流电动机的调速原理

数控机床中直流电动机的励磁方式通常采用他励方式。所谓他励就是定子的励磁电流由另外的独立直流电源供电，当磁极采用了磁性材料做成的永久磁极时，就称为永磁式直流电动机。前者用于主轴电动机，后者用于伺服电动机。他励直流电动机的原理如图 5 - 14 所示。

他励直流电动机电枢电路的电动势平衡方程式为

$$U = E_d + I_d R_d \qquad (5-5)$$

感应电动势为
$$E_d = C_e \Phi \cdot n \qquad (5-6)$$

电磁转矩为
$$T = C_T \Phi I_d \qquad (5-7)$$

式中　E_d——电枢感应电动势；

　　　U——电枢电压；

　　　Φ——励磁主磁通；

　　　I_d——电枢电流；

　　　R_d——电枢回路总电阻；

　　　T——电磁转矩；

　　　C_e、C_T——电势常数和力矩常数；

　　　n——电动机转速。

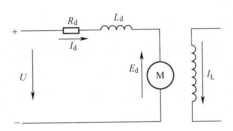

图 5-14　他励直流电动机的原理图

根据式(5-5)～式(5-7)，得他励电动机的机械特性方程

$$n = \frac{U}{C_e \Phi} - \frac{R}{C_e C_T \Phi^2} T = n_0 - \frac{R}{C_e C_T \Phi^2} T \qquad (5-8)$$

式中　$n_0 = \dfrac{U}{C_e \Phi}$——理想空载转速。

根据式(5-4)，他励直流电动机的调速方式有：①改变电枢电压 U；②改变励磁电流 I_f 以改变励磁磁通 Φ；③改变电枢回路电阻 R_d。图 5-15(a)所示为调压调速时的机械特性，图 5-15(b)所示为调磁调速时的机械特性。

在调压调速方式中，改变电枢电压 U 时，理想空载转速 n_0 将改变。由于 U 只能小于电枢

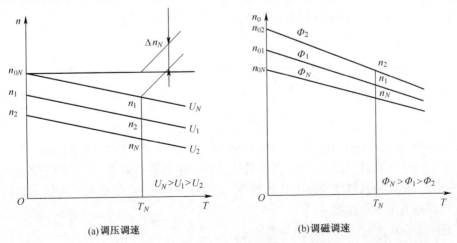

(a)调压调速　　　　　　　　　　　　(b)调磁调速

图 5-15　直流电动机调速机械特性

额定电压 U_N，故 $n_0 < n_{0N}$，n_N 为额定转矩时的额定转速，Δn_N 为额定速降。从图 5-15(a) 可看出，随着电枢电压 U 降低，特性曲线平行下移。在调速过程中，根据式 (5-7)，若保持电枢电流 I_d 不变，励磁磁通 Φ 也不变，则电磁转矩 T 为恒定值，故调压调速属于恒转矩调速。直流进给伺服电动机通常采用调压调速方式。

在调磁调速方式时，通常保持电枢电压为额定电压，即 $U = U_N$，而励磁电流总是向减小的一方调整，即 $\Phi \leqslant \Phi_N$。此时，磁通的 n_0 将随 Φ 的下降而上升，机械特性变软，调速的结果是减少磁通使电动机转速升高。由于调速过程中，电枢电压 U 不变，若电枢电流 I_d 也不变，则调速前后功率是不变的，故调磁调速属于恒功率调速。

用于主轴驱动的直流电动机，为了满足加工工艺的要求，通常采用调压和调磁调速相结合的方法。即额定转速以下为恒转矩调压调速，额定转速以上为恒功率调磁调速，这样可以获得很宽的调速范围。

2) 调速指标

一个调速系统的好坏，可用静态调速指标和动态调速指标来衡量。

静态调速指标要求电力拖动自动控制系统在最高和最低转速的范围内平滑地调节转速，并且要求在不同的转速下运行时，速度稳定。具体地可用下述两个指标衡量。

(1) 调速范围：电动机在额定负载时所允许的最高转速与最低转速之比，称为调速范围，以 D 表示，即

$$D = \frac{n_{\max}}{n_{\min}} \tag{5-9}$$

对于非弱磁的调速系统来说，电动机的最高转速 $n_{\max}$ 就是额定转速。

(2) 静差率：当系统在某一转速下稳定运行时，电动机由理想的空载转速 n_0 到额定负载时的转速降 Δn_N 与理想空载转速 n_0 的比值，称作静差率（或稳定度），它反映了负载转矩变化时转矩变化的程度，以 S 表示，即

$$S = \frac{\Delta n_N}{n_0} \times 100\% = \frac{n_0 - n_N}{n_0} \times 100\% \tag{5-10}$$

2. 晶闸管—直流电动机调速系统

1) 晶闸管—直流电动机开环控制系统

所谓开环控制系统，就是只有控制量（输入量）对被控制量（输出量）单向控制作用，而被控制量对控制量没有任何影响和联系的控制系统，如图 5-16 所示。

图 5-16　开环控制系统

在开环控制系统中，控制量与被控制量只有单方向的控制作用，而系统的输出量对控制量没有影响。系统的控制精度取决于元器件的精度和特性调整的精度。它适用于系统的内扰和外扰影响不大、并且控制精度要求不高的场合。若开环控制的性能指标不能满足高性能工作要求时，则需要采用闭环控制。

2) 晶闸管—直流电动机闭环控制系统

所谓闭环控制系统，就是反馈控制系统，它将被测变量值与工艺上需要保持的参数给定值

(希望值)进行比较,得出偏差。根据这个偏差的大小及变化趋势,按预先设计的运算规律进行运算。

在闭环控制系统中,在控制器与被控制对象之间,不仅存在着正向的控制作用,而且系统的输出量对控制量有直接的影响,存在着反馈作用。所谓反馈(Feedback)即是将检测到的输出量送回到系统的输入端,并与输入信号相比较的过程。若反馈信号与输入信号相减,称为负反馈(Negative Feedback);反之,若信号相加,称为正反馈(Positive Feedback,或 Regenerative Feedback)。闭环控制的实质,就是利用负反馈的作用来减小系统的控制误差,因此,所谓的闭环控制系统就是负反馈控制系统。其示意框图如图 5-17 所示。

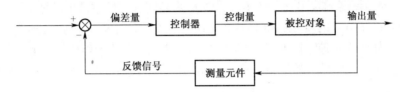

图 5-17　闭环控制系统的构成

输入信号与反馈信号之差,称为偏差量。偏差信号作用于控制器上,并按预先设计的运算规律进行运算,使系统的输出量趋向于给定值。

反馈控制是一种基本的控制规律,它具有自动修正被控量偏离给定值的作用,因此可抑制由内扰和外扰所引起的误差,达到自动控制的目的。闭环控制系统的控制精度在很大程度上由形成反馈的测量元件的精度决定。由于晶闸管供电的直流调速系统的开环机械特性不硬,特别是当电流断续时,其机械特性更软,所以一般多采用闭环控制实现调速。

3)晶闸管—直流电动机调速系统

(1)基本原理。图 5-18 所示为晶闸管调速系统原理框图。由晶闸管组成的主电路在交流电源电压不变的情况下,通过控制电路可方便地改变直流输出电压的大小,该电压作为直流电动机的电枢电压 U_d,即可成为直流电动机的调压调速方式。

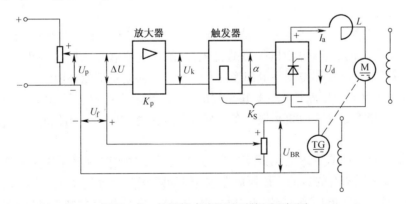

图 5-18　晶闸管直流调速系统原理框图

为了稳定转速,在电动机 M 的轴上安装同轴测速传感器(一般选用直流测速发电机 TG 或光电编码器),如图 5-18 所示,从而引出与电动机转速成正比的负反馈电压 U_f,它与转速给定电压 U_p 相比较后,得到偏差电压 $\Delta U = U_p - U_f$,经过放大器 A 进行比较放大(或比例调节,因此,该放大器又称为比例调节器,即 P 调节器),产生触发装置 GT 的控制电压 U_k,以调节可控整流器的输出电压 U_d。由于该系统只有一个转速反馈环,所以,它是转速单闭环调速系统。

直流电动机 M 由晶闸管可控整流器经过平波电抗器 L_d 供电。可控整流器的输出电压 U_d 可由晶闸管的控制角 α 来改变。

忽略各种非线性因数,图 5-18 系统中,各环节的关系如下:

电压比较环节:$\Delta U = U_P - U_f$,为给定电压 U_P 与速度反馈信号 U_f 的差值,又称偏差信号;

速度反馈信号,即测速发电机 BR 的分压信号 U_f 与转速 n 成正比:$U_f = \alpha_n n$,α_n 为测速反馈系数;

放大器的输出:$U_k = K_P \Delta U = K_P(U_P - U_f) = K_P(U_P - \alpha_n n)$,$K_P$ 为比例调节器的电压放大倍数;

晶闸管可控整流器的输出:$U_d = K_s U_k$,其中 K_s 为晶闸管可控整流器的放大系数。

因此,如果由于负载的变化引起转速的变化,系统的各环节将起到自动调节的作用。例如,由于负载增加而使转速下降时,速度反馈信号 U_f 便减小,放大器输入的偏差信号 ΔU 将增加,放大器的输出 U_k 也增加,晶闸管可控整流器的输出 U_d 上升,电动机的电枢供电电压增加,结果使转速回升。

需要说明的是,在闭环系统中,每次由于增加了负载,整流供电电压就相应地自动提高,因而就改变了机械特性。这样,闭环系统通过改变 U_d 的输出来补偿因负载变化引起的速降。正是由于这种自动调节作用,使闭环系统静特性变硬。

图 5-18 中的放大器可采用单三极管直流放大器、差动式多级直流放大器或直流运算放大器,其中直流放大器应用最普遍。在运算放大器的输出端与输入端之间接入不同的阻抗网络的负反馈,可实现对输入信号的不同运算和组合。

由于引入转速负反馈,改善了系统的性能,具体体现在下列几方面:

① 闭环特性的静特性比开环系统机械特性硬得多;

② 当空载转速相同时,闭环系统的静差率要小得多,因而稳定精度高;

③ 当要求静差率一定时,闭环系统的调速范围得到了提高。为此,关键要设法提高闭环系统的放大倍数,即放大器要有足够的放大系数。但该放大倍数不能过分增大,否则容易使系统产生不稳定现象。

④ 反馈闭环控制系统具有良好的抗扰动性能,它对于被负反馈环包围的前向通道上的一切扰动作用(如负载的变化、电动机励磁的变化、晶闸管交流电源电压的变化等)都能有效地加以抑制。但对给定电源和检测环节如测量元件本身的误差是不能补偿的。

因此,正确选择和使用测量元件是很重要的,对于高精度的调速系统就需要有高精度的给定稳压电源及高精度的反馈检测元件。在安装时还应注意轴的对中不偏心,以消除对系统带来的干扰。

(2)控制电路。如前所述,晶闸管调速的实质是通过改变控制角 α 的大小来改变电枢电压 U_d,从而实现调压调速的目的。控制电路的作用就是通过对速度给定电压 U_P 的调节,获得导通角 α 和速度与给定电压 U_P 成比例的触发脉冲,经触发晶闸管主电路,最终获得和速度给定电压 U_P 成比例的电枢电压 U_d。图 5-19 所示为转速、电流双闭环控制电路框图。

转速调节器 ASR 的作用:

① 使转速 n 跟随给定电压 U_P 变化,保证转速稳态无静差。

② 对负载变化起抗干扰作用。

③ 其输出限幅值决定了电枢主回路的最大允许电流值 I_{dmax}。

电流调节器 ACR 的作用:

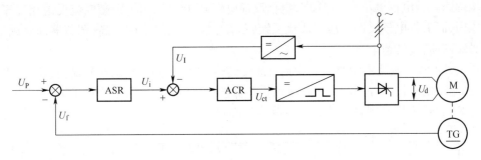

图 5-19　转速、电流双闭环控制电路框图

① 对电网电压波动起及时抗干扰的作用。

② 启动时保证获得允许的最大电枢电流 I_{dmax}。

③ 在转速调节过程中,使电枢电流跟随其给定电压值 U_i 变化。

④ 当电动机过载甚至堵转时,即有很大的负载干扰时,可以限制电枢电流的最大值,从而快速起到过流安全保护作用;如果故障消失,系统能自动恢复正常工作。

4)直流主轴电动机的调压调磁控制

直流主轴电动机在恒转矩控制时为调压调速,在恒功率控制时为调磁调速,这就要求控制电路具有调压调磁的控制功能。如图 5-20 所示为 FAUNC 直流主轴电动机的控制系统框图。

FANUC 直流他励式主轴电动机采用的是三相全控晶闸管无环流可逆调速系统,可实现基速以下的调压调速和基速以上的弱磁调速。调速范围 35 ~ 3500r/min(1∶100),输出电流 33 ~ 96A。

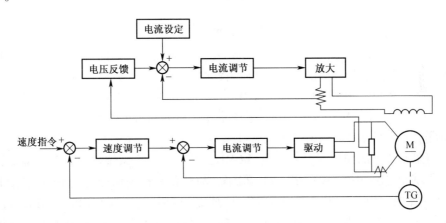

图 5-20　直流主轴电动机控制系统框图

主轴转速的信号可由直流 -10 ~ +10V 模拟电压直接给定,也可给定二位 BCD 码或十二位二进制码的数字量,由 D/A 转变为模拟量。

直流主轴控制系统调压调速部分与直流伺服系统类似,也是由电流环和速度环组成的双闭环系统。由于主轴电动机的功率较大,因此主回路功率元件常采用晶闸管器件。图 5-20 中的上半部分是磁场控制回路,因为主轴电动机为他励式电动机,励磁绕组需要由另一直流电源供电。磁场控制回路由励磁电流设定回路、电枢电压反馈回路及励磁电流反馈回路三者的输出信号经比较后控制励磁电流。当电枢电压低于 210V,电枢反馈电压低于 6.2V 时,磁场控制回路中电枢电压反馈相当于开路不起作用,只有励磁电流反馈作用,维持励磁电流不变,实现调压调速。当电枢电压高于210V,电枢反馈电压高于6.2V时,励磁电流反馈相当于开路,不起作用,而引入电枢反馈电压形成负反馈,随着电枢电压的稍许提高,调节器即对磁场电流进行弱磁升速,使转速上升。

同时,FANUC 直流主轴驱动装置具有速度到达、零速检测等辅助信号输出,还具有速度反馈消失、速度偏差过大、过载、失磁等多项报警保护措施,以确保系统安全可靠工作。图 5-21 所示为 FANUC 主轴晶闸管调速系统与数控装置的连接图。

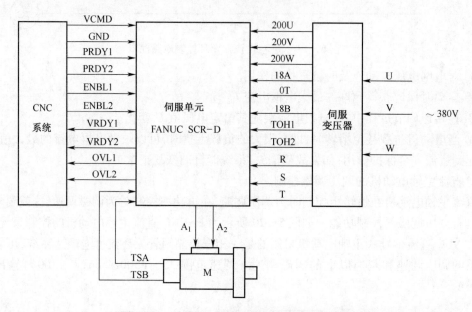

图 5-21　FANUC 主轴晶闸管驱动装置连接图

200U、200V、200W 为三相交流 200V 电源,用于控制晶闸管的同步触发。18A、0T、18B 为带中心轴头的 18V 交流电源,用于提供驱动装置中控制电路的+15V 直流电压。R、S、T 为交流 120V 电源,是提供给主回路的电源。TOH1、TOH2 为装在变压器内部的常闭热控开关,当变压器过热时,热控开关断开。A$_1$、A$_2$ 为驱动装置输出的伺服电动机电枢电压。TSA、TSB 为装在电动机轴上测速发电机输出的电压信号。

CNC 与驱动装置的连接信号有五组;VCMD、GND 为 CNC 系统输出给驱动装置的速度给定电压信号,通常在-10 ~ +10V;PRDY1、PRDY2 为准备好控制信号,当 PRDY1 与 PRDY2 短接时,驱动装置主回路通电;ENBL1、ENBL2 为"使能"控制信号,当 ENBL1、ENBL2 短接时,驱动装置开始正常工作,并接受速度给定电压信号的控制;VRDY1 与 VRDY2 为驱动装置通知 CNC 系统其正常工作的触电信号,当伺服单元出现报警时,VRDY1 与 VRDY2 立即断开;OVL1 与 OVL2 为常闭触点信号,当驱动装置中热继电器动作或变压器内热控开关动作时,该触点立即断开,通过 CNC 系统产生过热报警。为了保证驱动装置能安全可靠地工作,驱动装置具有多种自动保护线路,报警保护措施有:

(1) 一般过载保护。通过在主回路中串联热继电器及在电动机、伺服变压器、散热片内埋入能对温度检测的热控开关来进行过载保护。

(2) 过流保护。当电枢瞬时电流 $I_a > I_{am}$ 或电枢电流的平均值大于 I_{am} 时产生报警。

(3) 失控保护。失控是指电动机在正常运转时,速度反馈突然消失(如测速发电机断线),使得电动机转速突然急骤上升,即所谓"飞车",这对人身和设备都是危险的。失控保护一般通过监测测速发电机和电枢电压来实现。

通常一旦发生报警，驱动装置立即封锁其输出电压，使电动机进行能耗制动，并通过VRDY1、VRDY2信号通知CNC系统。

3. 晶体管直流脉宽调制驱动装置

晶体管直流脉宽调制（Pulse Width Modulated，PWM）是利用对大功率晶体管开关时间的控制，将直流电压转换成一定频率的方波电压，加在直流电动机的电枢两端，通过对方波脉冲宽度的控制，从而改变电枢的平均电压U，达到调速的目的。与晶闸管直流调速相比有以下优点：

（1）主电路所需的孤立元件少。实现相同的功能，晶体管的数量一般仅为晶闸管的1/3～1/6。

（2）控制线路简单。晶体管的控制比晶闸管的容易，不存在相序问题，不需要繁琐的同步移相触发控制电路。

（3）用工作于开关状态的晶体管放大器作为功率输出级，电路中的晶体管仅工作在两种状态，即饱和导通和截止状态。饱和导通时管压降很小，截止时漏电流很小，因此晶体管上的功率损耗主要发生在饱和与截止的过渡过程中，而这些过渡过程的时间很短，因此，可使功率输出级的功率损耗很小，并且这个损耗在输出电压最高和最低时都是一样的，这就大大改善了输出级的晶体管在低速情况下的工作条件。

（4）晶体管的开关频率可以选得很高，仅靠电枢的滤波作用就可以获得脉动很小的直流电流，电枢电流容易连续，使低速平滑、稳定，因此调速比可以做得很大，最大可达到1∶10000。由于输出波形比晶闸管调速系统好，在相同的平均电流即相同的输出转矩下，电动机的损耗和发热较小。

（5）由于开关频率高，若与快速响应的电动机相配合，则系统可以获得很宽的频带，因此系统的快速响应性好，动态抗负载干扰的能力强。由于响应快，无滞后和惯性，特别适用于可逆运行，以满足频繁启动、制动的高速定位控制和连续控制系统的要求。

通过PWM与晶闸管调速的技术参数比较，可列出以下几个数据：对于速度环，晶闸管系统调节误差为0.1%，而PWM系统为0.01%～0.03%，前者有3～10ms的控制迟滞，而后者几乎为0；响应频率前者为10～30Hz，后者对普通电动机为100Hz，对小惯量电动机可达500Hz；对位置环增益，前者为10～30Hz，后者对普通电动机为100Hz，对小惯量电动机可达500Hz。但与晶闸管相比，功率晶体管不能承受高峰电流，过载能力低，因此PWM调速适用于数控机床的进给直流伺服电动机的驱动。

1）PWM系统功率转换电路

PWM系统功率转换电路有多种方式，这里仅以H型双极可逆功率转换电路为例说明其工作原理。图5-22所示为目前应用较广的一种直流脉宽调速系统的基本主电路。三相交流电源经整流滤波变成恒定的直流电源U_s，它由四个大功率晶体管VT_1～VT_4和四个续流二极管VD_1～VD_4接成桥式（H型桥），工作在开关状态。四个大功率管分为两组，VT_1和VT_4为一组，VT_2和VT_3为另一组。而桥的两个对角线上分别接入直流电源U_s和负载电动机M。晶体管VT_1、VT_4与晶体管VT_2、VT_3分别处在两个对角，因接收同一控制信号而同时交替地导通或截止。在$0～t_1$期间，VT_1和VT_4导通，电动机电枢两端的电压$U_{AB}=+U_s$；而在$t_1～T$期间，VT_2和VT_3导通，电动机电枢两端加上反向电压$U_{AB}=-U_s$。这样，PWM主电路的输出电压有时为正电压，有时为负电压。

当两组晶体管以较高的频率(一般为 2000Hz)交替导通时,电枢两端的电压波形如图 5-23 所示。

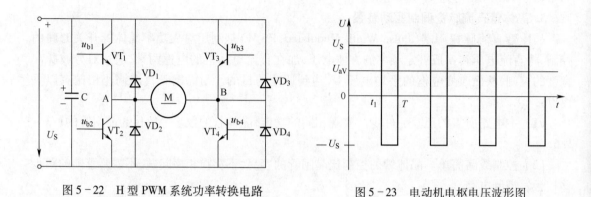

图 5-22　H 型 PWM 系统功率转换电路　　　　图 5-23　电动机电枢电压波形图

显然,两组晶体管不应同时导通,否则,将造成电源短路。由于 T 时间较短(约 0.5ms)和电动机机械惯性的作用,所以,决定电动机的转向和转速仅与电枢两端的电压平均值有关,即 $U_{AV}=(2\alpha-1)U_s$。占空系数 $\alpha=t_1/T$。图 5-22 中的 4 个二极管 $VD_1 \sim VD_4$ 分别与大功率晶体管并联,起过压保护和续流作用。由此可见,连续调节占空系数 α,可连续改变脉冲宽度,则可得到从由 $-U_s$ 到 $+U_s$ 连续变化的电压,即可实现直流电动机的无级调速。

在图 5-22 的主电路中,由于输出电压有时正、有时负,所以,它是双极性工作制。表 5.2 为双极式和单极式可逆 PWM 变换器的比较表。

表 5.2　双极式和单极式可逆 PWM 变换器的比较表(当负载较重时)

控制方式	电动机转向	$0 \leqslant t < t_1$		$t_1 \leqslant t < T$		负载电压系数范围 $\rho = U_{AB}/U_s$
		开关状况	U_{AB}	开关状况	U_{AB}	
双极式	正转	VT_1、VT_4 导通 VT_2、VT_3 截止	$+U_s$	VT_1、VT_4 截止 VD_2、VD_3 续流	$-U_s$	$0 \leqslant \rho \leqslant 1$
	反转	VD_1、VD_4 续流 VT_2、VT_3 截止	$+U_s$	VT_1、VT_4 截止 VT_2、VT_3 导通	$-U_s$	$-1 \leqslant \rho \leqslant 0$
单极式	正转	VT_1、VT_4 导通 VT_2、VT_3 截止	$+U_s$	VT_2 导通 V D_2 续流 VT_1、VT_3 截止 VT_2 不通	0	$0 \leqslant \rho \leqslant 1$
	反转	VD_3 导通 VD$_1$ 续流 VT_2、VT_4 截止 VT_1 不通	0	VT_2、VT_3 导通 VT_1、VT_4 截止	$-U_s$	$-1 \leqslant \rho \leqslant 0$

2) PWM 系统的脉宽调制

如前所述,PWM 是通过输出宽度可调的方波电压来获得电枢电压的,那么 PWM 控制回路的作用就是要获得与速度给定信号成比例的脉冲宽度。如图 5-24 所示为转速、电流双闭环 PWM 控制电路。

电路中,速度调节器 ASR 和电流调节器 ACR 的作用与晶闸管控制电路中的 ASR 和 ACR 相同。截流保护的目的是防止电动机过载时流过功率晶体管或电枢电流过大。

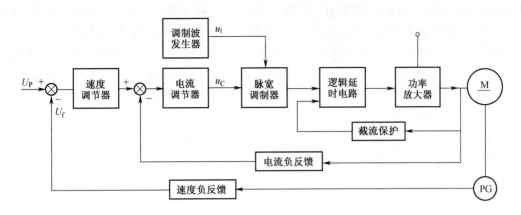

图 5-24　转速电流双闭环 PWM 控制电路

（1）脉宽调制器。脉宽调制的任务是将连续控制信号变成方波脉冲信号，作为功率转换电路的基极输入信号，控制直流电动机的转速和转矩。方波脉冲信号可由脉宽调制器生成，也可由全数字软件生成。

脉宽调制器调制信号通常由三角波（或锯齿波）发生器和比较器组成，如图 5-25 所示。图中的三角波发生器由两个运算放大器构成，IC1-A 是多谐振荡器，产生频率恒定且正负对称的方波信号；IC1-B 是积分器，把输入的方波变成三角波信号 U_t 输出。三角波发生器输出的三角波应满足线性度高和频率稳定的要求。只有满足这两个要求才能保证调速精度。

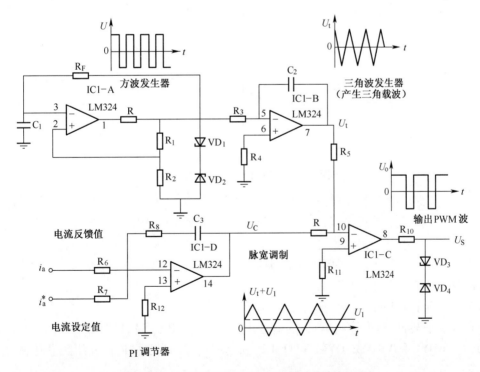

图 5-25　三角波发生器及 PWM 脉宽调制原理图

三角波的频率对伺服电动机的运行有很大的影响。由于 PWM 功率放大器输出给直流电动机的电压是一个脉冲信号，有交流成分，这些不做功的交流成分会在电动机内引起功耗和发热，为减少这部分的损失,应提高脉冲频率,但脉冲频率又受功率元件开关频率的限制。目前脉冲频率通常在 2~4kHz 或更高,脉冲频率是由三角波调制的。三角波频率等于控制脉冲频率。

比较器 IC1-C 的作用是把输入的三角波信号 U_t 和控制信号 U_c 相加输出脉宽调制方波,如图 5-26 所示。当外部控制信号 $U_c=0$ 时,比较器的输出为正负对称的方波(图 5-26(a))直流分量为零。当 $U_c>0$ 时,U_c+U_t 对接地端是一个不对称三角波,平均值高于接地端,因此输出方波的正半周较宽,负半周较窄。U_c 越大,正半周的宽度越宽。直流分量越大(图 5-26(b)),所以电动机正向旋转也越快。当控制信号 $U_c<0$ 时,U_c+U_t 的平均值低于接地端,IC1-C 输出的方波正半周较窄,负半周较宽。U_c 越小,负半周越宽(图 5-26(c))。因此电动机反转越快。

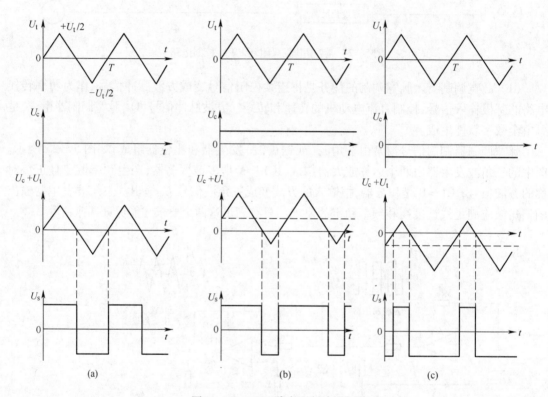

图 5-26 PWM 脉宽调制波形图

(2)逻辑延时电路。在 H 型开关电路中(图 5-22),功率晶体管 VT_1、VT_2 或 VT_3、VT_4 经常处于交替工作状态,晶体管的关断过程有一关断时间,在这段时间内,晶体管并未完全关断。若在此期间,另一个晶体管导通,就会造成上下两个晶体管直通而使电源正负极短路。逻辑延时电路就是保证在向一个管子发出关断脉冲后,延时一段时间,再向另一个管子发出开通脉冲。

3)FANUC PWM 直流进给驱动

图 5-27 所示为 FANUC PWM 直流进给驱动框图。

CNC 与驱动装置(速度控制单元)的信号传递包括 VCMD、TSA、PRDY1 和 PRDY2、ENBL1 和 ENBL2、VRDY1 和 VRDY2、OVL1 和 OVL2 等,这些信号的定义同前面介绍的晶闸管主轴驱动的定义一致。

PWM 主电路由 VT_1~VT_4 功率开关晶体管组成 H 型驱动电路。其中,电阻 CDR 用于检测电枢电流,就作为电流反馈,其压降由 CD1 和 CD2 端输出;热继电器 MOL 串联于电枢电路,

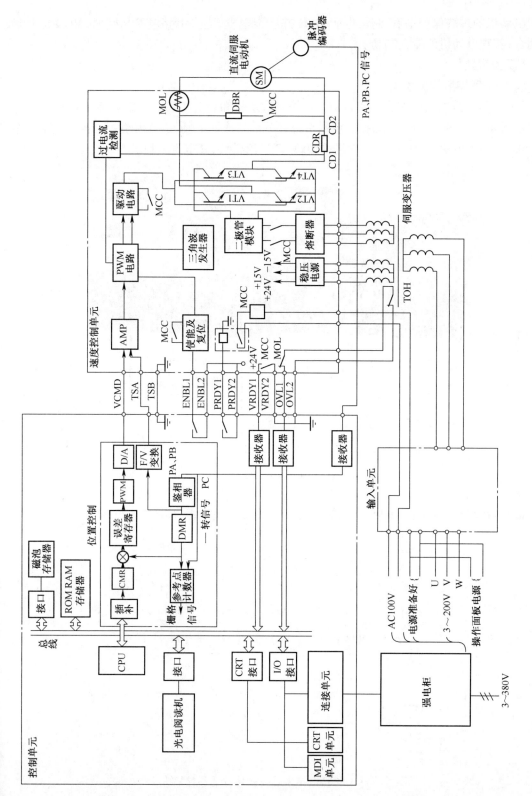

图 5 - 27 FANUC PWM 直流进给驱动框图

用于电动机的过载保护;能耗制动电阻 DBR 并联于电枢,当主电路电源切断时,MCC 常开触点闭合,实现电动机的能耗制动。

【任务实施】

1. 任务实施所需的设备

NNC-R1A 数控机床综合实验台由八块控制演示板和一台 CK0628S 数控车床组成。其控制演示板布置如图 5-28 所示,控制演示板各部分的组成如下:①电器模块;②系统模块;③主轴模块;④换刀模块;⑤I/O 模块;⑥进给模块;⑦进给模块;⑧电源模块。

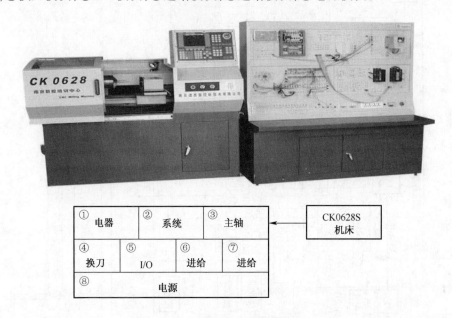

图 5-28　数控机床综合实验台

在 CK0628S 车床后侧有 14 个电缆接插头,分别接着演示板,如图 5-29 所示。

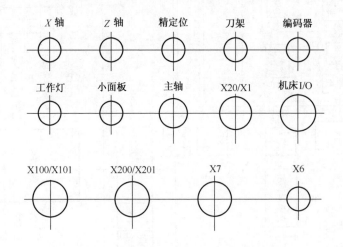

图 5-29　CK0628S 车床后侧有 14 个电缆接插头

2. 训练的内容与步骤

(1)802S Baseline 系统构成见图 5-30。

802S Baseline 系统可控制 2 ~ 3 个步进电动机轴和一个开环主轴（为变频器）。步进电动机的控制信号为脉冲、方向和使能。

802S Baseline 由下列各部分组成：

① 操作面板（OP 020）。

② 机床面板（MCP）。

③ NC 单元带有全部接口。

④ 输入/输出（DI/O），48 输入，16 输出。

（2）按照图 5-31 所示，对西门子 802S Baseline 系统进行安装接线。

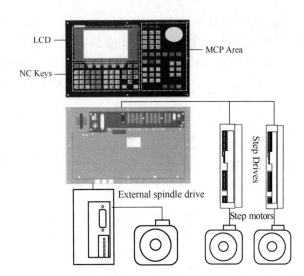

图 5-30　802S Baseline 系统构成

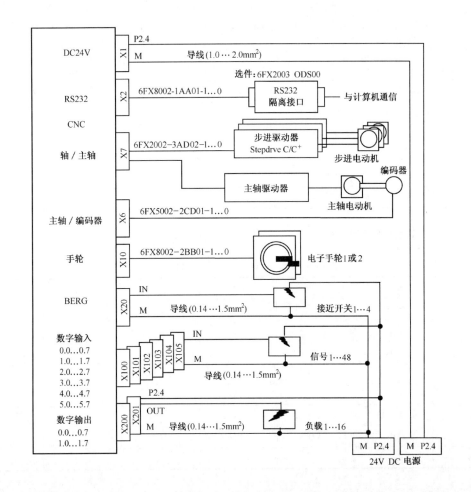

图 5-31　系统连线

① 数控系统工作电源 X1。

L+ 接直流 24V,M 接 24V 地。DC.24V 由外部提供。演示板上的电源已连接好。当合上电源总开关 QS1 和 QS4,将 24V 电源开关拨到 ON,数控系统得电。

② X7 为步进电动机驱动信号和模拟主轴控制输出(50 芯)。其各脚号见表 5.3。

表 5.3 驱动器接口 X7 引脚分配(在 SINUMERIKKI 802S base line 中)

引脚	信号	说明	引脚	信号	说明	引脚	信号	说明
1	n. c		18	ENABLE1	O	35	n. c	
2	n. c		19	ENABLE1 _ N	O	36	n. c	
3	n. c		20	ENABLE2	O	37		AO
4	AGND4	AO	21	ENABLE2 _ N	O	38	PULS1 _ N	O
5	PULS1	O	22	M	VO	39	DIR1 _ N	O
6	DIR1	O	23	M	VO	40	PULS2	O
7	PULS2 _ N	O	24	M	VO	41	DIR2	O
8	DIR2 _ N	O	25	M	VO	42	PULS3 _ N	O
9	PULS3	O	26	ENABLE3	O	43	DIR3 _ N	O
10	DIR3	O	27	ENABLE3 _ N	O	44	PULS4	O
11	PULS4 _ N	O	28	ENABLE4	O	45	DIR4	O
12	DIR4 _ N	O	29	ENABLE4 _ N	O	46	n. c	
13	n. c		30	n. c		47	n. c	
14	n. c		31	n. c		48	n. c	
15	n. c		32	n. c		49	n. c	
16	n. c		33	n. c		50	SE4. 2	K
17	SE4. 1	K	34	n. c				

③ X6 为主轴编码器输入(15 芯)。其各脚号定义见表 5.4。

表 5.4 主轴编码器 X6 各引脚分配

引脚	信号	说明	引脚	信号	说明	
1	n. c.		9	M	VO	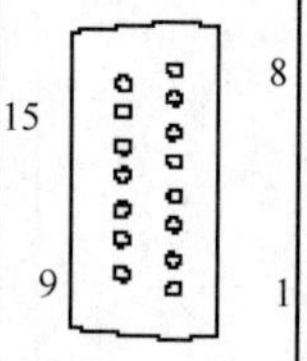
2	n. c.		10	Z	I	
3	n. c.		11	Z _ N	I	
4	P5 _ MS	VO	12	B _ N	I	
5	n. c.		13	B	I	
6	P5 _ MS	VO	14	A _ N	I	
7	M	VO	15	A	I	
8	n. c.					

来自主轴编码器的信号接入演示板下方的 15 芯插座 X6 上,它经故障设置接至 X6 蓝色框中的相应检测端子,再接入系统。如图 5-32 所示。

④ X20 高速输入接口。其各脚号定义见表 5.5。

图 5-32 编码器输入

表 5.5 X20 高速输入接口

X20：高速输入接口			接线端子		
脚号	信号	说明	脚号	信号	说明
1	RDY1	使能2.1	6	HI_4	
2	RDY2	使能2.2	7	HI_5	
3	HI_1	参考点脉冲 X 轴	8	HI_6	
4	HI_2	参考点脉冲 Y 轴	9	M	24V 地
5	HI_3	参考点脉冲 Z 轴	10	M	24V 地
注：NC 使能后，内部使能继电器触点闭合，即使能2.1 和使能2.2 导通					

来自接近开关的参考点脉冲信号(9 芯孔插座)接入演示板下方的 9 芯针插座 X20 上，它经故障设置接至 X20 相应端子，再接入系统。见图 5-33。

图 5-33 高速输入

具体步骤：

① 将系统演示板下方的 X7 接至进给演示板的 X7；将系统演示板上的 X6 和 X20 插头插上。

② 将 I/O 模块演示板左下方的 X100 插头插上。

③ 将电器模块演示板的 RDY1 与 RDY2 用接插件分别连接到系统演示板 X20 的 RDY1 与 RDY2 上。

电器模块演示板的上方由以下器件组成：4 个空气开关(QS1 ~ QS4)；1 个接触器(KM0)；1 个直流 24V 小型继电器(KA0)；24V 开关电源：AC220/DC24V。

电器模块板后方有：变压器：AC220/AC40V；电桥：整流滤波电路。

④ 连接并检查系统模块演示板与主轴演示板的连接，虚线为连接线。

⑤ 连接并检查 I/O 模块演示板与主轴模块演示板的连接。

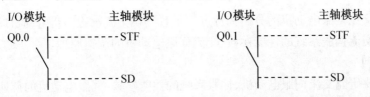

为了给 I/O 模块提供 24V 电源,将电源模块演示板上的 24V 电源连接至 I/O 模块演示板的相应端子。

⑥ 检查 I/O 模块演示板与换刀模块演示板的连接,虚线为连接线。

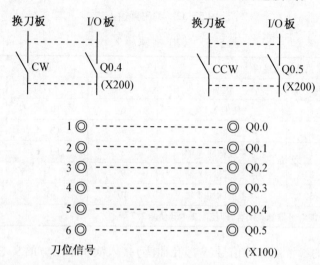

⑦ 将电源总开关合上后,交流 220V 电源进入实验台,电压表和电流表将有显示,插座上有 220V 电压,可供外部测试仪器通电使用。

⑧ 将电器模块演示板上的 QS1、QS2、QS3、QS4 合上。

⑨ 合上直流 24V 电源开关。数控系统得电,大约等待 30s,数控系统自检完毕,数控系统内的继电器触点 RDY1、RDY2 闭合。

⑩ 将机床上的钥匙打到 ON,按下驱动开。

电器模块上 KM0、KA0 动作,驱动和变频器得电。

系统引导以后进入"加工"操作区手动 Ref 运行方式。出现"回参考点"窗口。

说明:当有紧急情况时,可按下实验台电源模块上急停按钮,交流 220V 电源被切断,此时必须将故障排除后,才能再次上电。

如果有故障使总电源跳闸,排除故障后,需按下电源总开关上的蓝色按钮,使其复位,才能再次上电。

【自我测试】

1. 什么是晶闸管直流调速控制,调速具有哪两个方面的含义?

2. 一个调速系统的好坏,可用什么指标来衡量?

3. 晶体管直流脉宽调制 PWM 的目的是什么?

任务3　交流伺服电动机及其控制

【任务描述】

(1)掌握交流伺服电动机的分类和特点。了解三相交流永磁同步电动机的结构。

(2)掌握交流伺服系统的性能参数、交流伺服电动机的调速原理。

【任务分析】

本任务主要研究交流伺服电动机、伺服系统的性能参数,伺服电动机的调速原理。

5.3.1　交流伺服电动机的概述

直流电动机的最大优点是调速性能优良,可以满足数控机床对主轴和进给驱动的要求。但它也有一些固有的缺点,如电刷和换向器易磨损,需要经常维修,换向时产生的火花限制了电动机难度最高转速和应用场合;结构复杂,材料消耗大,成本高。交流电动机则无上述缺点,如无换向器,不存在换向火花,可以达到很高转速;在体积相同的情况下,输出功率可以提高10%~70%;转子惯量小,动态性能好。但是交流电动机的最大缺点是调速性能不好。随着新型大功率电力电子器件、新型变频技术、现代控制理论及计算机技术的发展,特别是矢量控制技术的出现,20世纪80年代交流驱动技术取得了突破性的进展。目前,交流伺服驱动已全面取代直流伺服驱动,但交流驱动的控制思想源于直流伺服驱动技术。

1. 交流伺服电动机的分类和特点

在数控机床中,交流伺服电动机有两种类型:异步型交流伺服电动机(IM)和同步型交流伺服电动机(SM)。

异步型交流伺服电动机的定子有三相对称绕组,转子多用笼形结构。其结构简单,与同容量直流电动机相比,质量轻1/2,价格低2/3;缺点是不能平滑调速,转速受负载的影响较大。适用于数控机床的主轴驱动。

同步型交流伺服电动机的定子和感应电动机一样,也装有三相对称绕组,转子多采用永磁材料制成,相当于把永磁式直流电动机的定子和转子"反装"。转子永磁材料通常为铝镍钴、铁氧体或稀土永磁材料。无励磁损耗,机械特性,低速性能好。但限于目前的技术条件,电动机功率不够大,适用于数控机床的进给驱动。

2. 交流伺服电动机的结构

数控机床用于进给驱动的交流伺服电动机大多采用三相交流永磁同步电动机。在结构上,三相同步电动机的定子装有三相对称绕组,转子为永久磁极。当定子三相绕组中通入三相电源后,就会在电动机的定、转子之间产生一个旋转磁场,这个旋转磁场的转速称为同步转速。由于转子是一个永久磁极,因此,转子的转速也就是转子磁场的转速。由电机学理论可知,三相同步电动机的电磁转矩只能在定子旋转磁场和转子磁场完全同步时才能发挥作用,所以这种电磁转矩也称同步转矩。

交流伺服电动机通常在轴端装有转子位置检测器,通过检测转子角度用以变频控制,转子位置检测器一般由光电编码器或霍耳开关组成。变频控制的方式有他控变频和自控变频两类。和直流伺服电动机相比,三相同步电动机没有机械换向器和电刷,避免了换向火花产生和机械磨损等,同时又可获得和直流伺服电动机相同的调速性能。

和异步电动机相比,由于同步电动机转子有磁极,在很低的频率下也能运行,因此,在相同的条件下,同步电动机的调速范围比异步电动机更宽。同时,同步电动机比异步电动机对转矩扰动具有更强的承受能力,能做出更快的响应。

综合上述因素,三相永磁同步电动机作为交流伺服电动机在当前的数控机床进给驱动中得到广泛应用。图5-34所示为西门子1FT5系列三相交流永磁同步电动机的结构简图。

交流伺服电动机的机械特性曲线如图5-35所示。

在连续工作区,转速与转矩的输出组合都可长时间连续运行;在断续工作区,电动机可间断运行。交流伺服电动机的机械特性比直流伺服电动机更硬,断续工作范围更大。

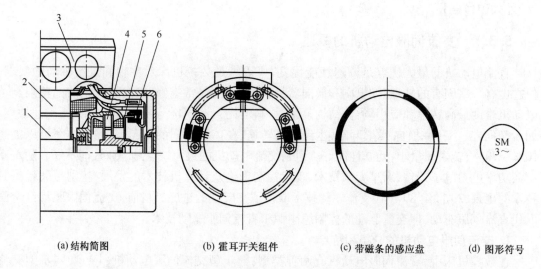

| (a) 结构简图 | (b) 霍耳开关组件 | (c) 带磁条的感应盘 | (d) 图形符号 |

图 5-34　西门子 1FT5 三相交流永磁同步电动机的结构简图

1—转子;2—定子;3—接线盒;4—测速发电机;5—带磁条的感应盘;6—霍耳开关组件。

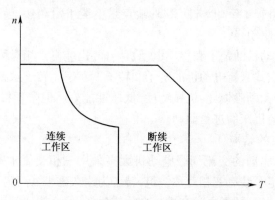

图 5-35　交流伺服电动机机械特性曲线

交流伺服电动机的主要特性参数有:

(1) 额定功率:电动机长时间连续运行所能输出的最大功率,数值上约为额定转矩与额定转速的乘积。

(2) 额定转矩:电动机在额定转速以下所能输出的长时间工作转矩。

(3) 额定转速:由额定功率和额定转矩决定,通常在额定转速以上工作时,随着转速升高,电动机所能输出的长时间工作转矩要下降。

(4) 瞬时最大转矩:电动机所能输出的瞬时最大转矩。

(5) 最高转速:电动机的最高工作转速。

(6) 电动机转子惯量。

值得一提的是,随着直线电动机技术的发展,直线电动机有应用在进给驱动中的趋势。直线电动机的运行轨迹为直线,因此在进给伺服驱动中省去了滚珠丝杠螺母副等传动元件,使机床运动部件的快速性、精度和刚度得到了提高。图 5-36 所示为直线电动机的结构组成。

3. 交流主轴电动机

交流主轴电动机采用三相交流异步电动机。电动机总体结构由定子及转子构成,定子上

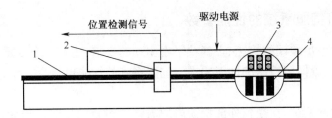

图 5-36　直线电动机结构组成

1—直线位移检测装置；2—测量部件；3——次绕组(励磁绕组)；4—二次绕组(永久励磁)。

有固定的三相绕组，转子铁芯上开有许多槽，每个槽内装有一根导体，所有导体两端短接在端环上，如果去掉铁芯，转子绕组的形状像一个鼠笼，所以叫笼形转子。

定子绕组通入三相交流电后，在电动机气隙中产生一个旋转磁场，称为同步转速。转子绕组中必须要有一定大小的电流以产生足够的电磁转矩带动负载，而转子绕组中的电流以产生足够的电磁转矩带动负载，而转子绕组中的电流是由旋转磁场切割转子绕组而感应产生的。要产生一定数量的电流，转子转速必须低于磁场转速，因此，异步电动机也称笼形感应电动机。

交流主轴电动机恒转矩与恒功率调速之比约为1∶3，过载能力1.2~1.5倍，过载时间从几分钟到半小时不等。

当交流主轴电动机采用矢量变频控制时，主轴电动机一般采用光电编码器作为转速反馈和转子位置检测用于磁场定向的控制。图 5-37 所示为西门子 1PH5 系列交流主轴电动机外形图。同轴连接的 ROD323 光电编码器用于测速和矢量变频控制，具体见有关章节内容。

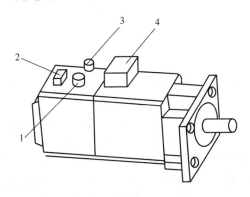

图 5-37　西门子 1PH5 交流主轴电动机

1—轴端编码器 ROD323(1024 脉冲/r)及电机温度传感器插座；2—冷却电机接线盒；
3—主轴定位及 C 轴进给的轴端编码器(18000 脉冲/r)插座；4—主轴电机电源接线盒。

主轴驱动目前主要有两种形式：①主轴电动机带齿轮换挡变速，以增大传动比，放大主轴功率，满足切削加工的需要；②主轴电动机通过同步齿形带驱动主轴，该类主轴电动机又称宽域电动机或强切削电动机，具有恒功率宽、调速比大等特点。采用强切削电动机后，由于无需机械变速，主轴箱内省去了齿轮和离合器，主轴箱实际上成为了主轴支架，简化了主传动系统。

目前，电主轴在数控机床的主轴驱动中得到了越来越多的应用，所谓电主轴就是将主轴和主轴电动机合为一体，电动机转子主轴本身就是主轴，这样进一步简化了机床结构，提高了主轴传动的精度。

5.3.2 交流伺服系统的性能参数

伺服系统要求满足预期的快速、正确及平稳驱动的要求,还有一个重要的问题是通过合适的参数调整,满足位置伺服控制的性能要求。伺服系统的性能包括稳态性能和动态性能。

1. 稳态性能

一个稳定的控制系统,在受到外部扰动后均需经过短暂的过渡过程才能从一个稳定状态进入到另一个稳定状态。数控机床位置伺服系统的稳态性能就是指在到达新的稳态后,实际状态与期望状态之间的偏差程度,也称为定位精度,一般数控机床的定位精度不低于0.01mm,高性能的定位精度可达到0.001 mm。影响稳定精度的因素,一是位置测量的误差,它由测量装置和测量误差造成;二是系统误差,误差与系统输入的性质和形式有关,也与系统本身的结构和参数有关。

1)典型输入信号

在伺服系统的分析中常用到以下几种典型的输入信号:

(1)位置阶跃输入。点位控制伺服系统以位置阶跃的信号形式进行给定输入,如图5－38(a)所示,当阶跃的幅值 $A=1$ 时,称为单位阶跃信号。

(2)位置斜坡输入。这种位置输入随时间作线性变化,所以也称为速度输入,如图5－38(b)所示。在轮廓切削加工中常以位置斜坡输入进行分析。

(3)扰动输入。除了给定的输入信号外,在伺服系统控制中还存在着扰动输入。凡是力图使系统脱离给定输入跟踪的输入量,统称为扰动输入。负载变动引起的扰动常以阶跃输入的形式进行分析。

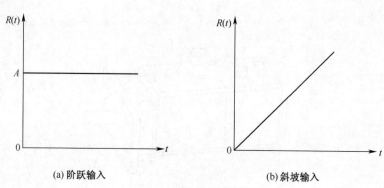

图5－38　典型输入信号

2)稳态误差

由自动控制理论可知,一阶无差系统(也称Ⅰ型系统)对于位置阶跃给定输入的稳态误差为零,而对斜坡给定输入或扰动输入的稳态误差不等于零;而二阶无差系统(也称Ⅱ型系统)则对上述三种输入的稳态误差都等于零。如图5－39所示为Ⅰ型和Ⅱ称型系统跟踪斜坡输入的响应曲线。

图中, $R(t)$ 为斜坡输入, $C(t)$ 为跟踪响应输出。在图5－39(a)中,当恒速输入时,稳态情况下系统的运动速度与速度指令值相同,但两者的瞬时位置有一恒定的滞后。设曲线1为某一坐标轴的位置命令输入曲线 $R(t)$,曲线2为实际运动的位置曲线 $C(t)$ 。在 $t=t_a$ 时刻以后,系统进入稳态,实际位置总是滞后于命令位置一个 E_i 值, E_i 称为跟随误差。例如,在 t_i 时刻,指令位置在 C_i 位置,此时实际位置在 C_i' 点,跟随误差 $E=C_i-C_i'$ 。在 t_e 时刻,插补完成,再没有新

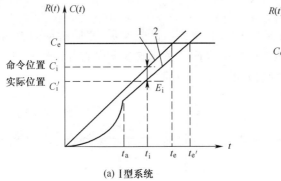
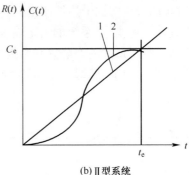

(a) I型系统　　　　　　　　　(b) II型系统

图 5 - 39　斜坡输入的响应曲线

1—位置命令输入曲线 $R(t)$；2—实际运动位置曲线 $C(t)$。

的位置命令发出，此时仍存在跟随误差 E，坐标轴仍继续运动，直到 t'_e 时刻，实际位置到 C_e 位置，即跟随误差为零时才完全停止。跟随误差 E 为

$$E = \frac{v}{K_V} \tag{5-11}$$

式中　v——移动部件(工作台)的运动速度；

　　　K_V——系统开环增益。

K_V 越大，则跟随误差 E 越小，但 K_V 过大时，稳定性变差；在 K_V 一定时，运动速度越大，则跟随误差 E 越大。数控机床的高速进给运动提高了加工效率，但为了同时保证加工精度，就对伺服系统提出了更高的要求。

2. 动态性能

动态就是控制系统从一个稳态向新的稳态转变的过渡过程。伺服系统在控制过程中，几乎始终处于动态过渡过程中。动态指标可分为对给定输入的跟随性能和对扰动输入的抗干扰性能两部分。

1）对给定输入的跟随性能指标

对一个闭环控制系统，通常用输入单位阶跃信号，然后观察它的输出响应过程，从而来评价其动态性能的好坏。图 5 - 40 所示为输入 $R(t)$ 和输出 $C(t)$ 的过程曲线，常用的性能指标有：

（1）上升时间 t_r：是输出响应曲线第一次上升到稳态值 $C(\infty)$ 所需要的时间。

（2）调节时间 t_s：输出响应 $C(t)$ 与稳定值 $C(\infty)$ 的差值小于等于稳态值的 $\pm(2\% \sim 5\%)$，其不再超出所需要的时间。

（3）调节量 $M_P\%$：系统输出响应 t_P 时刻到达最大值其超出稳态值的部分与稳态值的比值称为超调量，通常取百分数形式，即

$$M_P\% = \frac{C(t_P) - C(\infty)}{C(\infty)} \times 100\% \tag{5-12}$$

（4）振荡次数 N：N 为响应曲线在 t_s 时刻之前发生振荡的次数。

以上指标中，调节时间 t_s 越小，表明系统快速跟随的性能越好；调节量 $M_P\%$ 越小，表明系统在跟随过程中比较平稳，但往往也比较迟钝。显然，作为数控机床的伺服系统，希望上述性能指标都能做到越小越好。然而，在实际控制中，快速性要求与平稳性要求相矛盾，需按照加

工工艺的要求在各项性能指标中作出合理的选择。

2）对扰动输入的抗干扰性能指标

抗干扰性能是指：当系统的给定输入不变时，在受到阶跃扰动后，克服扰动的影响而自行恢复的能力。常用最大动态降落和恢复时间指标来衡量系统的抗干扰能力。图 5 - 41 所示为一个调速系统在突加负载时转矩 M 与转速 n 的动态响应曲线。

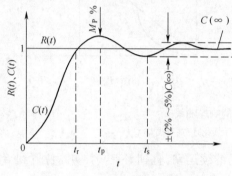

图 5 - 40　动态跟随过程曲线

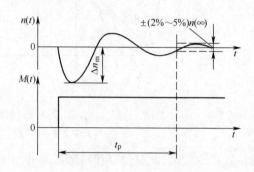

图 5 - 41　突加负载后转速的扰动响应曲线

（1）最大动态速度 Δn_m：表明系统在突加负载后及时作出反应的能力，常以稳态转速的百分比表明：

$$\Delta n_m\% = \frac{\Delta n_m}{n(\infty)} \times 100\% \tag{5-13}$$

（2）恢复时间 t_P：由扰动作用瞬间至输出量恢复到允许范围内（一般取稳态值 ±（2% ~ 5% ））所经历的时间。

根据伺服系统对动态性能的要求，抗干扰性能应使各种扰动输入对系统跟踪精度的影响减小至最小。当扰动负载输入后，同时要做到动态降落与恢复时间两项指标最小有时存在矛盾，一方面，当系统时间常数越大，则输出响应的最大动态降落越小，而恢复时间越长，反之，时间常数越小，动态降落越大，但恢复时间短；另一方面，伺服系统在给定输入作用下输出响应超调量越大，上升时间越短，则它的抗干扰性能就越好，而超调量较小、上升时间较长的系统，恢复时间就长。这就是跟踪性能与抗干扰性能之间存在一定的制约和矛盾的地方，也是闭环控制系统固有的局限性。

3. 伺服系统参数

数控机床伺服系统由位置环和速度环组成，两个环的参数调整是否合适，直接影响到伺服系统的性能。在现代 CNC 系统中，位置环的参数调整可通过系统上的 CRT/MDI 操作进行参数设置，由系统软件进行控制；速度环的参数调整可通过驱动装置上的调节电位器或参数设定来调整。在全数字的数控系统中，由于数控系统与伺服驱动的总线通信，因此位置环和速度环的参数调整可在 CRT/MDI 上进行，并可通过 CRT/MDI 监控伺服系统的状态。

1）增益调整

增益是数控机床伺服系统的重要指标之一，它对稳态精度和动态性能都眼很大的影响。一般将 $K_V<20$ 的伺服系统称为低增益或软伺服系统，而把 $K_V>20$ 的伺服系统称为高增益或硬伺服系统。用于轮廓加工的连续控制应选用高增益系统，而低增益系统多用于点位控制。并非系统的增益越高越好，当输入速度突变时，高增益可能导致输出变化剧烈，机械要受到较大的冲击，有的还可能影响系统的稳定性。低增益系统也有它的优点，如系统调整比较容易、对干扰不敏感、加工的表面粗糙度值小等。

2）调速范围

伺服系统为了达到高速快移和单步点动的目的，要求调速范围很宽。伺服系统在低速情况下实现平稳进给，要求有较大的增益，以克服由静摩擦等因素引起的控制"死区"，避免工作台出现爬行现象。设死区范围为 A，则 $A \leqslant \delta K_V$，其中 δ 为脉冲当量，若取 $\delta = 0.01\,\text{mm}/$脉冲，$K_V = 171/\text{s}$，则最低运动速度 $v_{\min} \geqslant A = 0.01 \times 17 = 0.17\,\text{mm/s} = 10.2\,\text{mm/min}$。

最高运行速度除了加工要求外，从系统控制的角度看有一个检测与反馈的问题。在 CNC 系统中，必须考虑软件处理时间是否足够。若取调速比 $N = 1000$，$K_V = 171/\text{s}$，则对应于最高进给速度 $v_{\max}$ 的脉冲频率 $f_{\max}$：

$$f_{\max} = v_{\max}/\delta = N v_{\min}/\delta = N K_V \delta/\delta = N K_V = 1000 \times 17 = 17\,(\text{kHz})$$

对应于 $f_{\max}$ 的最小时间间隔 $T_{\min} = 1/f_{\max} \approx 59\,\mu\text{s}$，即系统必须在该时间内通过硬件或软件完成位置检测与控制的运算。

同时，还要考虑在允许的跟随误差 E 的条件下的最高进给速度 $v_{\max}$，即 $v_{\max} = K_V E$。表 5.6 所列为 SINUMERIK810 系统部分位置环伺服参数，供参考。

表 5.6　SINUMERIK810 系统伺服参数（部分）

机床数据号	含　义	允许值	标准值	单位
MD252 *	K_V 增益	$0 \sim 10000$	1666	$0.01\,\text{Hz}$
MD260 *	复合增益	$0 \sim 64000$	2700	$1000\,\mu\text{m/min}$
MD276 *	加速度	$0 \sim 2000$	50	$10000\,\mu\text{m/min}$
MD280 *	最大进给速度	$0 \sim 44000$	10000	$1000\,\mu\text{m/min}$
MD332 *	轮廓监控公差带	$0 \sim 32000$	1000	—

表中，252 * 等机床数据号是参数设置的地址值，标准值 1666 等是该地址下的设定数据，在机床调整过程中，根据实际情况，在允许值的范围内进行调整。

图 5-42 所示为 SINUMERIK810CNC 位置伺服监控 CRT 显示，表 5.7 为监控参数的说明。

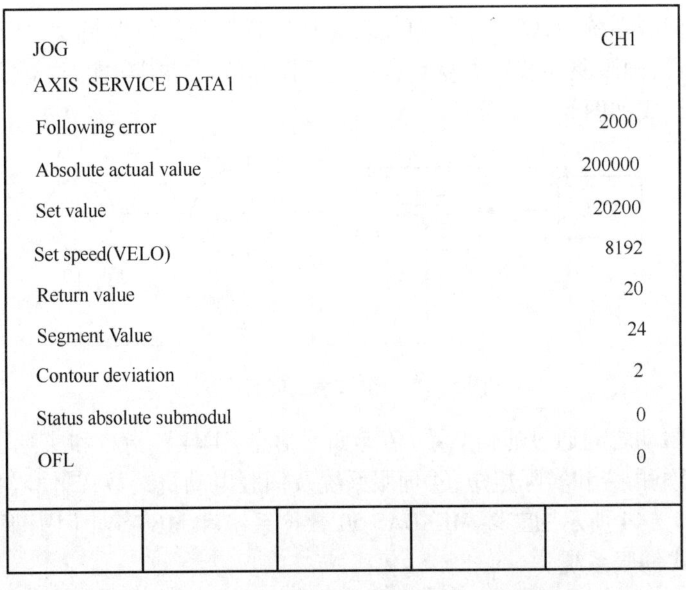

```
JOG                                      CH1
AXIS  SERVICE  DATA1

Following error                          2000

Absolute actual value                    200000

Set value                                20200

Set speed(VELO)                          8192

Return value                             20

Segment Value                            24

Contour deviation                        2

Status absolute submodul                 0

OFL                                      0
```

图 5-42　SINUMERIK 810 伺服监控 CRT 显示

表 5.7　SINUMERIK810 伺服监控说明

名　　称	单　　位	说　　明
跟随误差 Following Error	位控分辨力	指令位置值与实际位置之间的差值
绝对实际值 Absolute Actual Value	位控分辨力	轴的实际位置
指令值 Set Value	位控分辨力	根据编程所指定的目标位置
指令速度 Set Speed	VELO 1VELO=1.22mV	由位置偏差转换成的速度指令模拟电压
实际增量 Return Value	位控分辨力	在每个采样周期中,从测量系统来经倍频后的脉冲数
指令增量 Segment Value	位控分辨力	在每个插补周期中输出到位置控制器的脉冲数
轮廓偏差 Contour Deviation	位控分辨力	由于跟随误差的变化而引起的轮廓偏差
OFL	—	脉冲输入频率超过计数器频率,则置"1"

4. 全数字式伺服系统

1) 全数字式伺服系统的构成

数控机床进给伺服系统是位置随动系统,需要对位置和速度进行精确控制。通常需要处理位置环、速度环和电流环的控制信息,根据这些信息是用软件来处理还是用硬件处理,可以将伺服系统分为全数字式和混合式。

混合式伺服系统是位置环用软件控制,速度环和电流环用硬件控制。在混合式伺服系统中,位置环控制在数控系统中进行,由 CNC 插补得出位置指令值,并由位置采样输入实际值,用软件求出位置偏差,经软件位置调节后得到速度指令值,经 D/A 转换后作为速度控制单元(伺服驱动装置)的速度给定值,通常为模拟电压 −10 ~ +10V。在驱动装置中,经速度和电流调节后,由功率驱动控制伺服电动机转速及转向。

在全数字式伺服系统中,CNC 系统直接将插补运算得到的位置指令以数字信号的形式传送给伺服驱动装置,伺服驱动装置本身具有位置反馈和位置控制功能,独立完成位置控制。全数字式伺服系统组成如图 5–43 所示。

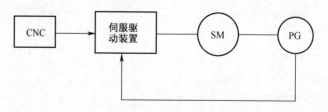

图 5–43　全数字式伺服系统

CNC 与伺服驱动之间通过通信联系,传递如下信息:①位置指令和实际位置;②速度指令和实际速度;③扭矩指令和实际扭矩;④伺服系统及伺服电动机参数;⑤伺服状态和报警;⑥控制方式命令。图 5–44 所示为三菱 MELDAS 50 数控系统和 MR–SVJ 伺服驱动单元和伺服电动机组成全数字式伺服系统。

CNC 与驱动单元通过总线进行通信。CNC 将处理结果通过 SEVRO 端口输出位置控制指令至第 1 轴驱动单元的 CN1 端口,伺服电动机上的名次编码器将位置检测信号反馈至驱动单元的 CN2 端口,在驱动单元中完成位置控制。由于总线通信,第 2 轴的位置控制信号由第 1 轴驱动单元上的 CN1B 端口输出至第 2 轴驱动单元上的 CN1A 端口来完成。

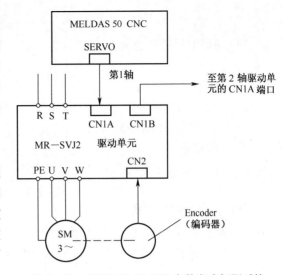

图 5-44 MELDAS 50 CNC 全数字式伺服系统

2）全数字式伺服系统的特点

传统的伺服系统是根据反馈控制原理来设计的,很难达到无跟随误差控制,亦难以同时达到高速度和高精度的要求。全数字式伺服系统利用计算机的硬件和软件技术,采用新的控制方法改善系统的性能,可同时满足高速度和高精度的要求。

（1）系统的位置、速度和电流的校正环节 PID 控制由软件实现。

（2）具有较高的动、静态特性。在检验灵敏度、时间温度漂移、噪声及外部干扰等方面都优于混合式伺服系统。

（3）引入前馈控制,实际上构成了具有反馈和前馈的复合控制的系统结构。这种系统在理论上可以完全消除系统的静态位置误差、速度、加速度误差以及外界扰动引起的误差,即实现完全的"无误差调节"。

（4）由于全数字式伺服系统采用总线通信方式,可极大地减少连接电缆,便于机床安装和维护,提高了系统可靠性。同时便于实时监控伺服状态。

当前,数字式交流伺服系统在数控机床的伺服系统中得到了越来越广泛的应用。和模拟式交流伺服相比,模拟式交流伺服只能接收模拟电压指令信号,功能上具有简单的指示灯光显示（如伺服正常、伺服报警等）,缺乏丰富的自诊断、自测量及显示功能（如显示电流值、指令值及故障类别等）,控制参数用可调电位器调节。

数字式交流伺服可作速度、力矩和位置控制,可接收模拟电压指令信号和脉冲指令,并自带位置环,具有丰富的自诊断、报警功能。不同类型的数字式交流伺服系统,各种控制参数由以下方法以数字方式设定:①通过驱动装置上的显示器和设置按键进行设定;②通过驱动装置上的通信接口和上位机通信进行设定;③通过可分离式编码器和驱动装置上的接口进行设定。

由数字式交流伺服系统发展而来的软件交流伺服系统是将各种控制方式（如速度、力矩和位置等）和不同规格、不同功率伺服电动机的数据分别赋以软件代码全部存入机内,使用时由用户设定软件代码,相关的一系列数据即自动进入工作,改变工作方式或更换电动机规格只需重设代码。通过操作显示可方便地跟踪观察和调整伺服系统的各种状态（如指令电压值、电机电流值、负荷率、当前位置、进给速度和故障类别等）。无需外部信号,可自检、试运行,在数分钟甚至数秒钟内判断出整机的故障范围。

5.3.3 交流伺服电动机的调速原理

1. 交流调速的基本概念

由电机学基本原理可知,交流电动机的同步 n_0 为

$$n_0 = \frac{60f_1}{p} \qquad\qquad (5-14)$$

异步电动机的转子转速 n 为

$$n = \frac{60f_1}{p}(1-S) = n_0(1-S) \qquad\qquad (5-15)$$

式中　f_1——定子供电频率；

　　　p——电动机定子绕组极对数；

　　　S——转差率。

由上式可见，要改变电动机的转速：①改变磁极对数 p；②改变转差率 S；③改变频率 f_1。在数控机床中，交流电动机的调速采用变频调速的方式。

2. 变频调速的控制方式

异步电动机在设计时，主磁通 Φ 参数选择在接近饱和的数值上并保持额定，这样可以充分利用定子铁芯材料，并输出足够的转矩。根据异步电动机的理论，定子平衡方程式为

$$U_1 \approx E = 4.44f_1W_1K_1\Phi \qquad\qquad (5-16)$$

式中　E——定子每相感应电动势；

　　　f_1——定子电源频率；

　　　W_1——定子每相绕组匝数；

　　　K_1——定子每相绕组等效匝数系数；

　　　U_1——相电压；

　　　Φ——每极气隙磁通量。

当采用变频调速时，若定子电势 E 保持恒定，则随着频率 f_1 的上升，气隙磁通量 Φ 势必下降。根据电动机转矩关系

$$T = C_T\Phi I_2\cos\varphi_2 \qquad\qquad (5-17)$$

式中　I_2——转子电枢电流；

　　　φ_2——转子电枢电流的相位角。

由式(5-16)可知，磁通 Φ 的减小势必降低电动机的输出转矩和最大转矩，从而影响电动机的过载能力。相反，若频率 f_1 下降，势必造成磁通 Φ 的增加，使磁路饱和，励磁电流上升，电动机发热就比较严重，这也是不允许的。

式(5-16)中，W_1K_1 为常数，当 U_1 和 f_1 为额定值时，Φ 达到饱和状态，以额定值为界限，供电频率低于额定值时叫基频以下调速，高于额定值时叫基频以上调速。

（1）基频以下调速：由式(5-17)可知，当 Φ 处于饱和值不变时，降低 f_1 必须减小 U_1，保持 U_1/f_1 为常数。若不减小 U_1，将使定子铁芯处在饱和供电状态，这时不但不能增加 Φ，反而会烧坏电机。

图 5-45 所示是恒转矩调速、恒功率调速两种情况下的特性曲线。

在基频以下调速时，保持 Φ 不变，即保持绕组电流不变，转矩不变，为恒转矩调速。

（2）基频以上调速：在基频以上调速时，频

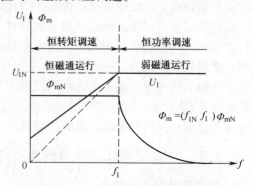

图 5-45　交流电机变频调速特性曲线

率从额定值向上升高,受电动机耐压的影响,相电压不能升高,只能保持额定电压值,在电动机定子内,因供电频率升高,使感抗增加,相电流降低,使磁通 Φ 减小,因而输出转矩也减小,但因转速升高而使输出的功率保持不变,这时为恒功率调速。

【任务实施】

1. 实训装置

NNC－R1A 数控机床综合实验台由八块控制演示板和一台 XK160P 数控铣床组成。其控制演示板布置如图 5－46 所示,控制演示板各部分的组成如下:①电器模块;②系统模块;③主轴模块;④面板模块;⑤I/O 模块;⑥进给模块;⑦电源模块。

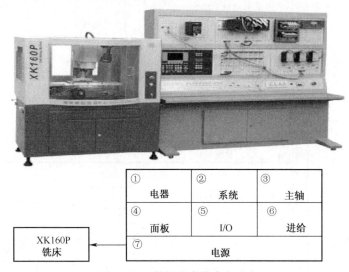

图 5－46　数控机床综合实验台

在 XK160 数控铣床后侧有 8 个电缆接插头,分别接着演示板,如图 5－47 所示。

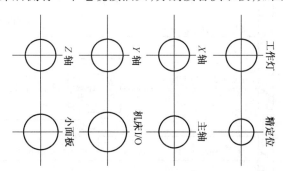

图 5－47　XK160P 铣床后侧有 8 个电缆接插头

2. 实训步骤

(1) 802S Baseline 系统构成见图 5－48。

802S Baseline 由下列各部分组成:①操作面板(OP 020);②铣床面板(MCP);③NC 单元带有全部接口;④输入/输出(DI/O)为 48 输入,16 输出。

(2) 按照图 5－49 所示,为西门子 802S Baseline 系统进行安装接线。

① 数控系统工作电源 X1。L+ 接直流 24V, M 接 24V 地。DC.24V 由外部提供。演示板上的电源已连接好。当合上电源总开关 QS1 和 QS2、机床上的钥匙开关和电源开关 ON 时,数控系统得电。

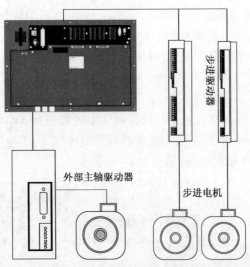

图 5－48　802S Baseline 系统构成

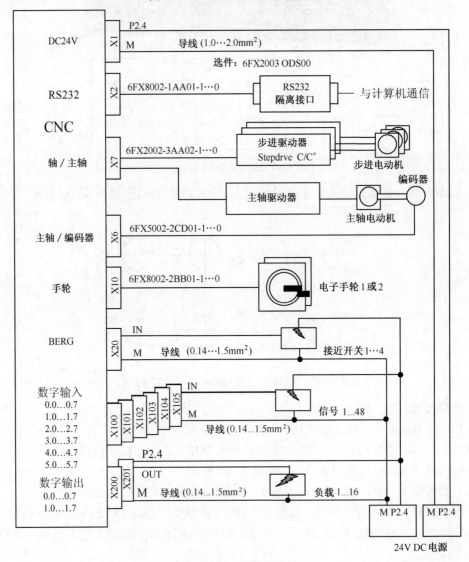

图 5－49　系统连线

② X7 为步进电机驱动信号和模拟主轴控制输出(50 芯)。其各脚号见表 5.8。

表 5.8　驱动器接口 X7 引脚分配(在 SINUMERIKKI 802S base line 中)

引脚	信号	说明	引脚	信号	说明	引脚	信号	说明
1	n. c		18	ENABLE1	O	35	n. c	
2	n. c		19	ENABLE1 _ N	O	36	n. c	
3	n. c		20	ENABLE2	O	37		AO
4	AGND4	AO	21	ENABLE2 _ N	O	38	PULS1 _ N	O
5	PULS1	O	22	M	VO	39	DIR1 _ N	O
6	DIR1	O	23	M	VO	40	PULS2	O
7	PULS2 _ N	O	24	M	VO	41	DIR2	O
8	DIR2 _ N	O	25	M	VO	42	PULS3 _ N	O
9	PULS3	O	26	ENABLE3	O	43	DIR3 _ N	O
10	DIR3	O	27	ENABLE3 _ N	O	44	PULS4	O
11	PULS4 _ N	O	28	ENABLE4	O	45	DIR4	O
12	DIR4 _ N	O	29	ENABLE4 _ N	O	46	n. c	
13	n. c		30	n. c		47	n. c	
14	n. c		31	n. c		48	n. c	
15	n. c		32	n. c		49	n. c	
16	n. c		33	n. c		50	SE4. 2	K
17	SE4. 1	K	34	n. c				

注:主轴使能后,内部使能继电器触点闭合,即使能 1.1 和使能 1.2 导通

③ X6 为主轴编码器输入(15 芯)。铣床无。

④ X20 高速输入接口。其各脚号定义见表 5.9。

表 5.9　X20 高速输入接口

X20:高速输入接口			接线端子		
脚号	信号	说明	脚号	信号	说明
1	RDY1	使能 2.1	6	HI _ 4	
2	RDY2	使能 2.2	7	HI _ 5	
3	HI _ 1	参考点脉冲 X 轴	8	HI _ 6	
4	HI _ 2	参考点脉冲 Y 轴	9	M	24V 地
5	HI _ 3	参考点脉冲 Z 轴	10	M	24V 地

注:NC 使能后,内部使能继电器触点闭合,即使能 2.1 和使能 2.2 导通

来自接近开关的参考点脉冲信号(9 芯孔插座)接入演示板下方的 9 芯针插座 X20 上,它经故障设置接至 X20 蓝色框中的相应端子,再接入系统。见图 5-50。

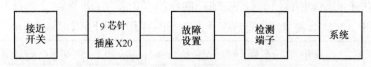

图 5-50　高速输入

具体操作过程：

① 将系统模块演示板下方的 X7 接至进给演示板的 X7；将系统板上的 X20 插头插上。

② 将 I/O 模块演示板左下方的 X100 插头插上。

③ 将电器模块演示板的 RDY1 与 RDY2 用接插件分别连接到系统演示板 X20 的 RDY1 与 RDY2 上。

电器模块演示板的上方由以下器件组成：4 个空气开关（QS1~QS4）；1 个接触器（KM0）；24V 开关电源：AC220/DC24V；1 个直流 24V 小型继电器（KA0）。

电器模块板后方有：变压器：AC220/AC40V；电桥：整流滤波电路。

④ 连接并检查系统模块演示板与主轴演示板的连接，虚线为连接线。

⑤ 连接并检查 I/O 模块演示板与主轴模块演示板的连接。

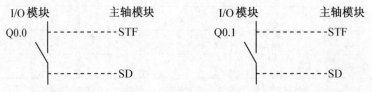

⑥ 为了给 I/O 模块提供 24V 电源，将电源模块演示板上的 24V 电源连接至 I/O 模块演示板的相应端子。

⑦ 将电源总开关合上后，交流 220V 电源进入实验台，电压表和电流表将有显示，插座上有 220V 电压，可供外部测试仪器通电使用。

【自我测试】

1. 交流伺服电动机的特点是什么？

2. 交流伺服电动机的主要特性参数有哪些？

3. 伺服系统的性能包括稳态和动态性能。什么叫稳态性能？什么叫动态性能？

4. 什么叫恒转矩调速？什么叫恒功率调速？

任务 4　变频器的使用

【任务描述】

（1）通过学习使学生掌握变频技术以及变频器的功用、SPWM 变频器的优点。

（2）了解三相 SPWM 脉宽调制、矢量变换的 SPWM 变频器。

【任务分析】

本任务研究变频调速的基本控制方法，变频技术及三相 SPWM 脉宽调制，矢量变换的

SPWM 变频器,交流伺服电动机驱动系统。

【知识链接】

5.4.1 变频调速的基本控制方法

1. 交流变频调速技术

变频技术,简单地说就是把直流电逆变成不同频率的交流电,或是把交流电变成直流电再逆变成不同频率的交流电,或是把直流电变成交流电再把交流电变成直流电。总之这一切都是电能不发生变化,而只有频率的变化。

数控机床上应用最多的是变频调速。变频调速的主要环节是能为交流电动机提供变频电源的变频器。变频器的功用是:将频率固定(电网频率为 50Hz)的交流电,变换成频率连续可调(0~400Hz)的交流电。变频器可分为交—直—交变频器和交—交变频器两大类,结构对比如图 5-51 所示,性能对比见表 5.10。

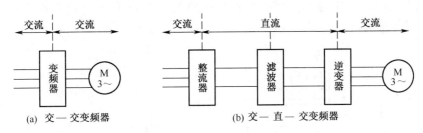

图 5-51 两种类型的变频器

表 5.10 交—交变频器与交—直—交变频器的主要特点比较

	交—交变频器	交—直—交变频器
换能方式	一次换能,效率较高	二次换能,效率略低
换流方式	电网电压换流	强迫换流或负载换流
装置元件数量	较多	较少
元件利用率	较低	较高
调频范围	输出最高频率为电网频率	频率调节范围宽
电网功率因数	较低	如用可控整流桥调压,则低频低压时功率因数低;如用斩波器或 PWM 方式调压,则功率因数高
适用场合	低速大功率拖动	可用于各种拖动装置,稳频稳压电源和不停电电源

由图 5-51 可知,交—交变频器不经过中间环节,把频率固定的交流电直接变换成频率连续可调的交流电。因此只需一次电能的转换,效率高,工作可靠,但是频率的变化范围有限。交—直—交变频器是先将频率固定的交流电整流成直流电,再把直流电逆变成频率可变的交流电。交—直—交变频器虽需两次电能的变换,但频率变化范围不受限制。在数控机床上一般采用交—直—交型的正弦波脉宽调制(SPWM)变频器和矢量变换控制的(SPWM)调速系统。

2. SPWM 脉宽调制

SPWM 变频器属于交—直—交静止变频装置,它将 50Hz 交流电经变压器得到所需要电压后,经二极管不可控整流和电容滤波,形成恒定直流电压,再送入 6 个大功率晶体管构成的逆变器主电路,输出三相频率和电压均可调整的等效于正弦波的脉宽调制波(SPWM 波),即可拖动三相异步电动机运转。

SPWM 变频器不受负载大小的影响,系统动态响应快,输出波形好,使电动机可在近似正弦波的交变电压下运行,脉动转矩小,扩展了调速范围,提高了调速性能,因此在数控机床的交流驱动中得到了广泛应用。

1)一相 SPWM 调制波的产生

在直流电动机 PWM 调速系统中,PWM 输出电压是由三角波载波调制直流电压得到的。同理,在交流 SPWM 中,输出电压是由三角波载波调制的正弦电压得到,如图 5 - 52 所示。三角波和正弦波的频率比通常为 15 ~ 168 或更高。SPWM 的输出电压 U_0 是一个幅值相等、宽度不等的方波信号。其各脉冲的面积与正弦波下的面积成比例,所以脉宽基本上按正弦分布,其基波是等效正弦波。用这个输出脉冲信号经功率放大后作为交流伺服电动机的相电压(电流)。改变正弦基波的频率就可改变电机相电压(电流)的频率,实现调频调速的目的。

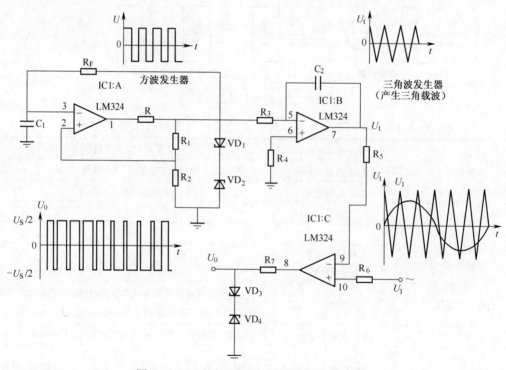

图 5 - 52 双极性 SPWM 波调制原理图(一相)

在调制过程中可以是双极调制(如图 5 - 52 中的调制是双极性调制),也可以是单极调制(如图 5 - 53 是单极性 SPWM 调制波)。在双极性调制过程中同时得到正负完整的输出 SPWM 波(图 5 - 53)。当控制电压 U_1 高于三角波电压 U_t 时,比较器输出电压为“高”电平,否则输出“低”电平。只要正弦控制波 U_1 的最大值低于三角波的幅值,调制结果必然形成图中左边输出(U_0)的等幅不等宽的 SPWM 脉宽调制波。双极性调制能同时调制出正半波和负半波。而单极调制只能调制出正半波或负半波,再把调制波倒相得到另外半波形,然后相加得到一个完整的 SPWM 波。

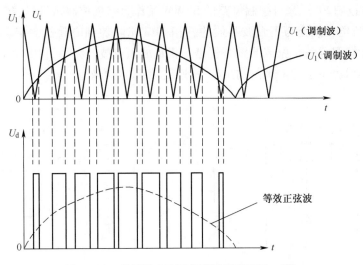

图 5-53 单极性 SPWM 波调制波形图(一相)

在图 5-53 中,比较器输出的"高"电平和"低"电平控制图 14-5 中功率开关管的基极,即控制它的通和断两种状态。双极式控制时,功率管同一桥臂上下两个开关器件交替通断,处于互补工作方式。在图 5-53 中我们看到输出脉冲的最大值为 $U_s/2$,最小值是$-U_s/2$,以图5-55 中 A 相为例,当处于最大值时 VT_4 导通。B 和 C 相同理。

可以证明,由输入正弦控制信号和三角波调制所得脉冲波的基波是和输入正弦波等同的正弦输出信号。这种 SPWM 调制波能够有效地抑制高次谐波电压。

2)三相 SPWM 波的调制

在三相 SPWM 调制中,三角调制波是共用的(图 5-54),而每一相有一个输入正弦信号和一个 SPWM 调制器。输入的 u_a、u_b、u_c 信号是相位相差 $120°$ 的正弦交流信号,其幅值和频率都是可调的。用来改变输出的等效正弦波的幅值和频率,以得到对电动机的控制。

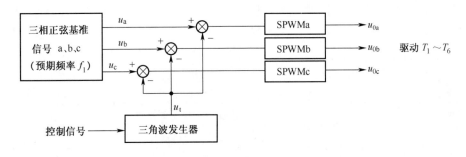

图 5-54 三相 SPWM 控制电路原理框图

3)SPWM 变频器的功率放大

SPWM 调制波经功率放大后才能驱动电动机。图 5-55 为双极性 SPWM 通用型功率放大主回路。图左侧是桥式整流放大电路,将工频交流电变成直流电;右侧是逆变器,用 $VT_1 \sim VT_6$ 六个大功率开关管把直流电变成脉宽按正弦规律变化的等效正弦交流电,用来驱动交流电机。图 5-54 中输出的 SPWM 调制波 u_{0a}、u_{0b}、u_{0c} 及它们的反向波 $\bar{u}_{0a}$、$\bar{u}_{0b}$、$\bar{u}_{0c}$ 控制图 5-55 中$VT_1 \sim$ VT_6基极。$VD_7 \sim VD_{12}$ 是续流二极管,用来导通电动机绕组产生的反电动势。功放输出端(右端)接在电动机上。由于电动机绕组电感的滤波作用,其电流则变成正弦波。三相输出电压

（电流）相位上相差120°。来自控制电路的SPWM波作为基极控制信号，控制六个晶体管的导通或截止，将直流电变换为与正弦波等效的三相SPWM波加到电动机的定子绕组上，驱动电动机旋转。定子绕组等效正弦波的频率就是三相基准正弦波的频率，它决定了电动机的转速；等效正弦波的福值决定了电动机的输出功率或所能带动的负载。

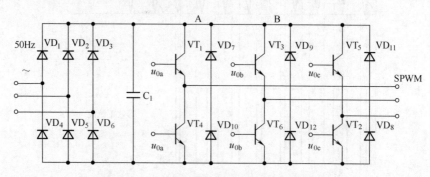

图5-55 双极性SPWM通用型功率放大回路

3. 交流伺服电动机驱动系统

1）交流伺服电动机驱动装置

本节以上海开通数控有限公司KT220系列交流伺服驱动系统为例，介绍交流伺服电动机驱动装置的使用方法。KT220系列交流伺服驱动系统为双轴驱动，即在一个驱动模块内含有两个驱动器，可以同时驱动两个伺服电动机。为了使读者了解交流伺服电动机及其驱动装置的功能及性能指标，表5.11和表5.12分别列出了交流伺服电动机部分驱动模块及电动机的规格。

表5.11 交流伺服电动机驱动模块的规格

驱动模块规格	1515		3015		3030		5030		5050	
轴号	I	II	I	II	I	II	I	II	I	II
适配电动机型号	19	19	30	19	30	30	40	30	40	40
电流规格/A	15	15	25	15	25	25	50	20	50	50
控制方式	矢量控制IPM正弦波PWM									
速度控制范围	1：10000									
转矩限制	0～220%额定力矩									
转矩监测	连接DC 1mA表头									
转速监测	连接DC 1mA表头									
反馈信号	增量式编码器2045P/R（标准）									
位置输出信号	相位差为90°的A、$\overline{A}$、B、$\overline{B}$、及Z、$\overline{Z}$									
报警功能	过流，短路，过速，过热，过压，欠压									

由表5.11和表5.12可以看出，交流伺服电动机本身已附装了增量式光电编码器，用于电动机控制速度及位置反馈使用。目前许多数控机床均采用这种半闭环的控制方式，而无需在机床导轨上安装传感器。若需全闭环控制，则需在机床上安装光栅等传感器。

此外，由表5.11可以看出，在交流伺服电动机驱动模块中还具有转矩监测和转速监测两个输出信号，供用户对电动机的转矩和转速进行监测。

表 5.12 交流伺服电动机的规格

类 别	交流伺服电动机					
型 号	19		30		40	
额定输出/kW	0.39	0.53	1.1	1.6	3.0	4.4
额定转矩/N·m	1.8	2.6	5.3	7.6	14.3	21.0
零速转矩/N·m	2.1	3.3	6.8	10.0	21.0	30.0
最大转矩/N·m	5.9		19.6		45.0	
转动惯量/(kg·cm/s)	0.0042		0.021		0.135	
额定转速/(r/min)	2000					
最高转速/(r/min)	2000					
内装件	增量式光电编码器冷却风扇(风冷)温度传感器					
选择件	机械式制度器					

交流伺服电动机驱动器的外形如图 5-55所示,其面板由四部分组成,即左侧的接线端子排、Ⅰ轴信号连接器、Ⅱ轴信号连接器以及工作状态显示部分。下面重点介绍这几部分的含义及电动机连接方式的内容。

表 5.13 给出了接线端子排中各端子的意义。表 5.13 中再生放电电阻的作用是通过泄放能量来达到限制电压的目的。KT220伺服驱动器需外接再生放电电阻。机械负载惯量折算到电动机轴端为电动机惯量的 4 倍以下时,一般都能正常运行。当惯量太大时,在电动机减速或制动时将出现过电压报警,即面板上的 ALM(Ⅰ)、ALM(Ⅱ)灯亮。表 5.13 中其他接线端子接线的方式可参考有关标准接线图。图 5-56 中Ⅰ轴信号连接器 CN2 与Ⅱ轴信号连接器 CN2 相同,其各脚号的意义见表 5.14。图 5-56 中 CN3 为编码器连接端子,其各脚号的意义见表 5.15。

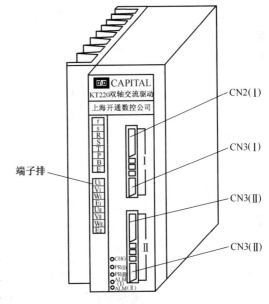

图 5-56 交流伺服电动机驱动器的外形图

表 5.13 接线端子排的意义

	端子记号	名 称	意 义
TB1 输入侧	r,s	控制电源端子	1Φ 交流电源 220V (-15%~+10%)50Hz
	R、S、T	主回路电源端子	3Φ 交流电源 220V (-15%~+10%)50Hz
	P、B	再生放电电阻端子	接外部放电电阻
	E	接地端子	接大地
TB2 输出侧	UⅠ、VⅠ、WⅠ、EⅠ	电动机接线端子	接至电动机Ⅰ的三相进线及接地
	UⅡ、VⅡ、WⅡ、EⅡ	电动机接线端子	接至电动机Ⅱ的三相进线及接地

表 5.14 信号连接器各脚号的意义(Ⅰ、Ⅱ轴相同)

脚号	记号	名 称	意 义
CN2-1	-5V	-5V 电源	调试用,用户不能使用
CN2-2	GND	信号公共端	
CN2-7	+DIFF	速度指令(+差动)	0~±10V 对应于
CN2-19	-DIFF	速度指令(-差动)	0~±2000r/min
CN2-22	BCOM	0V(+24V)	+24V 的参考点
CN2-23	-ENABLE	负使能(输入)	接入+24V,允许反转
CN2-11	+ENABLE	正使能(输入)	接入+24V,允许正转
CN2-8	TORMO	转矩监测(输出)	输出与电动机转矩成比例的电压(±2V 对应于最大转矩)
CN2-20	VOMO	转速监测(输出)	输出与电动机转矩成比例的电压(±2V 对应于最大转速)
CN2-21	GND	监测公共点	
CN2-18	$\overline{Z}$	$\overline{Z}$ 相信号(输出)	
CN2-5	Z	Z 相信号(输出)	
CN2-17	$\overline{B}$	$\overline{B}$ 相信号(输出)	
CN2-4	B	B 相信号(输出)	编码器脉冲输出(线驱动方式)
CN2-16	$\overline{A}$	$\overline{A}$ 相信号(输出)	
CN2-3	A	A 相信号(输出)	
CN2-6	GND	信号公共端	
CN2-14	E	接地端子	用于屏蔽线接地
CN2-24	PR	驱动使能(输入)	接+24V,允许电动机运行
CN2-13	RCOM	伺服准备好公共端	集电极开路输出
CN2-12	READY	伺服准备好(输出)	正常时,输出三极管射极、集电极导通
CN2-15	+5V	+5V 电源	调试用,用户不能使用

表 5.14 中一些信号的说明如下:

(1)速度指令信号±DIFF(CN2-7、19):速度指令信号范围为 0~±10V,对应电动机转速 0~±2000r/min 最大转速,当+DIFF 处输入电压相对于-DIFF 为正电压时,电动机正转(从负载侧看为反时针方向);为负电压时,电动机反转。

(2)驱动使能信号 PR(CN2-24):驱动使能信号与+24V 接通,速度指令电压有效,若在电动机运转时断开,电动机将自由运转直至停止。

(3)正使能信号+ENABLE(CN2-11):正使能信号与+24V 接通后允许电动机正转,又可作正向限位开关的常闭触点,一旦被断开,那么正转转矩指令即为零,此时电动机立即停止转动。

(4)负使能信号-ENABLE(CN2-23):负使能信号与+24V 接通后允许电动机反转,又可作负向限位开关的常闭触点,一旦被断开,那么反转转矩指令即为零,此时电动机立即停止转动。

(5)伺服准备好信号 READY(CN2-12):当开机正常,驱动器输出伺服准备好信号。

表 5.15　编码器连接端子

脚　号	记　号	名　称	编码器侧连接器端子
CN3 - 1	Z	Z 相信号	C
CN3 - 2	$\overline{B}$	$\overline{B}$ 相信号	I
CN3 - 3	B	B 相信号	B
CN3 - 4	$\overline{A}$	$\overline{A}$ 相信号	H
CN3 - 5	A	A 相信号	A
CN3 - 6	$\overline{Z}$	$\overline{Z}$ 相信号	J
CN3 - 7	GND	信号公共端	F
CN3 - 8	+5V	+5V 电源	D
CN3 - 9	E	接线端子、接屏蔽线 G	

此外,应注意 CN2 中编码器脉冲的输出信号是供控制器进行位置监测使用的信号。

一些厂家的交流伺服驱动器(如 Panasonic 的全数字式交流伺服驱动器)还带有 RS - 232C 串行接口,通过该接口可将计算机与交流伺服驱动器相连,并且由计算机对交流伺服驱动器进行控制和操作。用户可以通过计算机对所连的交流伺服驱动器进行参数设置和修改,也可以通过计算机的 CRT 来监视交流伺服驱动器的工作状况。计算机控制系统的构成如图 5 - 57 所示。

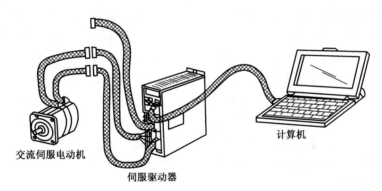

图 5 - 57　交流伺服电动机计算机控制系统

2)变频调速器在数控机床上的应用

机床大体上分为两类,以车床为代表工件旋转和以钻床、铣床、磨床为代表刀具或磨具旋转进行加工。表 5.16 为典型机床所要求的大致规格和适用变频器的种类。

表 5.16　典型机床主轴的概略要求规格

	车　床	加工中心	铣床、钻床	磨床
调速范围	1∶100 ~200	1∶100 ~200	1∶100	1∶2
速度精度/%	0.2	0.2	5	5
	矢量控制	矢量控制	V/F 控制	V/F 控制
加减速性能	有要求(2 ~4s)	有要求(1 ~3s)	无特别要求	无特别要求
4 象限运转	需要	需要	不需要	不需要
特殊功能	定向	定向	不需要	不需要
适用变频器的种类	部分为通用变频器,部分为专用变频器	专用变频器	一般为通用变频器,高级机床为专用变频器	通用变频器

铣床、钻床要求调速范围比较大,一般需要同机械变速机构配合,在进行切削螺纹等特殊加工时速度精确要求较高。磨床是最早采用变频器的机床设备,磨床采用的电动机主轴对额定运行频率要求一般为200Hz~2000Hz。另外,对于最新的高级磨床,采用变频调速电动机转矩脉动的降低是一个研究课题,但随着开关器件的发展、开关频率的提高,通过变频器的控制性能大大提高,采用通用V/F型变频器已经足够满足铣床、钻床、磨床及一般要求的机床主轴等对于驱动的要求。

5.4.2　矢量变换的 SPWM 变频器

矢量控制是一种新型控制技术。应用这种技术,已使交流调速系统的静、动态性能接近或达到直流电动机的高性能。在数控机床的主轴与进给驱动中,矢量控制应用日益广泛,并有取代直流驱动之势。

1. 矢量控制的概念

我们知道,直流电动机具有两套绕组:励磁绕组和电枢绕组,如图5-58(a)所示。两套绕组在机械上是独立的,在空间上互差90°;两套绕组在电气上也是分开的,分别由不同电源供电,励磁电流 i_m(调节磁通 Φ_m)和电枢电流 i_a 在各自回路中,分别可调、可控,是一种典型的解耦控制,在励磁电流 i_m 恒定时,直流电动机所产生的电磁转矩 T 和电枢电流 i_a 成正比,控制直流电动机的电枢电流 i_a 就可以控制电动机的转矩 T;在电枢电流 i_a 恒定时,直流电动机所产生的电磁转矩 T 和励磁电流 i_m 成正比,控制直流电动机的励磁电流 i_m 就可以控制电动机的转矩 T。当闭环控制时,可以很方便地构成速度、电流双闭环控制,系统具有良好的静动态性能。

矢量控制是把交流电动机解析成与直流电动机一样,根据磁场及其正交的电流的乘积就是转矩的这一基本原理,从理论上将电动机定子侧电流分解成建立磁场的励磁分量和产生转矩的转矩分量的两个正交矢量来处理,然后分别进行控制,故称矢量控制。也就是说,矢量控制是一种高性能异步电动机控制方式,它基于电动机的动态数学模型,通过控制交流电动机定子电流的幅值和相位,分别控制电动机的转矩电流和励磁电流,具有与直流电动机调速类似或者更加优越的控制功能。

2. 矢量控制原理

我们首先对于三相异步电动机的情况进行以下分析:

(1)定子三相绕组通过正弦对称交流电时产生随时间和空间都在变化的旋转磁场。

(2)转子磁场和定子旋转磁场之间不存在垂直关系。

(3)笼形异步电动机转子是短路的,只能在定子方面调节电流,组成定子电流的两个成分励磁电流和转矩都在变化,同时存在非线性关系,因此对这两部分电流不可能分别调节和控制。

异步电动机在空间上产生的是旋转磁场,如果要模拟直流电动机的电枢磁场与励磁绕组产生的磁场垂直,并且电枢和励磁磁场强弱分别可调,可设想如图5-58(b)所示的异步电动机 M、T 两相绕组旋转模型。该模型有两个互相垂直绕组:M 绕组和 T 绕组,且以同步角频率 ω_1 在空间旋转。M、T 绕组分别通以直流电流 i_m、i_t。i_m 在 M 绕组轴线方向产生磁场,称 i_m 为励磁电流,调节 i_m 大小可以调节磁场强弱。i_t 在 T 绕组轴线方向产生磁势,这个磁势总是与磁场同步旋转,而且总是与磁场方向垂直,调节的大小可以在磁场不变时改变转矩大小,称 i_t 为转矩电流。i_m、i_t 分属于 M、T 绕组,因此分别可调、可控。可以想象,当观察者站到两相电动机铁

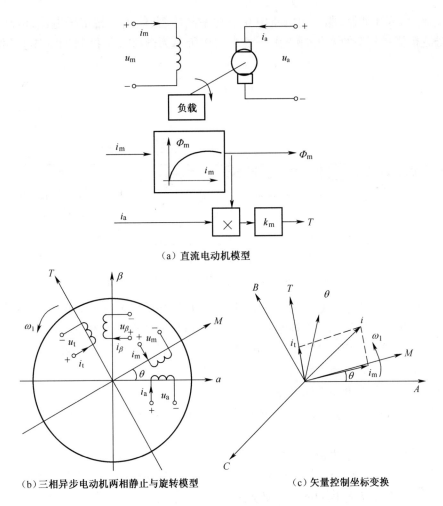

（a）直流电动机模型

（b）三相异步电动机两相静止与旋转模型　　（c）矢量控制坐标变换

图 5-58　矢量控制原理

芯上和绕组一起旋转时,在他看来就是两个通以直流的相互垂直的固定绕组。如果取磁通位置和 M 轴重合,就和等效的直流电动机绕组没有差别了,其中,M 绕组相当于励磁绕组,T 绕组相当于电枢绕组,我们可以像控制直流电动机那样去控制两相旋转的交流电动机了。可以证明,在 M-T 直角坐标系上,异步电动机的数学模型和直流电动机数学模型是极为相似的。因此,异步电动机如果按照 M、T 两相绕组模型运行就可以满足直流电动机调速好的条件。即利用"等效"的概念,将三相交流电机输入电流变换为等效的直流电机中彼此独立的电枢电流和励磁电流,然后和直流电机一样,通过对这两个量的反馈控制,实现对电机的转矩控制;再通过相反的变换,将被控制的等效直流电机还原为三相交流电机,那么三相电机的调速性能就完全体现了直流电机调速性能。这就是矢量控制的基本构思。

　　矢量变换控制的 SPWM 调速系统,是将通过矢量变换得到相应的交流电动机的三相电压控制信号,作为 SPWM 系统的给定基准正弦波,即可实现对交流电动机的调速。该系统实现了转矩与磁通的独立控制,控制方式与直流电动机相同,可获得与直流电动机相同的调速控制特性,满足了数控机床进给驱动的恒转矩、宽调速的要求,也可以满足主轴驱动中恒功率调速的要求,在数控机床上得到了广泛的应用。

　　矢量变换 SPWM 变频调速实现的方法,就是通过矢量变换获得幅值和频率可调的三相控制正弦波,经 SPWM 调制,驱动主电路中 6 个功率晶体管,输出三相定子电流,电动机转速随控制正弦波幅值和频率的变化而变化。图 5－59 所示为微机矢量控制 SPWM 变频调速系统框图。

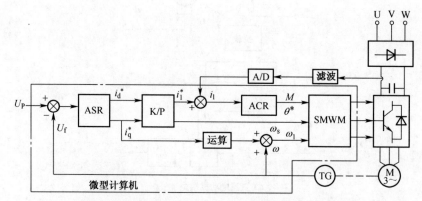

图 5－59　微机矢量控制 SPWM 变频调速系统框图

系统采用转差频率式矢量控制。励磁分量是预置的恒值,无磁通调节环节,有速度环和电流环控制。SPWM 发生器的三个控制量是:基波相电压幅值调制系数 M、负载角 θ、基波角频率 ω_1。控制这三个量,可同时控制定子电流的幅值和相位角。目前,全数字微机控制的变频器已能适应复杂的速度控制系统,大大提高了可靠性。

矢量变换调速系统的主要特性如下:

（1）速度控制精度和过渡过程响应时间与直流电动机大致相同,调速精度可达到 ±0.1%。

（2）自动弱磁控制与直流电动机调速系统相同,弱磁调速范围为 4：1。

（3）过载能力强,能承受冲击负载、突然加减速和突然可逆运行;能实现四象限运行。

（4）性能良好的矢量控制的交流调速系统比直流调速系统效率高约 2%,不存在直流电机火花问题。

【任务实施】

1. 变频器使用操作的训练步骤

（1）将主轴模块（端子 2、5）与系统模块（±10V、G）的连接线断开。

（2）熟悉变频器前面板操作键的基本作用。

【操作面板】（不能从变频器上取下操作面板,见图 5－60）:

（3）端子接线图如图 5－61 所示。

备注:

＊1.　只限于有 RS－485 通信功能的型号。

＊2.　漏型、源型逻辑可以切换,详细请参照使用手册。

＊3.　设定器操作频度高的情况下,请使用 2W、1kΩ 的旋钮电位器。

＊4.　端子 SD 和端子 5 是公共端子,请不要接地。

＊5.　根据输入端子功能选择（Pr. 60 ～ Pr. 63）可以改变端子的功能（RES,RL,RM,RH,RT,AU,STOP,MRS,OH,RES,JOG,X14,X16,STR）。

＊6.　根据输出端子功能选择（Pr. 64,Pr. 65）可以改变端子的功能（RUN,SU,OL,FU,RY,Y12,Y13,FDN,FUP,RL,LF,ABC 信号选择）。

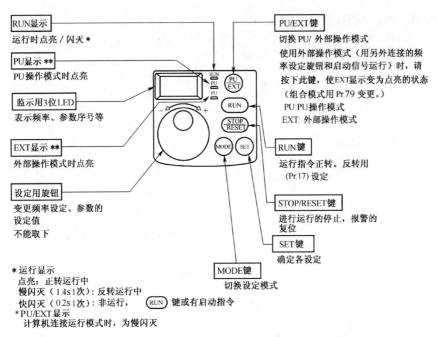

RUN显示
运行时点亮 / 闪灭 *

PU显示 **
PU操作模式时点亮

监示用3位LED
表示频率、参数序号等

EXT显示 **
外部操作模式时点亮

设定用旋钮
变更频率设定、参数的
设定值
不能取下

PU/EXT键
切换 PU/ 外部操作模式
使用外部操作模式（用另外连接的频
率设定旋钮和启动信号运行）时，请
按下此键，使EXT显示变为点亮的状态
（组合模式用 Pr.79 变更。）
PU:PU操作模式
EXT: 外部操作模式

RUN键
运行指令正转。反转用
(Pr.17) 设定

STOP/RESET键
进行运行的停止，报警的
复位

SET键
确定各设定

MODE键
切换设定模式

* 运行显示
　点亮：正转运行中
　慢闪灭（1.4s1次）：反转运行中
　快闪灭（0.2s1次）：非运行， (RUN) 键或有启动指令
* PU/EXT显示
　计算机连接运行模式时，为慢闪灭

图 5-60　操作面板

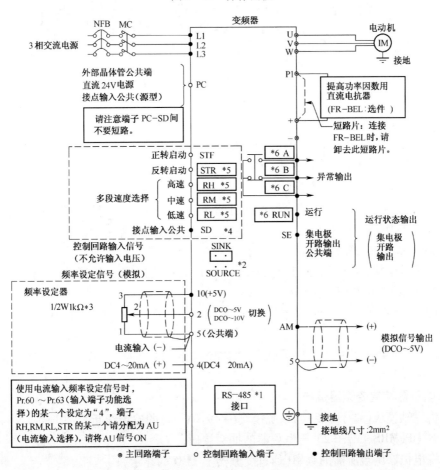

图 5-61　变频器端子接线图

（4）操作面板的基本操作,见图 5 - 62。

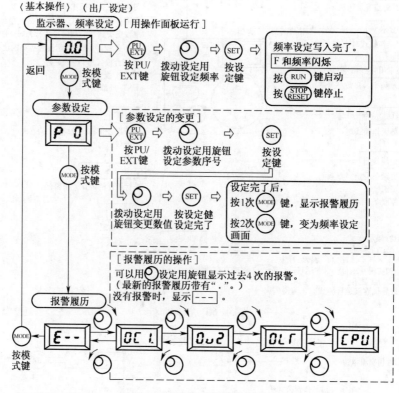

图 5 - 62　操作面板的基本操作

（5）参数设定举例。

把 Pr. 7 的设定值从 5s 变到 10s(图 5 - 63)。

参数的详细说明请参照使用手册。

（6）基本功能参数一览表(表 5. 17)。

※出厂设定值,根据变频器的容量不同有所不同,FR-S540-1.5K,2.2K-CH 为 5% ,FR-S540-3.7K-CH 为 4% 。

2. 用数控系统控制变频器运行

（1）将主轴模块(端子 2、5)与系统模块(+/-10V、G)的连接线接通;

（2）在机床控制面板上选择 MDI 方式;

（3）键入"M03S500"→"回车/输入"→"数控启动",观察 Q0. 0,Q0. 1 和变频器的 LED 的显示;

（4）键入"M04S800"→"回车/输入"→"数控启动",观察 Q0. 0,Q0. 1 和变频器的 LED 的显示。

3. 用电位器控制变频器运行

（1）将主轴模块(端子 2、5)与系统模块(+/-10V、G)的连接线断开;

（2）将主轴模块 (端子 2) 与电位器的抽头接通;

（3）将电位器调至所需的频率(通过变频器上 LED 的显示);

（4）将主轴模块端子 STF 拨至 ON,观察主轴的旋转;

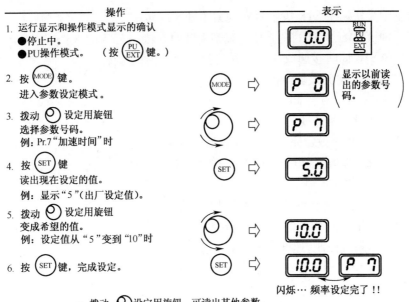

操作

1. 运行显示和操作模式显示的确认
   ● 停止中。
   ● PU操作模式。 （按 (PU/EXT) 键。）

2. 按 (MODE) 键。
   进入参数设定模式。

3. 拨动 设定用旋钮
   选择参数号码。
   例：Pr.7"加速时间"时

4. 按 (SET) 键
   读出现在设定的值。
   例：显示"5"（出厂设定值）。

5. 拨动 设定用旋钮
   变成希望的值。
   例：设定值从"5"变到"10"时

6. 按 (SET) 键，完成设定。

表示

0.0   RUN PU EXT

(MODE) ⇨ P 0   显示以前读出的参数号码。

⇨ P 7

(SET) ⇨ 5.0

⇨ 10.0

(SET) ⇨ 10.0 P 7

闪烁… 频率设定完了！！

- 拨动 设定用旋钮，可读出其他参数。
- 按 (SET) 键，再次显示设定值。
- 按2次 (SET) 键，则显示下一个参数。

参数设定完了后，按1次 (MODE) 键，显示报警履历，按2次 (MODE) 键，回到显示器显示。如果变更其他参数的设定值，请按上述3~6的步骤操作。

图5-63 参数设定

表5.17 基本功能参数一览表

参数	名 称	表示	设定范围	最小设定单位	出厂设定值	用户设定值
0	转矩提升	P0	0~15%	0.1%	6%/5%/4%	
1	上限频率	P1	0~120Hz	0.1Hz	50Hz	
2	下限频率	P2	0~120Hz	0.1Hz	0Hz	
3	基波频率	P3	0~120Hz	0.1Hz	50Hz	
4	3速设定,高速	P4	0~120Hz	0.1Hz	50Hz	
5	3速设定,中速	P5	0~120Hz	0.1Hz	30Hz	
6	3速设定,低速	P6	0~120Hz	0.1Hz	10Hz	
7	加速时间	P7	0~999s	0.1s	5s	
8	减速时间	P8	0~999s	s	5s	
9	电子过电流保护	P9	0~50A	0.1A	额定输出 I_N	
30	扩张功能显示选择	P30	0,1	1	0	
79	操作模式选择	P79	0~4,7,8	1	0	

（5）将主轴模块端子 STR 拨至 ON,观察主轴的旋转；

（6） STF 和 STR 同时接通或同时断开主轴,观察主轴的旋转。

4. 用变频器内部速度(参数设定)控制变频器运行

（1）分别将主轴模块上端子 RH,RM,RL 接通；

（2）将主轴模块端子 STF 拨至 ON，观察主轴的旋转；

（3）将主轴模块端子 STR 拨至 ON，观察主轴的旋转；

（4）STF 和 STR 同时接通或同时断开主轴，观察主轴的旋转。

5. 用操作面板控制变频器运行

（1）按 PU/EXT 键，选择 PU 方式；

（2）拨动旋钮设定所需要的频率；

（3）按 SET 键，频率设定完成，F 和所设频率交替闪烁；

（4）按 RUN 键启动主轴电机，观察主轴的旋转；

（5）按 STOP 键停止主轴。

6. 主轴的正反转和速度也可用两种方式同时控制

（1）正反转由系统控制，速度由电位器控制；

（2）正反转由系统控制，速度由 RH、RM、RL 控制；

（3）正反转由 SFT、STR 控制，速度由系统控制。

【自我测试】

1. 什么叫变频技术？ 变频器的功用是什么？

2. SPWM 变频器有什么优点？

3. 通用变频器中的"通用"如何解释？

4. 通用变频器的结构有哪 10 个部分？

6 项目六 数控系统的PLC控制与接口技术

☞学习目标

1. 培养目标

(1) 熟练掌握 PLC 的基本概念、基本构成,了解 PLC 的发展历程和应用情况。

(2) 了解不同系列三菱 PLC 的基本特点,FX_{2N} 系列 PLC 的型号、外部端子的功能与连接方法。了解 PLC 技术应用的一般方法。

2. 技能目标

(1) 掌握基本控制电路的 PLC 控制连接与调试。

(2) 掌握数控机床的步进电动机、液压尾座、润滑系统和主轴运动的控制与调试。

任务1　FX_{2N} 系列 PLC 的认识

【任务描述】

(1) 掌握 PLC 的特点和主要功能。

(2) 掌握 PLC 的定义、结构和组成。

【任务分析】

本任务主要介绍可编程控制器的定义、特点和结构组成,输入和输出回路的连接。

【知识链接】

6.1.1　PLC 的特点和主要功能

1. PLC 的特点

作为应用最为广泛的自动控制装置之一,PLC 具有十分突出的特点及优势,主要表现在以下几个方面。

(1) 可靠性高,抗干扰能力强。传统"继电器—接触器"控制系统中使用了大量的中间继电器、时间继电器、接触器等机电设备元件,由于触点接触不良,容易出现故障。可编程控制器用软元件代替实际的继电器与接触器,仅有与输入/输出有关的少量硬件,接线只有"继电器—接触器"控制的 1% ~ 10%,故障几率也就大为减少。

另外,可编程控制器本身采取了一系列抗干扰措施,可以直接用于有强电磁干扰的工业现场,平均无故障运行时间达数万小时,因此,被广大用户公认为是最可靠的工业控制设备之一。

(2) 编程简单易学。梯形图是使用得最多的可编程控制器编程语言,其电路符号和表达方式与继电器电路原理图基本相似。梯形图语言形象直观,易学易懂,熟悉继电器电路图的电气技术人员不需专门培训就可以熟悉梯形图语言,并用来编制用户程序。

梯形图语言实际上是一种面向用户的高级语言,可编程控制器在执行梯形图程序时,用解释程序将它"翻译"成汇编语言后再去执行。

(3) 功能完善,适应性强。可编程控制器产品已经标准化、系列化、模块化,配备有品种齐全的各种硬件装置供用户选用,用户能灵活方便地进行系统配置,组成不同功能、不同规模的系统。可编程控制器的安装接线也很方便,一般用接线端子连接外部电路。可编程控制器有较强的带负载能力,可以直接驱动一般的电磁阀和交流接触器。硬件配置完成后,可以通过修改用户程序,方便快速地适应工艺条件的变化。

针对不同的工业现场信号,如交流与直流、开关量与模拟量、电流与电压、脉冲与电位等,PLC 都有相应的 I/O 接口模块与工业现场设备直接连接,用户可根据需要,非常方便地进行配置,组成实用、紧凑的控制系统。

(4) 使用简单,调试维修方便。可编程控制器用软件功能取代了继电器控制系统中大量的中间继电器、时间继电器、计数器等器件,使控制柜的设计、安装、接线工作量大大减少。

可编程控制器的梯形图程序一般采用顺序设计法,这种编程方法很有规律,很容易掌握。对于复杂的控制系统,梯形图的设计时间比设计继电器系统电路图的时间要少得多。可编程控制器的用户程序可以在实验室模拟调试,输入信号用小开关来模拟,通过可编程控制器上的发光二极管可观察输出信号的状态。完成了系统的安装和接线后,在现场的统调过程中发现的问题一般通过修改程序就可以解决,系统的调试时间大为减少。

可编程控制器的故障率很低,且有完善的自诊断和显示功能。可编程控制器或外部的输入装置和执行机构发生故障时,可以根据可编程控制器上的发光二极管或编程器提供的信息,迅速地查明故障的原因,用更换模块的方法迅速地排除故障。

(5) 体积小,重量轻,功耗低。对于复杂的控制系统,使用可编程控制器后,可以减少大量的中间继电器和时间继电器,小型可编程控制器的体积仅相当于几个继电器的大小,因此可将开关柜的体积缩小到原来的 1/10 ~ 1/2,重量也大为降低。

可编程控制器的配线比继电器控制系统的配线少得多,故可以省下大量的配线和附件,减少安装接线工时,加上开关柜体积的缩小,可以节省大量的费用。

2. PLC 的主要功能

PLC 的应用范围极其广阔,经过三十多年的发展,已广泛用于机械制造、汽车、冶金等各行各业,甚至可以说,只要有控制系统的地方,就一定有 PLC 存在。概括起来,PLC 的应用主要表现在以下几个方面。

(1) 开关量控制。可编程序控制器具有"与"、"或"、"非"等逻辑功能,可以实现触点和电路的串、并联,代替继电器进行组合逻辑控制、定时控制与顺序逻辑控制。数字量逻辑控制可以用于单台设备,也可以用于自动生产线,其应用领域已遍及各行各业,甚至深入到家庭。

(2) 模拟量控制。很多 PLC 都具有模拟量处理功能,通过模拟量 I/O 模块可对温度、压力、速度、流量等连续变化的信号进行控制。某些 PLC 还具有 PID 闭环控制功能,这一功能可以用 PID 子程序或专用的 PID 模块来实现。PID 闭环控制功能已经广泛地应用于轻工、化工、机械、冶金、电力、建材等行业,自动焊机控制、锅炉运行控制、连轧机的速度控制等都是典型的闭环过程控制应用的实例。

(3) 运动控制。可编程控制器使用专用的运动控制模块,对直线运动或圆周运动的位置、速度和加速度进行控制,可实现单轴、双轴、三轴和多轴位置控制,使运动控制与顺序控制功能有机地结合在一起。可编程控制器的运动控制功能广泛地用于各种机械,如金属切削机床、金属成型机械、装配机械、机器人、电梯等场合。

(4) 数据处理。现代的可编程控制器具有数学运算(包括四则运算、矩阵运算、函数运算、逻辑运算等)、数据传送、比较、转换、排序、查表等功能,可以完成数据的采集、分析和处理。这些数据可以与储存在存储器中的参考值比较,也可以用通信功能传送到别的智能装置,或者将它们打印制表。数据处理一般用于大型控制系统,如无人柔性制造系统,也可以用于过程控制系统。

(5) 通信联网。可编程控制器的通信包括主机与远程 I/O 设备之间的通信、多台可编程控制器之间的通信、可编程控制器和其他智能控制设备(如计算机、变频器、数控装置)之间的通信。可编程控制器与其他智能控制设备一起,可以组成"集中管理、分散控制"的多级分布式控制系统,形成工厂的自动化控制网络。

6.1.2　PLC 的定义、结构和组成

1. PLC 的定义

早期的可编程控制器主要是用来替代"继电器-接触器"控制系统的,因此功能较为简单,只进行简单的开关量逻辑控制,称为可编程逻辑控制器(Programmable Logic Controller),简称 PLC。

随着微电子技术、计算机技术和通信技术的发展,20 世纪 70 年代后期,微处理器被用作可编程控制器的中央处理单元(Central Processing Unit,CPU),从而大大扩展了可编程控制器的功能,除了进行开关量逻辑控制外,还具有模拟量控制、高速计数、PID 回路调节、远程 I/O 和网络通信等许多功能。1980 年,美国电气制造商协会(National Electrical Manufacturers Association,NEMA)将其正式命名为可编程控制器(Programmable Controller,PC),其定义为:"PC 是一种数字式的电子装置,它使用可编程序的存储器以及存储指令,能够完成逻辑、顺序、定时、计数及算术运算等功能,并通过数字或模拟的输入、输出接口控制各种机械或生产过程"。

1987 年 2 月,国际电工委员会(International Electro technical Commission,IEC)在颁布的可编程控制器标准草案的第二稿中将其进一步定义为:"可编程控制器是一种数字运算操作的电子系统,专为在工业环境下应用而设计。它采用可编程序的存储器,用来在其内部存储执行逻辑运算、顺序控制、定时、计数和算术运算等操作的指令,并通过数字式、模拟式的输入和输出,控制各种类型的机械或生产过程。可编程控制器及其有关设备,都应按易于与工业控制器系统连成一个整体、易于扩充其功能的原则设计"。

从上述定义可以看出,可编程控制器是一种"专为在工业环境下应用而设计"的"数字运算操作的电子系统",可以认为其实质是一台工业控制用计算机。为了避免同常用的个人计算机(Personal Computer)的简称 PC 混淆,通常仍习惯性地把可编程控制器称为 PLC,本书也沿用 PLC 这一叫法。

2. FX$_{2N}$ 系列 PLC 的结构和组成

1) PLC 的硬件结构

由于 PLC 实质为一种工业控制用计算机,所以,与一般的微型计算机相同,也是由硬件系统和软件系统两部分组成。从硬件上看,PLC 的结构如图 6-1 所示。

从图中可以看出,PLC 主要由 CPU、存储器、电源、输入/输出单元、编程器及其他外部设备组成。

(1) CPU。与通用计算机一样,CPU 是 PLC 的核心部件,在 PLC 控制系统中的作用类似于人体的神经中枢,整个 PLC 的工作过程都是在 CPU 的统一指挥和协调下进行的。它不断地采集输入信号,执行用户程序,然后刷新系统的输出。PLC 常用的 CPU 有通用微处理器、单片

机和位片式微处理器。小型PLC大多采用8位微处理器或单片机,中型PLC大多采用16位微处理器或单片机,大型PLC大多采用高速位片式处理器。PLC的档次越高,所用的CPU的位数也越多,运算速度也越快,功能也就越强。

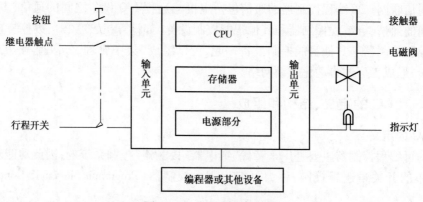

图6-1　PLC的硬件结构

（2）存储器。PLC配有两种存储器:系统存储器和用户存储器。系统存储器存放系统程序,用户存储器存放用户编制的控制程序。衡量存储的容量大小的单位为"步"。因为系统程序用来管理PLC系统,不能由用户直接存取,所以,PLC产品样本或说明书中所列的存储器类型及其容量,系指用户程序存储器而言。如某PLC存储器容量为4K步,即是指用户程序存储器的容量。PLC所配的用户存储器的容量大小差别很大,通常中小型PLC的用户存储器存储容量在8KB以下,大型PLC的存储容量可超过256KB。

（3）电源。PLC配有开关式稳压电源的电源模块,用来将外部供电电源转换成供PLC内部CPU、存储器和I/O接口等电路工作所需的直流电源。PLC的电源部件有很好的稳压措施,一般允许外部电源电压在额定值的±10%范围内波动。小型PLC的电源往往和CPU单元合为一体,大中型PLC都配有专用电源部件。为防止在外部电源发生故障的情况下,PLC内部程序和数据等重要信息的丢失,PLC还配有锂电池作为后备电源。

（4）输入/输出单元。实际生产过程中产生的输入信号多种多样,信号电平也各不相同,而PLC所能处理的信号只能是标准电平,因此必须通过输入单元将这些信号转换成CPU能够接收和处理的标准信号。同样,外部执行元件如电磁阀、接触器、继电器等所需的控制信号电平也千差万别,也必须通过输出模块将CPU输出的标准电平信号转换成这些执行元件所能接收的控制信号。所以,输入/输出单元实际上是CPU与现场输入/输出设备之间的连接部件,起着PLC与被控对象间传递输入/输出信息的作用。

（5）编程器。编程器是PLC的最重要的外围设备,它不仅可以写入用户程序,可以对用户程序进行检查、调试和修改,还可以在线监视PLC的工作状态。编程器一般分为简易编程器和图形编程器两类。简易编程器功能较少,一般只能用语句表形式进行编程,需要连机工作。它体积小,重量轻,便于携带,适合小型PLC使用。图形编程器既可以用指令语句进行编程,又可以用梯形图编程。操作方便,功能强大,但价格相对较高,通常大中型PLC采用图形编程器。应该说明的是,目前很多PLC都可利用微型计算机作为编程工具,只要配上相应的硬件接口和软件,就可以用包括梯形图在内的多种编程语言进行编程,同时还具有很强的监控功能。

（6）I/O扩展单元。I/O扩展单元用来扩展输入、输出点数。当用户所需的输入、输出点数超过 PLC 基本单元的输入、输出点数时,就需要加上 I/O 扩展单元来扩展,以适应控制系统的要求。这些单元一般通过专用 I/O 扩展接口或专用 I/O 扩展模板与 PLC 相连接。I/O 扩展单元本身还可具有扩展接口,可具备再扩展能力。

(7) 数据通信接口。PLC 系统可实现各种标准的数据通信或网络接口,以实现 PLC 与 PLC 之间的链接,或者实现 PLC 与其他具有标准通信接口的设备之间的连接。通过各种专用通信接口,可将 PLC 接入工业以太网、PROFIBUS 总线等各种工业自动控制网络。利用专用的数据通信接口可以减轻 CPU 处理通信的负担,并减少用户对通信功能的编程工作。

PLC 按控制规模的大小,可分为小型、中型和大型三种类型。小型 PLC 的 I/O 点数在 256 点以下,存储容量在 8K 步以内,具有逻辑运算、定时、计数、移位、自诊断和监控等基本要求。

2) FX_{2N} 系列 PLC 的外部结构

如图 6-2 所示为 FX_{2N} 主机的外形结构图。I/O 点的类别、编号及使用说明如下所述。

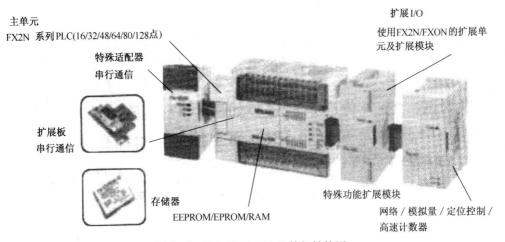

图 6-2　FX_{2N} 系列 PLC 的外部结构图

I/O 端子是 PLC 与外部输入、输出设备连接的通道。输入端子(X)位于机器的一侧,而输出端子(Y)位于机器的另一侧。虽然 I/O 点的数量、类别随机器的型号不同而不同,但 I/O 点数量及编号规则完全相同。FX_{2N} 系列 PLC 的 I/O 点编号采用 8 进制,即 000～007、010～017、020～027……,输入点前面加"X",输出点前面加"Y"。扩展单元和 I/O 扩展模块,其 I/O 点编号应紧接在基本单元的 I/O 编号之后,依次分配编号。

I/O 点的作用是将 I/O 设备与 PLC 进行连接,使 PLC 与现场设备构成控制系统,以便从现场通过输入设备(元件)得到信息(输入),或将经过处理后的控制命令通过输出设备(元件)送到现场(输出),从而实现自动控制的目的。

输入回路的连接如图 6-3 所示。输入回路的实现是将 COM 通过输入元件(如按钮、转换开关、行程开关、继电器的触点、传感器等)连接到对应的输入点上,再通过输入点 X 将信息送到 PLC 内部。一旦某个输入元件状态发生变化,对应的输入继电器 X 的状态也就随之变化,PLC 在输入采样阶段即可获取这些信息。

输出回路就是 PLC 的负载驱动回路,输出回路的连接如图 6-4 所示。通过输出点,将负载和负载电源连接成一个回路,这样负载就由 PLC 输出的 ON/OFF 进行控制,输出点动作,负载得到驱动。负载电源的规格应根据负载的需要输出点的技术规格进行选择。

在实现输入/输出回路时,应注意的事项如下:

（1）I/O 点的共 COM 问题。一般情况下，每个 I/O 点应有两个端子，为了减少 I/O 端子的个数，PLC 内部已将其中一个 I/O 继电器的端子与公共端 COM 连接，如图 6-5 所示。输出端子一般采用每 4 个点共 COM 连接，如图 6-4 所示。

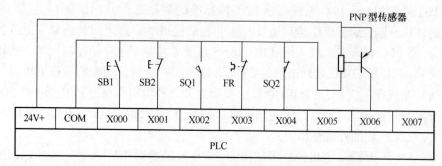

图 6-3　输入回路的连接

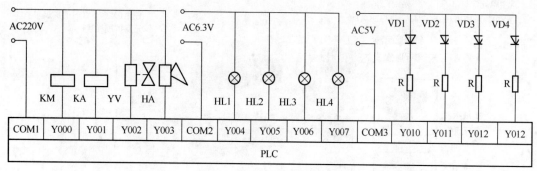

图 6-4　输出回路的连接

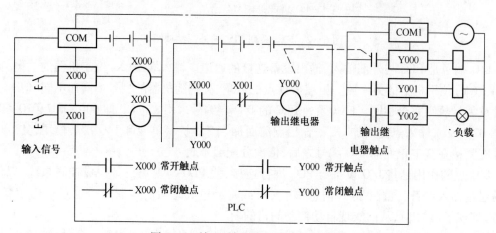

图 6-5　输入/输出继电器功能示意图

（2）输出点的技术规格。不同的输出类别，有不同的技术规格。应根据负载的类别、大小、负载电源的等级、响应的时间等选择不同类别的输出形式，详见表 6.1。

（3）多种负载和不同负载电源共存的处理。在输出共用一个公共端子的范围内，必须用同一电压类型和同一电压等级；而不同公共点组可使用不同电压类型和电压等级的负载，如图 6-5 所示。

PLC I/O 点类别、技术规格及使用说明如下所述。

为了适应控制的需要，PLC I/O 具有不同的类别，其输入分直流输入和交流输入两种形式;输出分继电器输出、可控硅输出和晶体管输出三种形式。继电器输出和可控硅输出适用于大电流输出场合;晶体管输出、可控硅输出适用于快速频繁动作的场合。相同驱动能力,继电器输出形式价格较低。三种输出形式技术规格如表6.1所列。

表6.1 三种输出形式技术规格

项　目		继电器输出	可控硅开关元件输出	晶体管输出
机型		FX_{2N}基本单元 扩展单元 扩展模块	FX_{2N}基本单元 扩展模块	FX_{2N}基本单元 扩展单元 扩展模块
内部电源		AC250V,DC30V以下	AC85～242V	DC5～30V
电路绝缘		机械绝缘	光控晶闸管绝缘	光耦合器绝缘
动作显示		继电器螺线管通电时LED灯亮	光控晶闸管驱动时LED灯亮	光耦合驱动时LED灯亮
最大负载	电阻负载	2A/1点、8A/4点公用、8A/8点公用	0.3A/1点、0.8A/4点	0.5A/1点、0.8A/4点、(Y000、Y001以外)0.3A/1点(Y000、Y001)
	感性负载	80V·A	15V·A/AC100V、30V·A/AC200V	12W/DC24V(Y000、Y001以外)、7.2W/DC24V(Y000、Y001)
	灯负载	100W	20W	1.5W/DC24V(Y000、Y001以外)、0.9/DC24V(Y000、Y001)
开路漏电流		—	1mA/AC100V、2Ma/ac200V	0.1mA/DC30V
最小负载		DC5V2mA(参考值)	0.4V·A/AC100V、1.6V·A/AC200V	—
响应时间	OFF→ON	约10ms	1ms以下	0.2ms以下
	ON→OFF	约10ms	10ms以下	0.2ms以下

3)FX_{2N}系列PLC型号

FX系列PLC的型号表示如下:

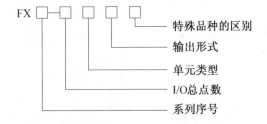

系列序号:0、0S、0N、2、2C、1S、2N、2NC。

单元类型:M——基本单元;E——输入输出混合扩展单元及扩展模块;EX——输入专用扩展模块;EY——输出专用扩展模块。

输出形式:R——继电器输出;T——晶体管输出;S——晶闸管输出。

特殊品种区别:D——DC电源,DC输入;A1——AC电源,AC输入;H——大电流输出扩展模块(1A/1点);V——立式端子排的扩展模块;C——接插口输入输出方式;F——输入滤波器1ms的扩展模块;L——TTL输入扩展模块;S——独立端子(无公共端)扩展模块。

若特殊品种一项无符号,说明通指 AC 电源、DC 输入,横排端子排;继电器输出 2A/1 点;晶体管输出 0.5A/1 点;晶闸管输出 0.3A/1 点。

例如,FX$_{2N}$-48MRD 含义为 FX$_{2N}$ 系列,输入输出总点数为 48 点,继电器输出,DC 电源,DC 输入基本单元。

FX 还有一些特殊的功能模块,如模拟量输入/输出模块、通信接口模块及外围设备等,使用时可以参照 FX 系列 PLC 产品手册。

常用的 FX$_{2N}$ 系列 PLC 基本单元、扩展单元、特殊功能模块的型号及功能如表 6.2 所列。

表 6.2　常用的 FX$_{2N}$ 系列 PLC 基本单元、扩展单元、特殊功能模块型号及功能

分类	型　号	I/O 点数		备　　注
		I	O	
基本单元(BU)	FX$_{2N}$-16M	8	8	后缀:R——继电器输出;T——晶体管输出;S——晶闸管输出。 有内部电源,CPU,I/O,存储器,能单独使用(FX$_{2N}$-16M、FX$_{2N}$-128M 无可控硅输出型)
	FX$_{2N}$-32M	16	16	
	FX$_{2N}$-48M	24	24	
	FX$_{2N}$-64M	32	32	
	FX$_{2N}$-80M	40	40	
	FX$_{2N}$-128M	64	64	
扩展单元(EU)	FX$_{2N}$-32ER/ET	16	16	有内部电源,I/O,无 CPU,不能单独使用,只能和 BU 合并使用
	FX$_{2N}$-48ER/ET	24	24	
扩展模块(EB)	FX$_{0N}$-8ER	4	4	无电源、CPU,仅提供 I/O,不能单独使用,电源从 BU 或 EU 获得
	FX$_{0N}$-8EX	8	—	
	FX$_{0N}$-8EYR/T	—	8	
	FX$_{0N}$-16EX	16	—	
	FX$_{0N}$-16EYR/T	—	16	
	FX$_{2N}$-16EX	16	—	
	FX$_{2N}$-16EYR/T	—	16	
特殊功能模块(SEB)	FX$_{2N}$-CNV-IF	—		FX$_{2N}$ 与 FX$_2$ 系列 SEB 连接的转换电缆
	FX$_{2N}$-4DA	8		模拟量输出模块(4 路)
	FX$_{2N}$-4DA	8		模拟量输出模块(4 路)
	FX$_{2N}$-4DA-PT	8		温度控制模块(铂电阻)
	FX$_{2N}$-4DA-TC	8		温度控制模块(热电偶)
	FX$_{2N}$-1HC	8		50kHz 二相高速计数单元
	FX$_{2N}$-1PG	8		100kpps 脉冲输出模块
	FX$_{2N}$-232IF	8		RS232 通信接口
特殊功能板	FX$_{2N}$-8AV-BD	—		容量适配器
	FX$_{2N}$-422-BD	—		RS422 通信板

【任务实施】

1. 任务实施所需训练设备和元器件

任务实施所需训练设备和元器件见表 6.3。

表 6.3　实训设备和元件明细表

名称	型号或规格	数量	名称	型号或规格	数量
可编程控制器	FX$_{2N}$ - 48MR	1 台	按钮	LA10 - 1	2 只
计算机	带三菱编程软件、编程电缆	1 套	三相电动机	1.1KW/380V	1 台
交流接触器	CJ20 - 10	1 只	导线		若干
指示灯	220V/15W	2 只			

2. 训练的一般步骤和要求

1）训练内容和控制要求

根据提供的接线图与程序,教师预先将指令程序录入 PLC,参照图 15-6 完成接线。学员自己根据要求操作,并观察 PLC 的运行情况和计算机的监视情况,体会系统组成和控制要求,理解 PLC 控制的意义和应用情况。

根据 PLC 面板的标注,分析 PLC 的型号等相关信息。根据模块化 PLC 实物,分析 PLC 的硬件结构,指出 PLC 主机、I/O 模块、电源模块等。

通过以上训练,使学生认识 PLC 技术应用训练的一般步骤。

2）输入/输出的点分配

（1）分析被控制对象的工艺条件和控制要求。

（2）指出 PLC 各部分的结构组成;认识手持编程器、编程适配器、通信电缆等。

（3）分析模块化 PLC 各模块的名称和作用。

（4）根据被控对象对 PLC 系统的功能要求和所需要输入/输出的点数,选择适当类型的 PLC。分配输入/输出的点,如表 6.4 所列。

表 6.4　输入点和输出点(I/O)分配表

输入信号(I)			输出信号(O)		
名称	代号	输入点编号	名称	代号	输出点编号
停止按钮	SB1	X0	交流接触器	KM	Y0
启动按钮	SB	X1	指示灯 1	HL1	Y1
			指示灯 2	HL2	Y2

3）PLC(I/O)的接线图

本项目训练的 PLC(I/O)的接线如图 6-6 所示。

注意:图中没有标出 PLC 电源的接线,在实训接线时必须接上。

4）程序设计

（1）根据被控对象的工艺条件和控制要求,设计梯形图或状态转移图。

（2）根据梯形图,编写指令程序,用编程器将指令程序录入 PLC。

5）运行与调试程序

调试系统,首先按系统接线图连接好系统,然后根据控制要求对系统进行调试,直到符合要求。

按照图 6-7 提供的梯形图写入 PLC,并将计算机和 PLC 通信连接好,学员按照以下步骤观察。

（1）PLC 通电,但置于非运行(RUN)状态。观察 PLC 面板上的 LED 指示灯和计算机上显示程序中各触点和线圈的状态。

（2）PLC 置于运行 RUN 状态，按下启动按钮，观察接触器 KM 及指示灯状态和计算机上显示程序中各触点和线圈的状态。

（3）断开 PLC 的电源 5s 后，再通电（PLC 在运行 RUN 状态），观察接触器 KM 及指示灯状态以及计算机上显示程序中各触点和线圈的状态。

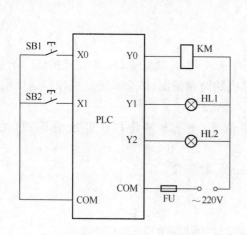

图 6-6　PLC 的 I/O 接线图

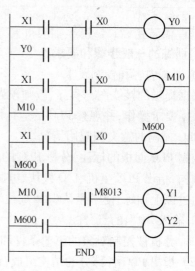

图 6-7　演示控制程序（梯形图）

【自我测试】

1. 写出可编程控制器的定义。

2. FX 系列 PLC 的输出形式有哪几种？

3. PLC 的特点是什么？

任务 2　PLC 程序执行过程和工作原理

【任务描述】

（1）深入理解 PLC 程序执行的过程和扫描工作方式，掌握 PLC 的工作原理。

（2）FX_{2N} 系列 PLC 软元件认识，明确内部继电器的分类与编号等。

（3）对 PLC 输出响应滞后现象有一定了解。

【任务分析】

本任务主要研究介绍 FX_{2N} 系列 PLC 软元件认识、PLC 的工作过程及信息处理规则。通过举例来分析 PLC 的控制过程。

【知识链接】

6.2.1　FX_{2N} 系列 PLC 的软件系统

1. 软件系统

硬件系统和软件系统组成了一个完整的 PLC 系统，它们相辅相成，缺一不可。没有软件的 PLC 系统称为裸机系统，不起任何作用。反之，如果没有硬件系统，软件系统也失去了基本的外部条件，程序根本无法运行。PLC 的软件系统是指 PLC 所使用的各种程序的集合，通常可分为系统程序和用户程序两大部分。

1）系统程序

系统程序是每一个 PLC 成品必须包括的部分,由 PLC 生产厂家提供,用于控制 PLC 本身的运行。系统程序固化在 EPROM 存储器中。

系统程序可分为管理程序、编译程序、标准程序模块和系统调用等几部分。管理程序是系统程序中最重要的部分,PLC 整个系统的运行都由它控制。编译程序用来把梯形图、语句表等编程语言翻译成 PLC 能够识别的机器语言。系统程序的第三部分是标准程序模块和系统调用,这部分由许多独立的程序模块组成,每个程序模块完成一种单独的功能,如输入、输出及特殊运算等,PLC 根据不同的控制要求,选用这些模块完成相应的工作。

2）用户程序

用户程序就是由用户根据控制要求,用 PLC 编程的软元件和编程语言(如梯形图)编制的应用程序,用户通过编程器或 PC 机写入到 PLC 的 RAM 内存中,可以修改和更新。当 PLC 断电时被锂电池保持,以实现所需的控制目的。用户程序存储在系统程序指定的存储区内。

2. PLC 的编程语言

可编程控制器目前常用的编程语言有以下几种:梯形图语言、助记符语言、顺序功能图、功能块图和某些高级语言。手持编程器多采用助记符语言,计算机软件编程采用梯形图语言,也有采用顺序功能图、功能块图的。

1）梯形图语言

梯形图表达式沿用了原电气控制系统中的继电器接触控制电路图的形式,二者的基本构思是一致的,只是使用符号和表达方式有所区别。

梯形图从上至下按行编写,每一行则按从左至右的顺序编写。CPU 将按自左到右、从上而下的顺序执行程序。梯形图的左侧竖直线称母线(输入公共线)。梯形图的左侧安排输入触点(如有若干个触点串联或并联,应将多的触点安排在最上端或最左端)和辅助继电器触点(运算中间结果),最右边必须是输出元素。

梯形图中的输入只有两种:动合触点(┤├)和动断触点(┤/├),这些触点可以是 PLC 的外接开关对应的内部映像触点,也可以是内部继电器触点,或内部定时器、计数器的触点。每个触点都有自己的特殊的编号,以示区别。同一编号的触点可以有动合和动断两种状态,使用次数不限。因为梯形图中使用的"继电器"对应 PLC 内的存储区某字节或某位,所用的触点对应于该位的状态,可以反复读取,故称 PLC 有无限对触点。梯形图中触点可以任意串联、并联。

梯形图中输出线圈对应 PLC 内存的相应位,输出线圈包括输出继电器线圈、辅助继电器线圈以及定时器、计数器线圈等,其逻辑动作只有线圈接通后,对应的触点才可能发生动作。用户程序运算结果可以立即为后续程序所利用。

2）助记符语言

助记符语言又称命令语句表达式语言,它常用一些助记符来表示 PLC 的某种操作。它类似微机中的汇编语言,但比汇编语言更直观易懂。用户可以很容易地将梯形图语言转换成助记符语言。

例:某一过程控制系统中,工艺要求开关 1 闭合 40s 后,指示灯亮,按下开关 2 后灯熄灭,采用三菱 FX_{2N} 系列 PLC 实现控制。图 6-8(a)为实现这一功能的梯形图程序,它是由若干个梯级组成,每一个输出元素构成一个梯级,而每个梯级可由多条支路组成。图 6-8(b)为梯形图对应的用助记符表示的指令表。

这里要说明的是,不同厂家生产的 PLC 所使用的助记符各不相同,因此同一梯形图写成的助记符语句不相同。用户在将梯形图转换为助记符时,必须弄清 PLC 的型号及内部各器件编号、使用范围和每一条助记符的使用方法。

3）顺序功能图

顺序功能图也是一种编程方法,这是一种图形说明语言,它用于表示顺序控制的功能,目前 IEC 正在实施发展这种新式的编程标准。现在,不同的 PLC 生产厂家对这种编程语言所用的符号和名称也是不一样的,三菱公司称其为功能图语言。图 6-9 表示一个顺序功能图的编程示例。采用功能图对顺序控制系统编程非常方便,同时也很直观,在功能图中用户可以根据顺序控制步骤执行条件的变化,分析程序的执行过程,可以清楚地看到在程序执行过程中每一步的状态,便于程序的设计和调试。

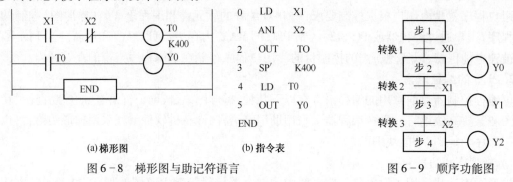

(a)梯形图	(b)指令表

图 6-8　梯形图与助记符语言　　　　　图 6-9　顺序功能图

3. FX_{2N} 系列 PLC 的软元件(内部继电器)

软元件简称元件,PLC 的内部存储器的每一个存储单元均称为元件,各个元件与 PLC 的监控程序、用户应用程序合作,会产生或模拟出不同的功能。当元件产生的是继电器功能时,称这类元件为软继电器,简称继电器,它不是物理意义上的实际器件,而是一定的存储单元与程序结合的产物。后面介绍的各类继电器、定时器、计数器都是指此类软元件。

元件的数量及类别是由 PLC 的监控程序规定的,它的规模决定着 PLC 整体功能及数据处理能力。通常在使用时,主要查看相关的操作手册。

（1）输入继电器 X。输入继电器是 PLC 中用来专门存储系统输入信号的内部虚拟继电器。它又被称为输入映像区,可以提供无数个动合触点和动断触点,供编程使用,编程使用次数不限。这类继电器的状态只能用输入信号驱动,不能用程序驱动。FX 系列 PLC 的输入继电器采用八进制的地址编号,地址为:X000 ~ X007、X010 ~ X017、X020 ~ X027……X260 ~ X267 共 184 个点。

（2）输出继电器 Y。输出继电器是 PLC 中专门用来将运算结果经输出接口电路及输出端子控制外部负载的虚拟继电器。它在内部直接与输出接口电路相连,可以提供无数个动合触点和动断触点,供编程使用,编程使用次数不限。这类继电器的状态只能用程序驱动,外部信号无法直接驱动输出继电器。FX 系列 PLC 的输出继电器采用八进制的地址编号,地址为:Y000 ~ X267 共 184 个点。

（3）内部辅助继电器 M。PLC 内有很多辅助继电器,辅助继电器的线圈与输出继电器一样,由 PLC 内各软元件的触点驱动。辅助继电器的动合和动断触点使用次数不限,在 PLC 内可以自由使用。但是,这些触点不能直接驱动外部负载,外部负载的驱动必须由输出继电器执行。在逻辑运算中经常需要一些中间继电器作为辅助运算用。这些元件不直接对外输入、输出,但经常用作状态暂存、移位运算等。它的数量比软元件 X、Y 多。内部辅助继电器中还有一类特殊辅助继电器,它有各种特殊功能,如定时时钟、进/借位标志、启动/停止、单步运行、通信状态、出错标志等。FX_{2N} 系列 PLC 的辅助继电器按照其功能分成以下三类。

① 通用辅助继电器 M0 ~ M499(500 点)。通用辅助继电器元件是按十进制进行编号的,FX_{2N} 系列 PLC 有 500 点,其编号为 M0 ~ M499。

② 断电保持辅助继电器 M500 ~ M1023(524 点)。PLC 在运行中发生停电,输出继电器和通用辅助继电器全部成断开状态。再运行时,除去 PLC 运行时就接通的以外,其他都断开。但是根据不同控制对象要求,有些控制对象需要保持停电前的状态,并能在再运行时再现停电前的状态情形。断电保持辅助继电器完成此功能,停电保持由 PLC 内装的后备电池支持。

③ 特殊辅助继电器 M8000 ~ M8255(256 点)。这些特殊辅助继电器各自具有特殊的功能,一般分成两大类。一类是只能利用其触点,其线圈由 PLC 自动驱动,例如:M8000(运行监视)、M8002(初始脉冲)、M8013(1s 时钟脉冲)。另一类是可驱动线圈型的特殊辅助继电器,用户驱动其线圈后,PLC 做特定的动作,例如:M8033 指 PLC 停止时输出保持,M8034 是指禁止全部输出,M8039 是指定时扫描。

(4) 内部状态继电器 S。状态继电器是 PLC 在顺序控制系统中实现控制的重要内部元件。它与后面介绍的步进顺序控制指令 STL 组合使用,运用顺序功能图编制高效易懂的程序。状态继电器与辅助继电器一样,有无数的动合触点和动断触点,在顺控程序内可任意使用。状态继电器分成四类,其编号及点数如下。

初始状态:S0 ~ S9(10 点);回零:S10 ~ S19(10 点);通用:S20 ~ S499(480 点);保持:S500 ~ S899(400 点);报警:S900 ~ S999(100 点)。

(5) 内部定时器 T。定时器在 PLC 中相当于一个时间继电器,它有一个设定值寄存器(一个字)、一个当前值寄存器(字)以及无数个触点(位)。对于每一个定时器,这三个量使用同一个名称,但使用场合不一样,其所指意义也不一样。通常在一个可编程控制器中有几十个至数百个定时器,可用于定时操作。

(6) 内部计数器 C。计数器是 PLC 重要内部部件,它是在执行扫描操作时对内部元件 X、Y、M、S、T、C 的信号进行计数。当计数达到设定值时,计数器触点动作。计数器的动合、动断触点可以无限使用。

(7) 数据寄存器 D。可编程控制器用于模拟量控制、位置控制、数据 I/O 时,需要许多数据寄存器存储参数及工作数据。这类寄存器的数量随着机型不同而不同。

每个数据寄存器都是 16 位,其中最高位为符号位,可以用两个数据寄存器合并起来存放 32 位数据(最高位为符号位)。

① 通用数据寄存器 D0 ~ D199 只要不写入数据,则数据将不会变化,直到再次写入。这类寄存器内的数据,一旦 PLC 状态由运行(RUN)转成(STOP)时全部数据均清零。

② 停电保持数据寄存器 D200 ~ D7999。除非改写,否则数据不会变化。即使 PLC 状态变化或断电,数据仍可保持。

③ 特殊数据寄存器 D8000 ~ D8255。这类数据寄存器用于监视 PLC 内各种元件的运行方式用,其内容在电源接通(ON)时,写入初始化值(全部清零,然后由系统 ROM 安排写入初始化值)。

④ 文件寄存器 D1000 ~ D7999。文件寄存器实际上是一类专用数据寄存器,用于存储大量的数据,例如采集数据、统计计数器数据、多组控制参数等。其数量由 CPU 的监视软件决

定。在 PLC 运行中,用 BMOV 指令可以将文件寄存器中的数据读到通用数据寄存器中,但不能用指令将数据写入文件寄存器。

(8)内部指针(P、I)。内部指针是 PLC 在执行程序时用来改变执行流向的元件。它有分支指令专用指针 P 和中断指针 I 两类。

① 分支指令专用指针 P0 ~ P63。分支指令专用指针在应用时,要与相应的应用指令 CJ、CALL、FEND、SRET 及 END 配合使用,P63 为结束跳转时用。

② 中断用指针 I 是应用指令 IRET 的返回、EI 开中断、DI 关中断配合使用的指令。

6.2.2 PLC 的工作原理

早期的 PLC 主要用于代替传统的"继电器–接触器"控制系统,但这两者的运行方式是不相同的。继电器控制装置采用硬逻辑并行运行的方式,即如果这个继电器的线圈通电或断电,该继电器所有的触点无论在继电器控制线路的哪个位置上都会立即同时动作。而 PLC 的 CPU 则采用顺序逻辑扫描用户程序的运行方式,即如果一个输出线圈或逻辑线圈被接通或断开,该线圈的所有触点不会立即动作,必须等扫描到该触点时才会动作。为了消除二者之间由于运行方式不同而造成的差异,考虑到继电器控制装置各类触点的动作时间一般在 100ms 以上,而 PLC 扫描用户程序的时间一般均小于 100ms,因此,PLC 采用了一种不同于一般微型计算机的运行方式——"扫描技术"。对于 I/O 响应要求不高的场合,PLC 与继电器控制装置的处理结果就没有什么区别了。

下面介绍 PLC 的扫描过程。当 PLC 投入运行后,其工作过程一般分为三个阶段,即输入采样、用户程序执行和输出刷新,如图 6 - 10 所示。完成上述三个阶段称作一个扫描周期,在整个运行期间,PLC 的 CPU 以一定的扫描速度重复执行上述三个阶段。

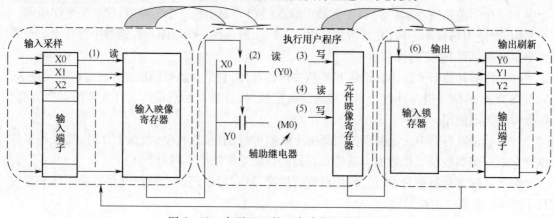

图 6 - 10 小型 PLC 的三个阶段批处理过程

1. 输入采样阶段

在输入采样阶段,PLC 以扫描方式依次读入所有输入状态和数据,并将它们存入存储器中的相应单元(通常称作 I/O 映像区)内。输入采样结束后,转入用户程序执行和输出刷新阶段。在这两个阶段中,即使输入状态和数据发生变化,I/O 映像区中的相应单元的状态和数据也不会改变。因此,如果输入是脉冲信号,则该脉冲信号的宽度必须大于一个扫描周期,才能保证在任何情况下,该输入均能被读入。

2. 用户程序执行阶段

在用户程序执行阶段,PLC 总是按由上而下的顺序依次地扫描用户程序。在扫描每一条程序时,又总是先扫描梯形图左边的由各触点构成的控制线路,并按先左后右、先上后下的顺序对由触点构成的控制线路进行逻辑运算,然后根据逻辑运算的结果,刷新该线圈在 I/O 映像区或系统存储区中对应位的状态。也就是说,在用户程序执行过程中,只有输入点在 I/O 映像区内的状态不会发生变化,而其他输出点以及软设备在 I/O 映像区或系统存储区内的状态和数据都有可能发生变化。而且,排在上面梯形图的执行结果会对排在下面的凡是用到这些线圈或数据的梯形图起作用。相反,排在下面的梯形图,其被刷新的逻辑线圈的状态或数据只能到下一个扫描周期才能对排在其上面的程序起作用。

3. 输出刷新阶段

当扫描用户程序结束后,PLC 就进入输出刷新阶段。在此期间,CPU 按照 I/O 映像区内对应的状态和数据刷新所有的输出线圈,再经输出电路驱动相应的外部设备,即真正意义上的 PLC 输出。

上述三个过程构成了 PLC 工作的一个工作周期,PLC 按工作周期方式周而复始地循环工作,完成对被控对象的控制作用。但严格说来,PLC 的一个工作周期还包括下述四个过程,这四个过程都是在扫描过程之后进行的。

(1)系统自监测:检查 watchdog 是否超时(即查程序执行是否正确),如果超时则停止中央处理器工作。

(2)与编程器交换信息:在使用编程器输入和调试程序时才执行。

(3)与数字处理器交换信息:只有在 PLC 中配置有专用数字处理器时才执行。

(4)网络通信:当 PLC 配置有网络通信模块时,应与通信对象(如磁带机、编程器和其他 PLC 或计算机等)进行数据交换。

4. 扫描周期的计算

一般来说,PLC 的扫描周期还包括自诊断、通信等,即一个扫描周期等于自诊断、通信、输入采样、用户程序执行和输出刷新等所有时间的总和。

PLC 的自诊断时间与型号有关,可从手册中查取。通信时间的长短与连接的外围设备多少有关,如果没有连接外围设备,则通信时间为零。输入采样与输出刷新时间取决于 I/O 点数,则扫描用户程序所用时间则与扫描速度及用户程序的长短有关。对于基本逻辑指令组成的用户程序,扫描速度与步数的乘积即为扫描时间。如果用户程序中包含特殊功能指令,还必须查手册确定执行这些指令的时间。

5. PLC 的 I/O 响应时间

为了增强 PLC 的抗干扰能力,提高其可靠性,PLC 的每个开关量输入端都采用了光电隔离等技术。为了实现类似于继电器控制线路的硬逻辑并行控制,PLC 采用了不同于一般微型计算机运行方式的"扫描技术"。

正是以上两个原因,使得 PLC 的 I/O 响应比一般微型计算机构成的工业控制系统慢得多。其响应时间至少等于一个扫描周期,一般均大于一个扫描周期甚至更长。为提高 I/O 响应速度,现在的 PLC 均采取了一定的措施。在硬件方面,选用了快速响应模块、高速计数模块等新型模块。在软件方面,则采用了中断技术、改变信息刷新方式、调整输入滤波器等措施。

6. PLC 对输入/输出的处理规则

总结上面分析的程序执行过程,可得出 PLC 对输入/输出的处理规则如下:

(1)输入映像寄存器的数据,取决于输入端子在上一个工作周期的输入采样阶段所刷新的状态。

（2）输出映像寄存器（包含在元件映像寄存器中）的状态，由程序中输出指令的执行结果决定。

（3）输出锁存电路中的数据，由上一个工作周期的输出刷新阶段存入到输出锁存电路中的数据来确定。

（4）输出端子上的输出状态，由输出锁存电路中的数据来确定。

（5）程序执行中所需的输入、输出状态（数据），由输入映像寄存器和输出映像寄存器读出。

6.2.3 PLC 工作过程举例

【例1】 指示灯控制。

图 6-11 为指示灯控制的 PLC 接线图和梯形图。图 6-12 描述了每个扫描周期程序的执行过程。按钮 SB2 虽然在程序中没有使用，但其状态仍影响其对编号的内部输入继电器的状态。

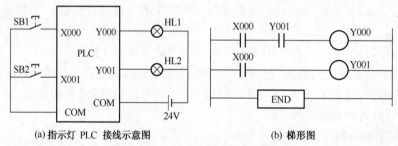

图 6-11　指示灯 PLC 控制的线路图

图 6-12(a)中，①输入扫描过程，将两个按钮的状态扫描后，存入其映像区，由于 SB2 是停止按钮，所以，即使没有按下，其输入回路也是闭合的，因此，X001 呈"1"（ON 状态），而其他位呈"0"（OFF 状态）。②执行程序过程，程序根据所用到触点的编号对应的内部继电器状态来运算。由于 X000 处于 OFF 状态，因此，对应的动合触点断开状态，运算结果是 Y000、Y001 处于 OFF 状态，其结果存入输出映像区，即 Y000、Y001 呈"1"。③输出刷新过程，根据映像区各位的状态驱动输出设备，由于输出映像区均为 OFF 状态，所以，输出指示灯不能形成闭合回路，灯不亮。如果输入不发生变化，内部继电器的状态均不发生变化。

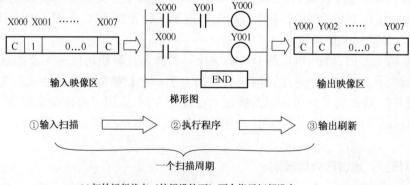

(a)初始运行状态（按钮没按下）两个指示灯都没亮

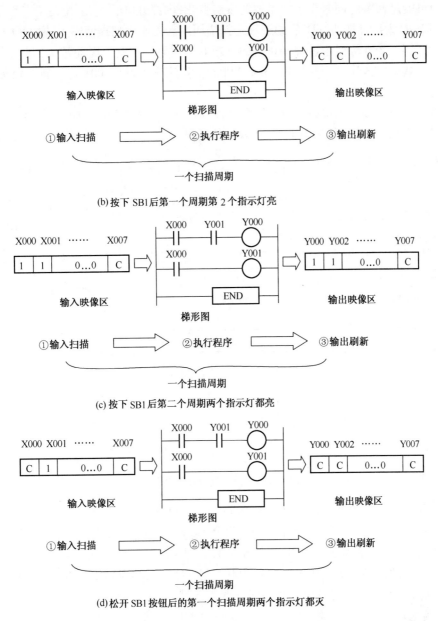

(b) 按下 SB1 后第一个周期第 2 个指示灯亮

(c) 按下 SB1 后第二个周期两个指示灯都亮

(d) 松开 SB1 按钮后的第一个扫描周期两个指示灯都灭

图 6-12　每个扫描周期程序执行过程分析

图 6-12(b) 中,按下 SB1 按钮后,X000 输入回路闭合。①输入扫描将输入状态存入其映像区,X000、X001 均呈 "1"。②执行程序过程,按照从左到右、从上到下的原则,逐条执行。第一行,X000 触点闭合,但此时,Y001 的状态为 "0",因此 Y001 的触点为断开状态,Y000 没能导通,其状态为 "0"。第二行,X000 触点闭合,所以,Y001 的状态为 "1"。③输出刷新过程,由于 Y001 呈导通状态,灯 2 亮。

图 6-12(c) 为按下 SB1 按钮后的第二个扫描周期。①输入扫描,由于输入状态不变,输入映像区不变。②执行程序过程,第一行,X000 触点闭合,由于上一个周期中,Y001 为 ON 状态,因此,Y001 触点也闭合,Y000 也呈导通状态;第二行,Y001 还呈导通状态。Y000、Y001 的状态均为 "1"。③输出刷新过程,两个灯都亮。注意:由于 PLC 的扫描周期很短,通常用肉眼

见到的现象可能是两盏灯同时亮。如果按钮没有变化,内部继电器、输出设备状态均无变化。

图 6 - 12(d)为松开按钮 SB1 后的第一个扫描周期。①输入扫描使输入映像区的 X000 呈"0" X001 呈"1"。②执行程序过程,X000 触点断开,Y001 由于上个周期被置"1",因此 Y001 的触点为闭合状态。③输出刷新过程,由于 X000 触点断开,Y000、Y001 都呈断开状态。

【例 2】 定时计数。

系统输入端只需接一个按钮,无输出,参考图 6 - 13(a)只接 X0,分析图 6 - 13(a)、(b)、(c)三种情况下观察计数器的当前值,分析程序执行过程。

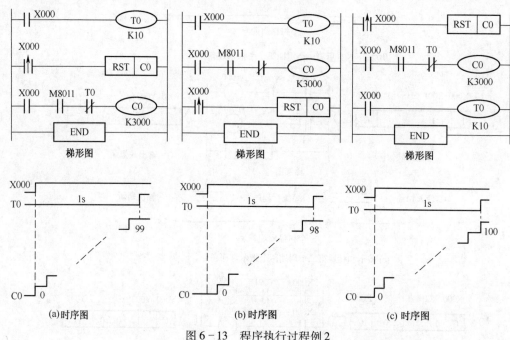

图 6 - 13　程序执行过程例 2

程序中 M8011 为特殊辅助继电器,只要 PLC 处于运行状态,将不停发出 10ms 的脉冲信号(5ms 通、5ms 断)。程序中 T0 为 1s 定时,X0 闭合 1s,T0 导通,C0 为增计数器,在 X0 闭合、T0 没有闭合的前提下,记录 M8011 发出的脉冲个数。理论上,在 T0 导通、C0 计数器停止计数时,计数器的当前值应为 100 个(1s/10ms＝100 个脉冲)。三段程序中,只是改变了执行的前后位置,但结果却不同。结合对应的时序图分析其原因。

【任务实施】

1. 任务实施所需训练的设备和元器件

任务所需训练的设备和器件见表 6.5。

表 6.5　任务所需训练的设备和元件明细表

名　称	型号或规格	数量	名　称	型号或规格	数量
可编程控制器	$FX_{2N}-48MR$	1 台	按钮	LA10 - 3H	2 只
编码器	E6A2 - C	2 只	导线	$0.5mm^2$	若干
灯泡	24V/0.5W				

2. 训练的内容和步骤

按照前面的例子完成接线、输入程序,按照要求进行观察。

（1）按照提供的 PLC 原理接线图 16 - 4 完成接线。

（2）将提供的参考程序写入 PLC。

（3）根据操作步骤进行操作,观察输入、输出设备的状态。通过计算机监视画面,观察并记录各元件的状态。

（4）结合 PLC 程序执行过程,分析程序结果。

3. 注意事项

（1）图中如果接信号发生器,因为脉冲信号发生器的信号与按钮信号不同,因此不能共用一个 COM 端。

（2）程序执行过程的梯形图可用计算机利用软件写入,也可以用助记符语言由编程器写入 PLC。

【自我测试】

1. 可编程控制器目前常用的编程语言有哪几种?

2. PLC 对输入/输出的处理规则有哪几条?

3. 当 PLC 投入运行后,其工作过程一般分为哪几个阶段?

4. PLC 对信息输入/输出的处理规则有哪几条?

任务 3 三相异步电动机的启动和可逆 PLC 控制

【任务描述】

（1）熟练掌握编程的方法和技巧,进一步熟悉编程器的使用。

（2）进一步理解 PLC 工作原理,掌握 PLC 外围的接线方法。

【任务分析】

本任务主要介绍 FX 系列 PLC 的基本指令编程及指令的使用方法说明,同时进行三相异步电动机的正反转的 PLC 控制线路训练程序的设计与调试练习。

【知识链接】

6.3.1　FX 系列 PLC 的基本指令及编程方法

1. 逻辑取指令和线圈驱动指令 LD、LDI、OUT

（1）取指令 LD(Load)、取反指令 LDI(Load Inverse):通常用于将常开、常闭触点与主母线连接,同时也与后面叙述的 ANB 指令组合在分支起点处使用。指令使用器件:X,Y,M,T,C,S 的指令接点。

（2）线圈驱动指令 OUT(Out):用于驱动输出继电器、辅助继电器、状态寄存器、定时器、计数器,不能对输入继电器使用。OUT 指令使用器件:Y,M,T,C,S 和 F 的线圈。

以上三条指令使用方法如图 6 - 14 所示。

2. 触点串联指令 AND、ANI

"与"指令 AND(And)、"与非"指令 ANI(And Inverse)为常开、常闭触点的串联指令。在使用时注意以下几点:

（1）AND 、ANI 指令是用于一个触点的指令,串联触点的数量不限,即可以多次使用 AND、ANI 指令,其目标元件是 X、Y、M、T、C 和 S 的接点。使用说明如图 6 - 14 所示。

（2）在连续输出中不能采用图 6 - 15 所对应的指令语句,必须采用后面要讲到的堆栈指

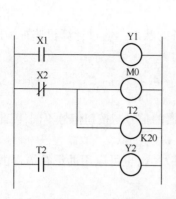

步序号	指令语句		注释
	助记符	器件号	
0	LD	X1	(X1)　R
1	OUT	Y1	(R)→Y1
2	LDI	X2	$(\overline{X2})$→R　(R)→S1
3	OUT	M0	(R)→M0
4	OUT	T2	(R)→T2
	K	20	定时器延时
5	LD	T2	(R)→Y2
6	OUT	Y2	

图 6-14　LD、LDI、OUT 指令的使用

令,这样将使得程序步增多,因此不推荐使用图 6-16 中梯形图的形式。

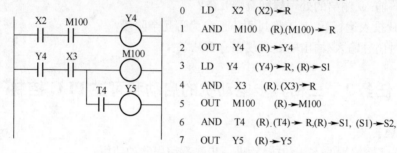

0	LD	X2	(X2)→R
1	AND	M100	(R).(M100)→R
2	OUT	Y4	(R)→Y4
3	LD	Y4	(Y4)→R, (R)→S1
4	AND	X3	(R).(X3)→R
5	OUT	M100	(R)→M100
6	AND	T4	(R).(T4)→R,(R)→S1, (S1)→S2,
7	OUT	Y5	(R)→Y5

图 6-15　AND、ANI 指令的使用

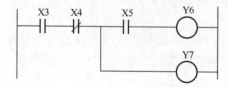

图 6-16　不推荐的梯形图形式

3. 触点并联指令 OR、ORI

"或"指令 OR(Or)、"或非"指令 ORI (Or Inverse):为常开、常闭触点的并联指令,使用说明如图 6-17 所示。OR、ORI 仅用于并联连接的一个触点的指令。OR、ORI 指令是对其前

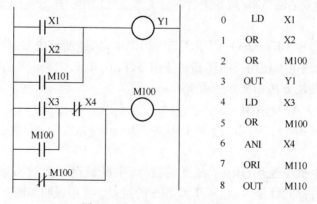

0	LD	X1
1	OR	X2
2	OR	M100
3	OUT	Y1
4	LD	X3
5	OR	M100
6	ANI	X4
7	ORI	M110
8	OUT	M110

图 6-17　OR、ORI 指令的使用

面 LD、LDI 指令所规定的触点再并联一个触点,并联的次数不受限制,即可以连续使用。它的目标元件是 X、Y、M、T、C 和 S。

4. 上升沿和下降沿的取指令 LDP、LDF

上升沿的取指令 LDP 用于在输入信号的上升沿接通一个扫描周期;下降沿的取指令 LDF 用于在输入信号的下降沿接通一个扫描周期,指令后缀 P 表示上升沿有效,F 表示下降沿有效,在梯形图中分别用⎜↑⎜和⎜↓⎜表示。

LDP、LDF 指令的使用说明如图 6-18 所示。使用 LDP 指令,Y1 在 X1 的上升沿时刻(由 OFF 到 ON 时)接通,接通时间为一个扫描周期;使用 LDF 指令,Y2 在 X3 的下降沿时刻(由 OFF 到 ON 时)接通,接通时间为一个扫描周期。

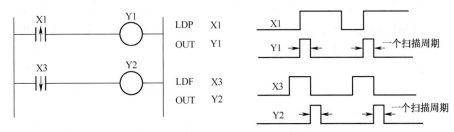

图 6-18　LDP、LDF 指令的使用

5. 上升沿和下降沿的与指令 ANDP、ANDF

ANDP 为在上升沿进行与逻辑操作指令,ANDF 为在下降沿进行与逻辑操作指令。

ANDP、ANDF 指令的使用如图 6-19 所示。使用 ANDP 指令编程,使输出继电器 Y1 在辅助继电器 M1 闭合后,且在 X1 的上升沿(由 OFF 到 ON)时仅接通一个扫描周期;使用 ANDF 指令,使 Y2 在 X2 闭合后,且在 X3 的下降沿(由 ON 到 OFF)时仅接通一个扫描周期。即 ANDP、ANDF 与指令仅在上升沿和下降沿进行一个扫描周期与逻辑运算。

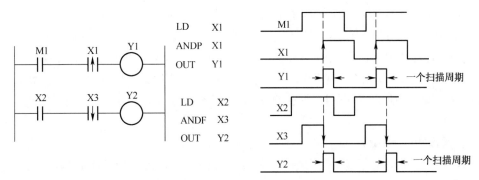

图 6-19　ANDP、ANDF 指令的使用

6. 上升沿和下降沿的或指令 ORP、ORF

ORP 为在上升沿或逻辑操作指令,ORF 为在下降沿或逻辑操作指令。

ORP、ORF 指令的使用如图 6-20 所示。使用 ORP 指令,辅助继电器 M0 仅在 X0、X1 的上升沿(由 OFF 到 ON)时刻接通一个扫描周期;使用 ORF 指令,Y0 仅在 X4、X5 的下降沿(由 ON 到 OFF)时刻接通一个扫描周期。

7. 电路块的并联连接指令 ORB

ORB(Or　Block)是块或指令,用于电路块的并联连接。

两个或两个以上的触点串联连接的电路称为"串联电路块",当并联连接"串联电路块"

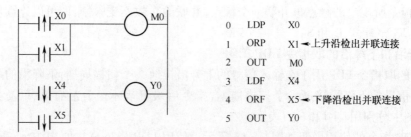

图 6-20 ORP、ORF 指令的使用

时,在支路起点要用 LD、LDI 指令,而在支路终点要用 ORB 指令。ORB 指令无操作目标元件。

使用时有两种使用方法,一种是在要并联的两个块电路后面加 ORB 指令,即分散使用 ORB 指令,其并联电路块的个数没有限制,如图 6-21 所示;另一种是集中使用 ORB 指令,集中使用 ORB 的次数不允许超过 8 次。所以不推荐集中使用 ORB 指令的这种编程方法。

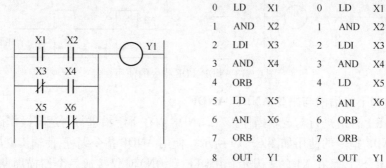

图 6-21 ORB 指令的使用说明

8. 电路块串联连接指令 ANB

ANB(And Block)为块与指令,用于电路块的串联连接。

两个或两个以上的触点并联连接的电路称为"并联电路块",将并联电路块与前面电路的串联连接时,梯形图分支的起点用 LD 或 LDI 指令,在并联电路块结束后使用 ANB 指令。ANB 无操作目标元件。ANB 指令和 ORB 同样有两种用法,不推荐集中使用的方法。ANB 指令的使用如图 6-22(a)所示,对图(b)所示的梯形图编程,应采用图(c)的形式编程,这样可以简化程序。

9. 空操作指令 NOP

NOP(No Operation)为空操作指令。NOP 是一条无动作、无目标元件的程序步,它有两个作用:一是在执行程序全部清除后用 NOP 显示;二是用于修改程序,利用在程序中插入 NOP 指令,修改程序时可以使程序步序号的变化减少。

10. 逻辑取反指令 INV

INV 取反指令用于将运算结果取反。当执行到该指令时,将 INV 指令之前的运算结果(如 LD、LDI 都)变为相反的状态,如由原来的 OFF 到 ON 变为由 ON 到 OFF 的状态。INV 指令的使用如图 6-23 所示,图中用 INV 指令实现将 X0 状态取反后驱动 Y0,在 X0 为 OFF 时 Y0 得电,在 X0 为 ON 时 Y0 失电。

在使用中应注意以下几点:

(1) 该指令是一个无操作数的指令;

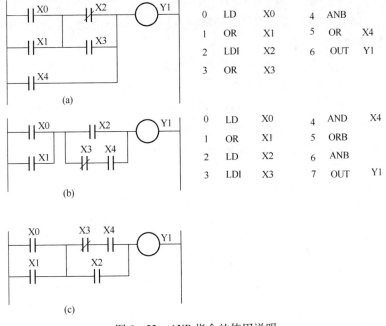

图 6-22　ANB 指令的使用说明

图 6-23　INV 指令的使用

（2）该指令不能直接和主母线连接，也不能像 OR、ORI 一样单独使用。

11. 程序结束指令 END

END 是一个与元件目标无关的指令。PLC 的工作方式为循环扫描工作方式，即开机执行程序均由第一句指令语句（步序号为 0000）开始执行，一直执行到最后一条语句 END，依次循环执行，END 后面的指令无效（PLC 不执行）。所以利用在程序适当位置插入 END，可以方便地进行程序的分段调试。

6.3.2　典型的控制回路分析

1. 自保持（自锁）电路

在 PLC 控制程序设计过程中，经常要对脉冲输入信号进行保持，这时常采用自锁电路。自锁电路的基本形式如图 6-24 所示。将输入触点 X001 与输出线圈的动合触点 Y001 并联，

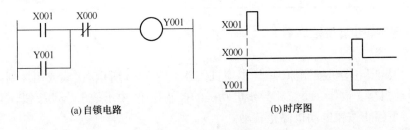

(a)自锁电路　　　　　　　(b)时序图

图 6-24　自锁电路举例分析

这样一旦有输入信号(超过一个扫描周期),就能保持 Y001 有输出。要注意的是,自锁电路必须有解锁设计,一般在并联之后采用某一动断触点作为解锁条件,如图 6-24 中的 X000 触点。

2. 优先(互锁)电路

如图 6-25 所示,输入信号 X000 和 X001,先到者取得优先权,后到者无效。例如在抢答器程序设计中的抢答优先,又如防止控制电动机的正、反转按钮同时按下的保护电路。图 6-25 所示为优先电路例图。若 X000 先接通,M100 自保持使 Y000 有输出,同时 M100 常闭接点断开,即使 X001 再接通,也不能使 M101 动作,故 Y001 无输出。若 X001 先接通,则情形正好与上述相反。优先电路在控制环节中可实现信号互锁。

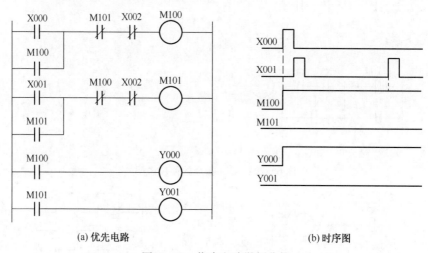

(a) 优先电路　　　　　　　　　　　　(b) 时序图

图 6-25　优先电路举例分析

但该电路存在一个问题:一旦 X000 或 X001 输入后,M100 或 M101 被自锁和互锁的作用,使 M100 或 M101 永远接通。因此,该电路一般要在输出线圈的前面串联一个用于解锁的动断触点,如图 6-25(a)中所示的动断触点 X002。

【任务实施】

1. 任务实施所需的训练设备和元器件

任务所需实训设备和元器件见表 6.6。

表 6.6　实训设备和元件明细表

名称	型号或规格	数量	名称	型号或规格	数量
PLC	FX_{2N}-48MR	1 台	按钮	3LA10-3H	3 只
交流接触器	CJ10-20	2 只	电动机	1.1kW/380V	1 台
计算机	IBM PC/AT 486 8M 或 16M	1 台	缆线	RS-422FX2N	1 根 1.5m
手持编程器	FX-20P-E	1 只	电缆	FX-20P-CABO	1 根

2. 训练内容和步骤及控制要求

1)训练内容

按照三相异步电动机控制原理图(本项目任务 1 图 6-6 所示)接线或用控制模板代替。

(1)启动控制。设计一个三相异步电动机的控制程序,要求按下启动按钮,电动机启动并连续运转,按下停止按钮电动机停止转动。

(2)电动机正、反转控制。设计电动机正、反转控制程序。要求按正转按钮电动机正转,按反转按钮电动机反转,为防止主电路短路,正、反转切换时,必须先按下停止按钮后再启动。

2)训练步骤及要求

(1)输入点和输出点分配,见表6.7。

表6.7　输入点和输出点分配表

输入信号			输出信号		
名称	代号	输入点编号	名称	代号	输出点编号
停止按钮	SB1	X000	正转交流接触器	KM1	Y000
正转按钮	SB2	X001	反转交流接触器	KM2	Y001
反转按钮	SB3	X002			

(2)PLC接线图。按照图6-26所示完成PLC的接线,输入端的电源利用PLC提供的内部直流电源,也可以根据功率单独提供电源。若实验用PLC的输入端为继电器输入,也可以用220V交流电源。注意停止按钮采用动断按钮。

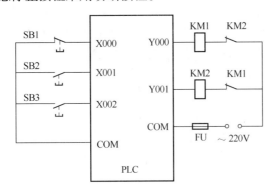

图6-26　PLC端子分配(I/O)接线图

(3)程序设计。图6-27为电机启动控制的梯形图。简单启动控制只用到正转按钮、停止按钮两个输入端,输出只用到KM1交流接触器。该程序采用典型的自保持电路。合上电源刀开关通电后,停止按钮接通,PLC内部输入继电器X000的动合触点闭合。按正转按钮,输出继电器Y000导通,交流接触器KM1线圈带电,其连接在主控回路的主触点闭合,电机通电转动,同时Y000的动合触点闭合,实现自锁。这样,即使松开正转按钮,仍保持Y000导通。按停止按钮,X000断开,Y000断开,KM1线圈失电,主控回路的主触点断开,电机失电而停转。

图6-28所示为电机正转、反转控制程序,采用自锁和互锁控制。在图6-26的接线图中,将两个交流接触器的动断触点KM1、KM2分别连接在KM2、KM1的线圈回路中,形成硬件互锁,从而保证即使在控制程序错误或因PLC受到影响而导致Y0、Y1两个输出继电器同时有输出的情况下避免正、反转接触器同时带电而造成的主电路短路。

由于停止按钮采用动断按钮,在通电后,X0动合触点闭合。若先按正转按钮X1,Y0导通并形成自锁。同时,Y0的动断触点断开,即使按反转按钮Y1也无法接通,也就无法实现反转。

在正转的情况下,要想实现反转,只有先按一下停止按钮,使Y000失电,从而正转接触器断电,即使松开停止按钮Y000、Y001仍失电。再按反转按钮后,由于Y000失电,其动断触点闭

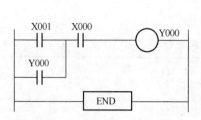

图 6-27 电动机启动控制程序

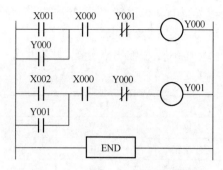

图 6-28 电动机正、反转控制程序

合,Y001 导通,反转接触器 KM₂ 线圈带电。接在图 4-5 所示主控回路中主触点闭合,由于电源相序变化,电机反转。

同样,在反转状态要正转,都需要先按停止按钮。

(4)运行与调试程序。

将梯形图程序输入到计算机。

下载程序到 PLC,并对程序进行调试运行。观察能否实现正转,在正转的情况下能否直接转换成反转;同时按下正转、反转按钮会出现什么情况等。

调试运行并记录调试结果。

【自我测试】

1. 如何通过程序实现软互锁?

2. 根据给出的梯形图 6-27,写出指令表。

3. 什么是自锁?什么是互锁?总结出在什么场合下使用。

任务 4　数控机床步进电机 PLC 的速度控制

【任务描述】

(1)掌握 FX₂ₙ 系列 PLC 的堆栈指令和 PLC 编程思路。

(2)掌握 PLC 的 I/O 配置,熟悉三相步进电动机的控制与运行。应用 PLC 技术实现对步进电机的速度控制。

(3)熟悉使用 PLC 技术和应用能力,掌握梯形图程序设计方法。

【任务分析】

本任务主要介绍多重输出指令与主控、主控返回指令;介绍编程指导思想和 PLC 的编程技巧;学会数控机床的速度控制与操作调试。

【知识链接】

6.4.1　多重输出指令(MPS、MRD、MPP)

1. 栈指令 MPS、MRD、MPP

MPS 为进栈指令,将状态读入栈存储器;MRD 为读栈指令,读出用 MPS 指令记忆的状态;MPP 为出栈(读并清除)指令,读出用 MPS 指令记忆的状态并清除这些状态。

栈指令用于多输出电路,所完成的操作功能是将多输出电路中连接的状态先存储,以便连接后面电路的编程。FX 系列的 PLC 有 11 个存储中间结果的存储区域称为栈存储器。

MPS、MPP、MRD 指令的使用如图 6-29~图 6-31 所示。

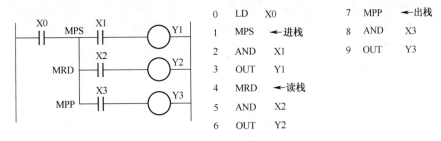

0	LD	X0		7	MPP	←出栈
1	MPS	←进栈		8	AND	X3
2	AND	X1		9	OUT	Y3
3	OUT	Y1				
4	MRD	←读栈				
5	AND	X2				
6	OUT	Y2				

图 6-29　栈指令的使用说明

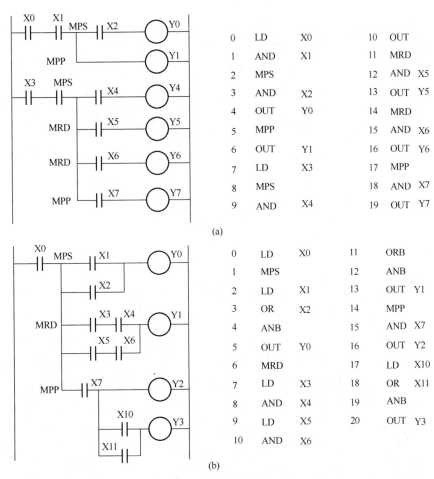

0	LD	X0		10	OUT	
1	AND	X1		11	MRD	
2	MPS			12	AND	X5
3	AND	X2		13	OUT	Y5
4	OUT	Y0		14	MRD	
5	MPP			15	AND	X6
6	OUT	Y1		16	OUT	Y6
7	LD	X3		17	MPP	
8	MPS			18	AND	X7
9	AND	X4		19	OUT	Y7

(a)

0	LD	X0		11	ORB	
1	MPS			12	ANB	
2	LD	X1		13	OUT	Y1
3	OR	X2		14	MPP	
4	ANB			15	AND	X7
5	OUT	Y0		16	OUT	Y2
6	MRD			17	LD	X10
7	LD	X3		18	OR	X11
8	AND	X4		19	ANB	
9	LD	X5		20	OUT	Y3
10	AND	X6				

(b)

图 6-30　栈指令使用之一

　　MPS 存储该指令处的运算结果(压入堆栈),使用一次 MPS 指令,该时刻的运算结果就推入栈的第一单元。在没有使用 MPP 指令之前,若再次使用 MPS 指令,当时的逻辑运算结果推入栈的第一单元,先推入的数据依次向栈的下一单元推移。

　　MRD 读出堆栈,读出由 MPS 指令最新存储的运算结果(栈存储器第一单元数据),栈内数据不发生变化。

　　使用出栈 MPP 指令,将第一层的数据读出,同时其他数据依次上移,数据读出后,此数据就从栈中消失。

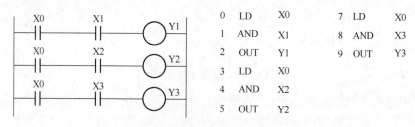

0	LD	X0
1	MPS	
2	AND	X1
3	MPS	
4	AND	X2
5	OUT	Y0
6	MPP	
7	AND	X3
8	OUT	Y1
9	MPP	
10	AND	X4
11	MRD	
12	AND	X5
13	OUT	Y2
14	MRD	
15	AND	X6
16	OUT	Y3

(a)

0	LD	X0
1	MPS	
2	AND	X1
3	MPS	
4	ANB	X2
5	MPS	
6	AND	X3
7	MPS	
8	AND	X4
9	OUT	Y0
10	MPP	
11	ORB	Y1
12	MPP	
13	OUT	Y2
14	MPP	
15	OUT	Y3
16	MPP	
17	OUT	Y4

(b)

图 6-31 栈指令使用之二

注意：

（1）MPS、MPP 必须成对使用，而且连续使用次数应少于 11 次。

（2）MPS、MPP、MRD 都是不带操作对象的指令。

多重输出指令的入栈出栈工作方式是：后进先出、先进后出。

MPS、MPP 两指令必须成对出现，而 MPS、MPP 之间的 MRD 指令在只有两层输出时不用。而若输出的层数多，使用的次数就多。在利用梯形图编程的情况下，多重输出指令可以不用过分关注。而且也可以用其他指令取代多重输出指令。如图 6-32 所示的梯形图与图 6-28 的功能相同，也可将压入堆栈的运算结果用中间继电器记忆，将该继电器的动断触点与 MPP、MRD 指令后的其他条件相"与"。

0	LD	X0
1	AND	X1
2	OUT	Y1
3	LD	X0
4	AND	X2
5	OUT	Y2
7	LD	X0
8	AND	X3
9	OUT	Y3

图 6-32 多重输出指令表示方法

2. 主控指令 MC、MCR

MC（Master Control）为主控指令，用于公共串联触点的连接指令；MCR（Master Control Rreset）为主控复位指令，即 MC 指令的复位指令。

主控指令所完成的操作功能是：当某一触点（或某一组触点）的条件满足时，按正常顺序执行;当这一条件不满足时,则不执行某部分程序,与这部分程序相关的继电器状态全为零。

在编程时,经常遇到多个线圈同时受一个或一组触点控制的情况,如果在每个线圈的控制电路中都编入该逻辑条件,则必然使程序变长,对于这种情况,可以采用主控指令来解决。主控指令利用在母线中串联一个主控触点来实现控制,其作用如控制一组电路的总开关。MC、MCR 指令的使用说明如图 6-33 所示,SP 表示编程输入时所需操作的空格键。

MC、MCR 两条指令的操作目标元件是 Y、M,但不允许使用特殊的辅助继电器。

图 6-33 中 X0 为主控指令的执行条件,当 X0 为 ON 时,执行 MC 与 MCR 之间的指令;当 X0 为 OFF 时,不执行 MC 与 MCR 之间的指令。

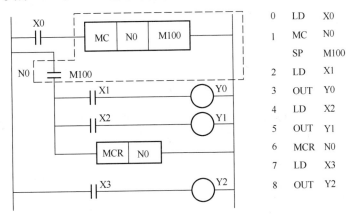

0	LD	X0
1	MC	N0
	SP	M100
2	LD	X1
3	OUT	Y0
4	LD	X2
5	OUT	Y1
6	MCR	N0
7	LD	X3
8	OUT	Y2

图 6-33　MC、MCR 指令使用之一

在使用时注意以下几点:

(1) 与主控触点相连接的触点用 LD、LDI 指令;

(2) 编程时对于主母线中串联的触点不输入指令,如图 6-32 中的"NO M100",它仅是主控指令的标记。

(3) 在 MC 指令内再使用 MC 指令时,嵌套级 N 的编号(0~7)顺次增大,返回时使用 MCR 指令,从大的嵌套级开始解除,如图 6-34 所示。

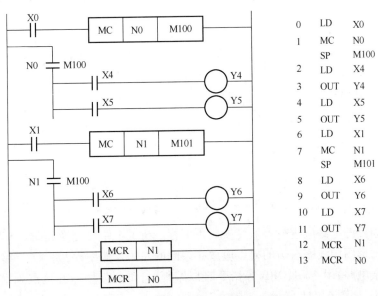

0	LD	X0
1	MC	N0
	SP	M100
2	LD	X4
3	OUT	Y4
4	LD	X5
5	OUT	Y5
6	LD	X1
7	MC	N1
	SP	M101
8	LD	X6
9	OUT	Y6
10	LD	X7
11	OUT	Y7
12	MCR	N1
13	MCR	N0

图 6-34　MC、MCR 指令使用之二

6.4.2　编程注意事项及编程技巧

（1）程序应按自上而下、从左到右的顺序编制。

（2）同一编号的输出元件在一个程序中使用两次，即形成双线圈输出，双线圈输出容易引起误操作，应尽量避免。但不同编号的输出元件可以并行输出，如图 6-35 所示。

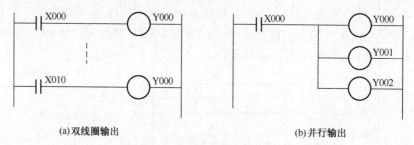

图 6-35　双线圈及并行输出

（3）线圈不能直接与左母线相连。如果需要，可以通过一个没有使用的元件的常闭接点或者特殊辅助继电器 M8000（常开 ON）来连接，如图 6-36 所示。

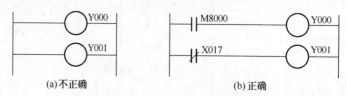

图 6-36　线圈与母线的连接

（4）适当安排编程顺序，以减少程序步数。串联多的支路应尽量放在上面，如图 6-37 所示。并联多的电路应靠近左母线，如图 6-38 所示。

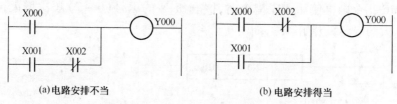

图 6-37　串联多的电路应放在上部

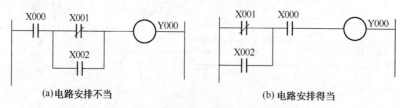

图 6-38　并联多的电路应靠近左母线

（5）不能编程的电路应进行等效变换后再编程。桥式电路可变换成图 6-39 所示的电路进行编程。在梯形图中线圈右边的接点应放在线圈的左边才能编程，如图 6-40 所示。

（6）对复杂电路，用 ANB、ORB 等指令难以编程，可重复使用一些接点画出其等效电路，然后再进行编程，如图 6-41 所示。

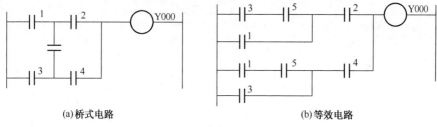

(a)桥式电路　　　　　　　　　　　(b)等效电路

图6-39　桥式电路的变换方法

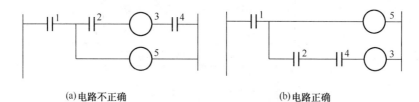

(a)电路不正确　　　　　　　　　　(b)电路正确

图6-40　线圈右边的触点应置于左边

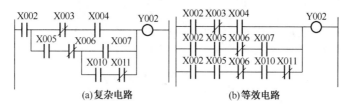

(a)复杂电路　　　　　　　　　　(b)等效电路

图6-41　复杂电路编程技巧

【任务实施】

1. 任务实施所需设备和元器件

任务实施所需训练设备和元器件见表6.8。

表6.8　任务训练所需设备和元器件明细表

名称	型号或规格	数量	名称	型号或规格	数量
可编程控制器	FX$_{2N}$-32MR	1台	启动开关	KN12	1个
三相反应式步进电机	36BF02	1块	停止开关	KN12	1个
按钮(启动、停止)	LA19	2个	钮子开关	KNX	6个

2. 训练内容和控制步骤要求

能对三相步进电动机的转速控制;可实现对对三相步进电动机的正反转控制;能对三相步进电动机的步数进行控制。

1)输入和输出点分配

对步进电动机正反转和调速、步数控制输入和输出点分配见表6.9。

2)PLC 接线图

三相步进电动机的转速控制,分慢速、中速和快速三挡,分别通过开关 S1 、S2 和 S3 选择;正反转控制由开关 S4 选择(X004 为 ON,正转;X004 为 OFF,反转);步数控制分单步、10 步和100 步三挡,分别通过按钮 SB1、开关 S6 和 S7 开关选择;停止用按钮 SB2 控制。PLC I/O 配置及接线图如图 6-42 所示。

表 6.9　步进电动机正反转和调速、步数控制输入和输出点分配表

输 入 信 号			100 步开关	S7	X007
名称	代号	输入点编号	暂停开关	S8	X010
启动开关	S0	X000	停止按钮	SB2	X011
慢速开关	S1	X001	输出信号		
中速开关	S2	X002			
快速开关	S3	X003	名称	代号	输出点编号
正/反转	S4	X004	U 相功放电路	U	Y000
单步按钮	SB1	X005	V 相功放电路	V	Y001
10 步开关	S6	X006	W 相功放电路	W	Y002

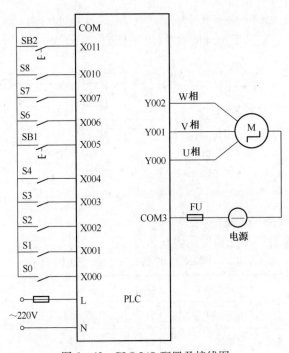

图 6-42　PLC I/O 配置及接线图

3）程序设计

三相步进电动机控制程序设计的梯形图如图 6-43 所示。

（1）转速控制。由脉冲发生器产生不同周期 T 的控制脉冲，通过脉冲控制器的选择，再通过三相六拍环形分配器使三个输出继电器 Y000、Y001 和 Y002 按照单双六拍的通电方式接通，其接通顺序为：

$$Y000 \xrightarrow{T} Y000、Y001 \xrightarrow{T} Y001 \xrightarrow{T} Y001、Y002 \xrightarrow{T} Y002 \xrightarrow{T} Y001、Y002$$

该过程对应于三相步进电动机的通电顺序是：

$$U \xrightarrow{T} U、V \xrightarrow{T} V \xrightarrow{T} V、W \xrightarrow{T} W \xrightarrow{T} W、U$$

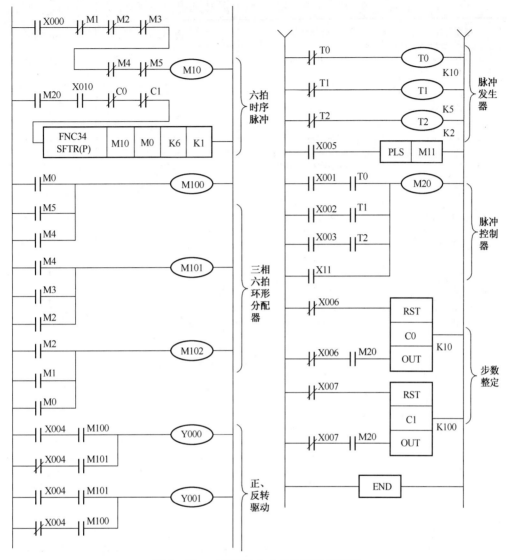

图 6-43　三相步进电动机控制的梯形图

选择不同的脉冲周期 T，以获得不同频率的控制脉冲，从而实现对步进电动机的调速。

（2）正反转控制。通过正、反转驱动环节（调换相序），改变 Y000、Y001 和 Y002 接通的顺序，以实现步进电动机的正、反转控制。即：

正转：Y000 ⟶ Y000、Y001 ⟶ Y001 ⟶ Y001、Y002 ⟶ Y002 ⟶ Y001、Y002

反转：Y000 ⟶ Y000、Y001 ⟶ Y001 ⟶ Y000、Y002 ⟶ Y002 ⟶ Y002、Y001

（3）步数控制。通过脉冲计数器，控制六拍时序脉冲数，以实现对步进电动机步数的控制。

4）运行与调试程序

将图 6-42 的梯形图编写对应的指令程序如表 6.10 所列。并将其写入 PLC 的 RAM，运行调试程序。

表 6.10 图 6-42 的梯形图对应的指令程序

指令程序	指令程序	指令程序	指令程序
0 LD X000	23 OUT M100	42 ORB	65 ORB
ANI M1	24 LD M4	43 OUT Y001	66 LD X003
2 ANI M2	25 OR M3	44 LD M102	67 AND T2
3 ANI M3	26 OR M2	45 OUT Y002	68 ORB
4 ANI M4	27 OUT M101	46 LDI T0	69 OR M11
5 ANI M5	28 LD M2	47 OUT T0	70 OUT M20
6 OUT M10	29 OR M1	K10	71 LDI X006
7 LD M20	30 OR M0	50 LDI T2	72 RST C0
8 ANI X010	31 OUT M102	51 OUT T1	74 LDI X006
9 ANI C0	32 LD X004	K5	75 AND M20
10 ANI C1	33 AND M100	54 LDI T2	76 OUT C0
11 SFTR(P)	34 LDI X004	55 OUT T2	K10
M10	35 AND M101	K2	79 LDI X007
M0	36 ORB	58 LD X005	80 RST C1
K6	37 OUT Y000	59 PLS M11	82 LDI X007
K1	38 LD X004	61 LD X001	83 AND M20
20 LD M0	39 AND M101	62 AND T0	84 OUT C1
21 OR M5	40 LDI X004	63 LD X002	K100
22 OR M4	41 AND M100	64 AND T1	87 END

（1）转速控制。选择慢速（接通 S1），接通启动开关 S0。脉冲控制器产生周期为 1s 的控制脉冲，使 M0～M5 的状态随脉冲向右移位，产生六拍时序脉冲，并通过三相六拍环形分配器使 Y000、Y001 和 Y002 按照单双六拍的通电方式接通，步进电动机开始慢速步进运行。断开 S1、S0；接通 S2、S0 或 S3、S0，观察步进电动机的转速控制运行情况。

（2）正反转控制。先接通正、反转开关 S4，再重复上述转速控制操作，观察步进电动机的运行情况。

（3）步数控制。选择慢速（接通 S1）；选择 10 步（接通 S6）；接通启动开关 S0。六拍时序脉冲及三相六拍环形分配器开始工作；计数器开始计数。当走完预定步数时，计数器动作，其常闭触点断开移位驱步进电动机动电路，六拍时序脉冲、三相六拍环形分配器及正反转驱动环节停止工作。步进电动机停转。在选择慢速的前提下，再选择单步或 100 步重复上述操作，观察步进电动机的运行情况。

【自我测试】

1. 解释 MPS、MRD、MPP 是什么指令？

2. MC、MCR 两条指令的操作目标元件是什么器件？不允许使用什么继电器？

3. 编程注意事项有几条，具体内容是什么？

任务 5　数控机床液压尾座 PLC 控制

【任务描述】

（1）通过学习了解数控机床的 PLC 形式，掌握内装型 PLC 的特点。

（2）通过训练了解 FANUC　PLC 指令系统，PMC-L 的指令系统、功能指令，熟悉数控车床尾座套筒的控制原理。

（3）通过训练了解 FANUC PLC 的程序输入的几种方法，熟悉液压或气动控制系统的建立及其控制。

【任务分析】

本任务主要研究数控机床中 PLC 的应用，分别介绍内装和独立型 PLC；以 FANUC　PLC 为例，简单介绍数控机床 PLC 的指令系统和编程方法。

【知识链接】

6.5.1　数控机床的 PLC

本节主要介绍 PLC 在数控机床中的应用，它主要用来控制什么对象，以及数控机床的 PLC 的形式等内容。

1. 数控机床的 PLC 的控制对象

在任务驱动 1 已讨论过数控机床的结构，其组成简图如图 6-44 所示。

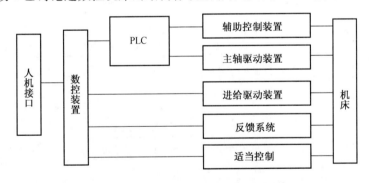

图 6-44　数控机床的结构简图

图 6-44 非常清楚地显示了 PLC 在数控机床中的位置。一般在讨论 PLC 时，常把数控机床分为 CNC（Computer Numerical Control，数控装置）侧和 MT（Machine Tool，机床）侧，PLC 位于 CNC 侧和机床侧之间，对 CNC 装置和机床的输入输出信号进行处理。CNC 侧包括 CNC 装置软件和硬件以及与 CNC 装置相连的其他外部设备。机床侧包括机床机械部分与液压、气动、冷却、润滑、排屑等辅助装置，以及机床操作面板、继电器控制线路、机床强电线路等。

PLC 与 CNC 装置之间的信息交换，包括由 CNC 发送给 PLC 各种功能代码（M、S、T）的信息，PLC 发送给 CNC 的主要是 CNC 装置各坐标轴的机床基准点，以及 M、S、T 功能的应答信号等。PLC 向机床传递的信息，主要是控制机床执行元件（如电磁阀、接触器、继电器等）的信息，以及机床各运动部件状态的信号和故障信号。机床给 PLC 的信息，主要是机床操作面板及床身上各开关、按钮的信息,其中包括机床启动与停止、机构变速选择、主轴正反转和停止、冷却液的开与关、各坐标轴的点动、刀架夹盘的夹紧与松开等信号,以及上述各部件的限位开关等保护信号,主轴伺服保护状态监视信号和伺服系统运行准备信号等。

现在 PLC 已成为数控机床不可缺少的控制装置,CNC 和 PLC 协调配合共同完成数控机床的控制,其中 CNC 主要完成与数字运算和管理有关的功能,如工件程序的编辑、插补运算、译码、位置伺服控制等。PLC 主要完成与逻辑运算有关的动作,或者说对数控机床进行辅助控制。其作用是把 CNC 送来的辅助控制指令,经可编程控制器处理和辅助接口电路转换成强电信号,用来控制数控机床的顺序动作、定时计数、主轴电机的启停与换向、主轴转速调整、工件夹紧与松开、冷却泵启停及刀具的更换等动作。可编程控制器本身还可以接收机床操作面板的各行程开关、传感器、按钮、继电器等开关量信号,一方面直接根据程序控制机床的动作,另一方面将一部分指令送往 CNC 用于加工过程的控制。

2. 数控机床的 PLC 的形式

数控机床上使用的 PLC 可以分成两类,一类是 CNC 生产厂家为实现数控机床的顺序动作控制,而将 CNC 和 PLC 综合起来设计,称为内装型(Built - in Type)PLC,内装型 PLC 是 CNC 装置的一部分。另一种是以独立专业化的 PLC 生产厂家的产品,实现数控机床的顺序控制功能,称为独立型(Stand - alone Type)PLC。

1) 内装型 PLC

这种类型的 PLC 不能独立工作,只是 CNC 向 PLC 功能的扩展,两者不能分离。内装型 PLC 与 CNC 之间的信息传送在 CNC 内部进行,PLC 与机床之间信息传送通过 CNC 的输入/输出接口电路实现。如图 6-45 所示。

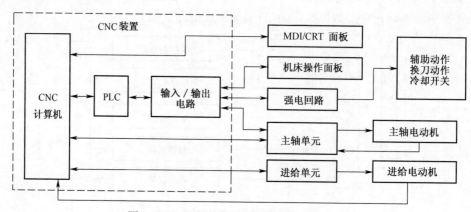

图 6-45　具有内装型 PLC 的数控装置框图

内装型 PLC 具有以下特点:

(1) 内装型 PLC 实际上是 CNC 装置附加的功能,一般作为基本或可选择的功能提供给用户。

(2) 内装型 PLC 的性能指标是根据 CNC 系统及机床的规格确定的,其硬件和软件被作为 CNC 系统的基本或附加功能而与 CNC 系统一起统一设计和制造。系统的整体结构合理,PLC 的功能针对性强,尤其适用于单机数控设备。

(3) 在系统的具体结构上,内装型 PLC 可与 CNC 共用 CPU,也可以单独使用一个 CPU。硬件控制电路可与 CNC 其他电路制作在同一块印制板上,也可以单独制成一块附加板,当 CNC 装置需要附加 PLC 功能时,再将此附加板插装到 CNC 装置上。内装 PLC 一般不单独配置输入/输出接口电路,而是使用 CNC 系统本身的输入/输出电路。PLC 所用电源由 CNC 装置提供,不需另备电源。

(4)采用内装型 PLC 结构,CNC 系统可以具有某些高级的控制功能,如梯形图编辑和传送功能,以及在 CNC 内部直接处理大量信息等。

世界著名的 CNC 厂家在其生产的 CNC 产品中,大多开发了内装型 PLC 功能。如日本的 FANUC 公司、德国的 SIEMENS 等,均在其 CNC 系统中开发了内装型 PLC,见表 6.11 所列。一般来说,采用内装型 PLC 省去了 PLC 与 NC 间的连线,具有结构紧凑、可靠性好、安装和操作方便等优点,与另配通用型 PLC 的情况相比较,无论在技术上还是经济上对用户都是有利的。

表 6.11　具有内装型 PLC 的 CNC 系统

序号	公司名称	CNC 系统型号	内装型 PLC 型号
1	FANUC	System 0	PMC－L/M
2	FANUC	System 0 Mate	PMC－L/M
3	FANUC	System 3	PC－D
4	FANUC	System 6	PC－A/B
5	FANUC	System 10/11	PMC－I
6	FANUC	System 15/16/18	PMC－M
7	SIEMENS	SINUMERIK820	S5－135W
8	SIEMENS	SINUMERIK3	S5－100WB
9	SIEMENS	SINUMERIK8	S5－130WB, S5－150A/K/S
10	SIEMENS	SINUMERIK850	S5－130WB, S5－150U, S5－155U
11	SIEMENS	SINUMERIK880	S5－135W
12	SIEMENS	SIEMENS810/840D	S7－300

2)独立型 PLC

独立型 PLC 又称通用型 PLC。独立型 PLC 是独立于 CNC 装置,具有完备的硬件和软件功能,能够独立完成规定控制任务的装置。采用独立型 PLC 的数控机床系统框图如图 6－46 所示。

独立型 PLC 具有如下特点:

(1)独立型 PLC 具有独立的功能结构,具有独立的 CPU 及其控制电路、程序存储器、输入/输出接口电路、通信接口和电源,具有独立的软件系统。

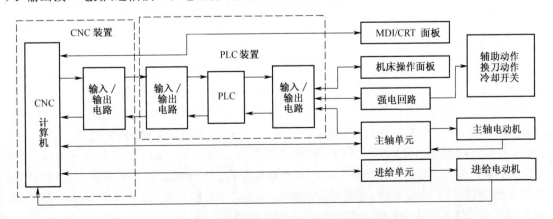

图 6－46　采用独立型 PLC 的数控装置框图

（2）独立型 PLC 一般采用积木式模块结构或插板式结构，各功能电路多做成独立的模块或印制电路插板，具有安装方便、功能易于扩展和变更等优点。例如，可采用通信模块与外部输入/输出设备、编程设备、上机位、下机位等进行数据交换，采用 D/A 模块对外部伺服装置直接进行控制，采用计数模块对加工数量、刀具使用次数、回转体回转分度数等进行检测和控制，采用定位模块直接对诸如刀库、转台、旋转轴等机械运动部件或装置进行控制。

（3）独立型 PLC 的输入、输出点数可以通过 I/O 模块或插板的增减灵活配置。有的独立型 PLC 还可通过多个远程终端连接器构成有大量输入、输出点的网络，以实现大范围的集中控制。

（4）专门用于 FMS（Flexible Manufacture System）、FA（Factory Automation）而开发的独立型 PLC 具有强大的数据处理、通信和诊断功能，可用作"单元控制器"，是现代化生产制造系统重要的控制装置，当然也可以用于单机控制。

目前，国内已引进应用的独立型 PLC 有 SIEMENS 公司的 SIMATLCS6 系列产品、FANUC 公司 PMC-J 等。

6.5.2　数控机床 PLC 的程序编制

前面介绍了数控机床中用到的 PLC 的形式，本处以 FANUC　PLC 为例，简单介绍数控机床 PLC 的指令系统和编程方法。

1. PLC 用户程序的表达方法

数控机床是机、电、液、气一体化的高新技术密集设备，完成其控制需要综合机械制造、计算机、自动控制和传感器等多种技术，对完成控制所采用的 CNC 系统具有较高的技术要求，如界面开放、智能化、网络功能等。因此，数控机床电气控制系统在完成硬件电路设计和 PLC 的外围电路规划之后，还要投入更多的时间来完成数控机床逻辑控制的 PLC 用户程序开发工作，这种开发是建立在 CNC 生产厂家的系统软件基础平台之上，针对具体数控机床的控制功能和动作要求进行的。

一般来讲，一套 CNC 系统，无论是传统的封闭式体系结构还是目前正在广泛应用的开放式体系结构，在软件上均由 CNC 和 PLC 两大控制模块组成。在数控系统出厂时，CNC 软件的功能已被定义和安装完毕，可用来完成主轴运动控制、伺服轴进给控制、第一操作面板的管理、手软信号的处理、CRT 显示控制、加工程序传输与网络控制功能等。而 PLC 软件则是数控系统生产厂家留给其用户（数控机床制造厂），以根据其特殊用途而开发的，也用来使通用的数控系统能通过不同的 PLC 用户程序控制不同功能数控机床的逻辑动作，如第二操作面板的设置与管理、工作方式的选择及方式之间的联锁、自动换刀的分解动作以及与动作相配合的进给坐标移动、用户设置的 PLC 报警与处理等。

PLC 程序传统上一般使用梯形图编制，其特点是形象直观，可读性强，但在编写具有复杂运算功能的程序时结构复杂，难度较大，FUNAC 数控系统的 PLC 程序便采用这种方式编写。而 SIEMENS 公司则提供了 STEP7 软件，可对大多 SIEMENS 公司的 PLC 进行编程，STEP7 软件除标准的梯形图、指令表、功能块图编程语言外，还可外挂 S7-SCL（结构化控制语言）、S7-GRAPH（顺序功能图语言）、S7-HiGraph（状态图形语言）和 S7-CFC（连续功能图语言）等编程语言，其中 S7-SCL 是一种类似于 C 语言的编程方式。对于现在的大多数开放式体系结构数控系统，都提供了功能更强、也更灵活高效的高级语言编程方式，如 C 、C++甚至 VC 语言，可方便用户利用其强大的功能开发出理想的 PLC 控制程序。

2. FANUC PLC 指令系统

在 FUNAC 数控系统中,最常用的内装型 PLC 就是 PMC - L 系列,同其他 PLC 一样,PMC - L 指令也有基本指令和功能指令。在设计顺序程序时,使用得最多的当然是基本指令,如 AND、OR、RD 等。但数控机床执行的顺序逻辑往往比较复杂,仅使用基本指令编程是十分困难的,即使实现了,其程序规模也很庞大,必须借助于功能指令以简化程序。

在基本指令和功能指令执行中,逻辑操作的中间结果暂时存放在"堆栈寄存器"中,PMC - L 堆栈寄存器由 9 位组成,分别称作 ST0、ST1、……、ST9,其中 ST0 为当前操作堆栈位。堆栈按先进后出、后进先出的顺序工作,操作的中间结果进栈时,寄存器左移一位,出栈时寄存器右移一位。

在程序结构上,同一般 PLC 不同的是,PMC - L 系列 PLC 为提高响应速度,采用了高级顺序和低级顺序的处理方式。大部分 PLC 程序的处理时间为几十毫秒到上百毫秒,对数控机床的绝大多数信号,这个速度已足够了。但对于某些信号,特别是脉冲信号,要求其响应时间在 20ms 以下,一般情况下,PLC 是无法达到如此迅速的响应速度的。为适应整个系统中控制信号的不同响应速度要求,PMC - L 系列 PLC 将程序分为高级顺序和低级顺序两部分,如图 6 - 47 所示,用功能指令 END1 指定高级顺序结束,而用 END2 指定低级顺序结束。

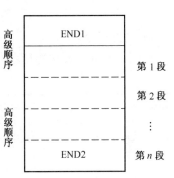

图 6 - 47　顺序程序的划分

在编写程序时,PLC 编程器自动地将低级顺序程序分为若干段,分别为 1、2、3、……、N 段,N 的数值随着步数的增大而增大。在 PLC 程序执行时,每个"段执行周期"内均执行一次高级程序,低级顺序的总扫描周期显然等于"段执行周期"乘以段数 N。在段执行周期内,高级顺序程序占用步数越多,则执行低级顺序程序的时间就越少,这样就要增加分割段数,PLC 程序的总扫描周期就将加长。理想的 PLC 程序是将高级顺序部分压缩至最小,只把需要迅速处理的信号编写在高级顺序中,其他信号则编写在低级顺序中。

下面简单介绍 PMC - L 的指令系统。

1) 基本指令

常用的 PMC - L 基本指令有 12 条,如表 6.12 所列。

表 6.12　PMC - L 的基本指令

序号	指令	功　　　能
1	RD	将信号的状态置入 ST0,功能同 FX 系列 PLC 的 LD 指令
2	RD. NOT	将信号的"非"状态置入 ST0,功能同 LDI
3	WRT	输出运算的结果(ST0 状态)到指定地址,功能同 OUT
4	WRT. NOT	输出运算的结果(ST0 状态)的"非"到指定地址
5	AND	逻辑与,功能同 FX 系列 PLC
6	AND. NOT	以指定地址信号的"非"状态进行逻辑与,功能同 ANI
7	OR	逻辑或,功能同 FX 系列 PLC

序号	指令	功　能
8	OR. NOT	以指定地址信号的"非"状态进行逻辑或,功能同 ORI
9	RD. STK	指定信号置入 ST0,原 ST0 内容左移到 ST1,功能同 MPS
10	RD. NOT. STK	指定信号的"非"状态置入 ST0,原 ST0 内容左移到 ST1
11	AND. STK	将 ST0 与 ST1 内容进行逻辑与,结果存入 ST0,其他寄存器右移一位
12	OR. STK	同上类似,堆栈内容进行逻辑"或",结果存于 ST0,堆栈寄存器右移一位

2）功能指令

常用的 PMC – L 功能指令有 35 条,如表 6.13 所列。

表 6.13　PMC – L 的功能指令

序号	指令	功　能	序号	指令	功　能
1	END1	第一级顺序程序结束	19	DSCH	数据检索
2	END2	第二级顺序程序结束	20	XMOV	变址数据转移
3	END3	第三级顺序程序结束	21	ADD	加法运算
4	TMR	定时器处理	22	SUB	减法运算
5	TMRB	固定定时器处理	23	MUL	乘法运算
6	DEC	译码	24	DIV	除法运算
7	CTR	计数	25	NUME	定义常数
8	ROT	旋转控制	26	PACTL	位置 Mate – A
9	COD	代码转换	27	CODB	二进制代码转换
10	MOVB	逻辑乘后数据转移	28	DCNVB	扩展数据转换
11	COM	公共线控制	29	COMPB	二进制比较
12	COME	公共线控制结束	30	ADDB	二进制数加
13	JMP	跳转	31	SUBB	二进制数减
14	JMPE	跳转结束	32	MULB	二进制数乘
15	PARI	奇偶检查	33	DIVB	二进制数除
16	DCNN	数据转换	34	NUMEB	定义二进制常数
17	COMP	比较	35	DISP	在 CRT 上显示信息
18	COIN	符合检查			

功能指令不能像基本指令那样书写非常简单，必须按照一定的格式，格式包括控制条件、指令、参数和输出共四部分。指令格式中的各部分内容说明如下：

（1）控制条件。每条功能指令控制条件的数量和含义各不相同，控制条件存在于堆栈寄存器中，控制条件、指令、参数和输出必须无一遗漏地按固定的编码顺序编写。

（2）指令。指令的梯形图书写方式如表6.14所列。

表6.14　功能指令示例

步号	指令	地址号	注释	步号	指令	地址号	注释
1	RD	R500.0	A	7	SUB	O O	指令
2	AND. NOT	X3. 1	B	8	（PRM）	0000	参数1
3	RD. STK	R510.0	C	9	（PRM）	0000	参数2
4	AND. NOT	X4. 1	D	10	（PRM）	0000	参数3
5	RD. STK	R520.0	RST	11	（PRM）	0000	参数4
6	RD. STK	R530.0	ACT	12	WRT	R540.0	W

（3）参数。功能指令可以处理数据，数据或存有数据的地址可以作为参数写入功能指令，参数的数目和含义随指令的不同而不同。

（4）输出。功能指令的操作结果"0"、"1"状态可输出，输出地址由编程者指定，当然也有的功能指令没有输出。下面看一个功能指令书写的例子，如图6-48所示。

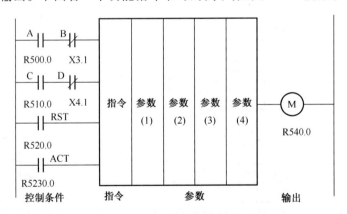

图6-48　功能指令格式

3. FANUC PLC 梯形图编制的一般规则

梯形图是设计、维修等技术人员经常使用的技术文件。其编制应尽可能简单、明了，并且应尽量有一种规范化的约定，通常规定如下：

（1）输入/输出信号及继电器等的名称和记号易懂、确切，名称长度不超过8个字符，第1个字符用字母P代表正，B代表"非"，N代表负。如B.CP是用于自动操作的停止信号。

（2）梯形图中的继电器，一般按其作用来给定符号，且字母要大写。

（3）当出现PLC机床侧输入/输出信号的名称与CNC设备连接手册中输入/输出名称相同的情况时，应在机床侧的信号名称之后加"M"，以便于与CNC信号相区别。为区分CNC侧与机床侧信号，在画梯形图时常采用表6.15所示的图形符号。

表 6.15　梯形图中的符号

符号	说　明	符号	说　明
A ─┤├─	PLC 中的继电器触点，A 为常开，B 为常闭	A ─o^o─	PLC 中的定时器触点，A 为常开，B 为常闭
B ─┤/├─		B ─o^o─	
A ─▮▯─	从 CNC 侧输入的信号，A 为常开，B 为常闭	◯	PLC 中的继电器线圈
B ─▮◿▯─		─◯─	输出到 CNC 侧继电器线圈
A ─▯▯─	从机床侧（包括机床操作面板）输入的信号，A 为常开，B 为常闭	─▭─	输出到机床侧继电器线圈
B ─▯◿▯─		◎	PLC 中定时器线圈

编制 PLC 流程图如图 6-49 所在示。

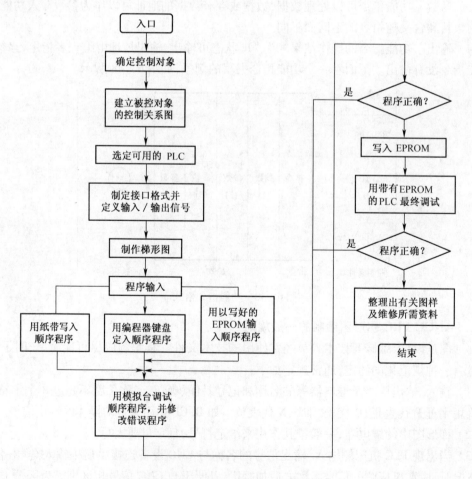

图 6-49　PLC 程序编制流程图

FANUC PLC 的程序输入有以下几种方法：

（1）编程器。编程器可用于程序的输入、编辑、修改、校验及调试。编程器有三个插座，一个插座是与 PLC 的接口，通过连接电缆将编程器与 PLC 的 RAM 存储器相连接，编程器中的程序可传送到 PLC 的 RAM 中，在试验 TEST 方式下进行对程序的调试修改、校验等工作，程序调试完毕，编程器即可与 PLC 脱离；另一个插座是外部设备接口 EXT，经此接口，编程器可与外部设备相连接，如接上 FACIT4070 穿孔机即可将程序输出制成穿孔纸带，若接上 ASR33 电传打字机，则能将程序打印成文本保存；第三个插座为 EPROM 插座，可插入 2716 或 2732EPROM，当程序调试无误后，可将相应的 EPROM 插入插座，将程序写入 EPROM，在将写好的 EPROM 插入 PLC 中。

（2）PLC 纸带。将程序穿孔纸带通过 ASR33 电传打字机的纸带阅读机送入 PLC，并同时打印输出硬拷贝，也可用 CNC 侧纸带阅读机读入。

（3）EPROM。用已写入程序 EPROM 插入编程器的 EPROM 插座，应用编程器的输入键将程序写入 PLC。

6.5.3 液压与气动控制回路图

南京机床厂生产的 FANUC‑OT 系统数控车床尾座套筒液压系统如图 6‑50 所示。其工作原理是：当踏下向前开关后，电磁阀 YA1 通电，换向阀左位接通，液压油经溢流阀、节流阀、单向阀进入液压缸，顶紧工件。松开脚踏板后，此时换向阀处于中位，油路停止供油，由于单向阀的作用，套筒液压缸得以保持压力，同时该油压使得压力继电器的常开触点接通。当踏下向后开关，电磁阀 YA2 通电，换向阀右位接通，液压油直接流入液压缸左腔，松开工件。套筒液压缸处设置了向前、向后两个限位开关，压下即刻报警。

上述电器控制由 PLC 完成。有条件的学校可以建立该液压系统进行训练。有气动实验条件的学校，在保留原有系统功能和控制信号数量的前提下，可以将液压控制改为气压控制，也能达到训练目的。现在我们再来学习 PLC 气压控制系统。

在如图 6‑51 所示的气动控制回路图中，压缩空气经调理装置进入三位四通电磁换向阀。当按下向前开关 SB1 后，电磁阀 YA1 通电，换向阀左位接通，压缩空气经节流阀进入气缸，顶紧工件。松开 SB1 后，此时换向阀处于中位，气路停止供气，由于单向阀的作用，气缸活塞杆得以保持压力，同时该气压使得压力继电器的常开触点接通。当按下向后 SB2 后，电磁阀 YA2 通电，换向阀右位接通，压缩空气直接流入气缸右腔，松开工件。在气缸活塞杆右侧设置了向前、向后两个电气限位开关 SQ1 和 SQ2，一旦压下立即报警。

【任务实施】

1. 任务实施所需的训练设备与元器件

气缸 1 只，压力继电器 1 只，节流阀 1 只，气动调理装置 1 套，气源，气管若干，按钮开关 2 个，限位开关 2 个，指示灯 2 个，导线若干，FX_{2N}‑48MR1 只，设备的具体型号各学校可根据自己的实际情况进行选择。

2. 训练的内容和控制步骤要求

数控车床尾座套筒液压 PLC 控制的输入/输出（I/O）外接线如表 6.16 所列。按下向前开关 SB1，气缸杆伸出，夹紧压力由压力开关 B1 设定；松开 SB1 后夹紧保持；按下向后 SB2，气缸杆返回，松开工件；压下向前限位开关 S1 或向后限位开关 S2，相应报警指示灯 HL1 或 HL2 亮。

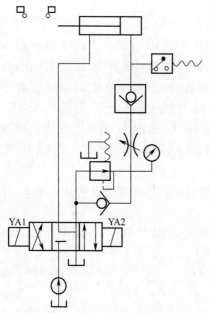

图 6-50　数控车床尾座套筒液压系统　　　　图 6-51　数控车床尾座套筒气动控制回路

1）输入点和输出点分配

数控车床尾座套筒液压 PLC 控制的输入点和输出点分配见表 6.16。

表 6.16　数控车床尾座套筒液压 PLC 控制的输入点和输出点分配表

输 入 信 号			输 出 信 号		
名称	代号	输入点编号	名称	代号	输出点编号
向前开关	SB1	X000	电磁阀	YA1	Y000
向后开关	SB2	X001	电磁阀	YA2	Y001
压力继电器	B1	X002	报警指示灯	HL1	Y003
向前限位开关	S1	X003	报警指示灯	HL2	Y004
向后限位开关	S2	X004			

2）PLC 接线图

PLC 的 I/O 配置接线图如图 6-52 所示。

3）程序设计

编制梯形图程序；

进行程序模拟调试；

按照图 6-50 和图 6-51 建立 PLC 液压和气动控制系统；

进行调试和试运行。

【自我测试】

1. 独立型 PLC 特点是什么？

2. 内装型 PLC 特点是什么？

3. 为什么要设置向前、向后两个电气限位开关 SQ1 和 SQ2？

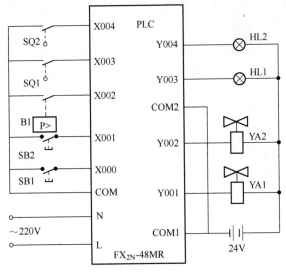

图 6-52 气动控制系统接线图

4. FANUC PLC 梯形图编制的一般规则有哪些?

任务 6　数控机床润滑系统的控制

【任务描述】

（1）通过学习了解 MDI 接口、CRT 接口位置和连接,数控系统的 I/O 接口。

（2）通过训练掌握数控系统常用的串行通信接口标准、DNC 通信接口技术、数控系统网络通信接口。

（3）通过训练了解数控机床润滑系统电气控制,学会编制梯形图。

【任务分析】

本任务主要研究数控机床 CNC 系统的输入/输出及通信接口、常用的串行通信接口与智能口;学会数控机床润滑系统电气控制连接与编程调试。

【知识链接】

6.6.1　输入/输出及其通信接口

通过前面的讲述,大家对 CNC 系统有了大概的认识,最后我们对 CNC 系统的输入/输出及通信接口做一简单介绍,了解 CNC 系统是如何连接人机界面以及如何构成网络的。

1. 数控系统对输入/输出接口的要求

数控系统的接口是指外部设备与 CNC 之间的连接电路。CNC 与外部设备之间要有输入/输出通道,以便交换信息。CNC 向外部设备送出信息的接口称为输出接口,外部设备向 CNC 传递信息的接口称为输入接口,此外还有双向接口。I/O 接口包括硬件电路和软件两部分,I/O 硬件接口电路主要由地址译码、I/O 读写译码和 I/O 接口芯片(如数据缓冲器和数据锁存器等)组成。在 CNC 系统中 I/O 的扩展是为控制对象或外部设备提供输入输出通道,实现机床的控制和管理功能,如开关量控制、逻辑状态监测、键盘与显示接口等。对接口电路的要求有:

（1）能够可靠地传送控制机床动作的相应控制信息,并能够输入控制机床所需的有关状态信息。信息形式有数字量(以8位二进制形式表示的数字信息)、开关量(以1位二进制数"0"或"1"表示的信息)和模拟量三种。

(2)能够进行相应的信息转换,以满足CNC系统的输入与输出要求。输入时必须将机床的有关状态信息转换成数字形式,以满足计算机的输入信息要求;输出时应满足机床各种有关执行元件的输入要求。信息转换主要包括数字/模拟量转换(D/A)、模拟/数字量转换(A/D)、并行的数字量转换成脉冲量、电平转换、电量到非电量的转换、弱电到强电的转换以及功率匹配等。

(3)具有较强的抗干扰能力,提高系统的可靠性。工业现场中存在大量的干扰信号,会对CNC系统造成一定的影响。要求I/O接口具有较强的抗干扰能力,以提高整个系统的可靠性。

2. CNC装置的人机接口

CNC装置的人机接口主要是指MDI/CRT。MDI是指手动数据输入设备,也就是键盘输入装置,用于控制机床的状态及输入程序。CRT是指显示器,用于显示机床的运行参数及状态。早期的数控系统曾使用穿孔纸带作为信息载体,因此需使用纸带阅读机、穿孔机等作为程序输入设备,随着计算机技术的发展,数控系统信息载体不断更新,这种外部设备已经很少见了。

1) MDI接口

MDI接口框图如图6-53所示。当CNC系统的CPU扫描到有键按下的信号时,就将数据送入移位寄存器,其输出经过报警检查。若不报警,数据经选择门、移位寄存器、数据总线送入RAM中,然后再按程序进行相应的处理。

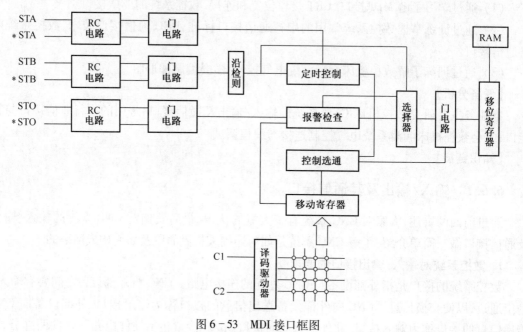

图6-53　MDI接口框图

2) CRT接口

CRT接口框图如图6-54所示。CRT接口在CNC软件的配合下,在单色或彩色显示器实现字符和图形显示,用于显示程序、参数、各种补偿数据、坐标位置、故障信息、人机对话编程菜单、零件图形(平面或立体)及刀具动态轨迹等。

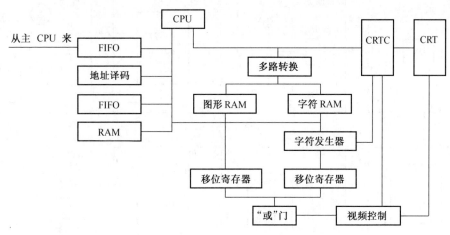

图 6 - 54   CRT 接口框图

3. 数控系统的 I/O 接口

对 CNC 装置而言,由 MT 侧向 CNC 传送的信号称为输入信号,由 CNC 侧向 MT 侧传送的信号称为输出信号。

1)输入信号

典型的直流输入信号接口如图 6 - 55(a)所示,图中 RV 表示信号接收器。RV 可以是无隔离的滤波和电平转换电路,也可以是光电耦合转换电路。直流输入信号是机床侧的开关、按钮、继电器触点、检测传感器等采集的闭合/断开状态信号。这些状态信号需经上述接口电路处理,才能变成 PLC 或 CNC 能够接收的信号。

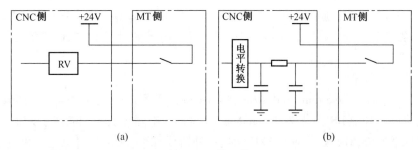

图 6 - 55   输入接口

典型输入电路如图 6 - 55(b)所示。信号工作电压由 CNC 内部提供,当 MT 侧触点闭合时,+24V 电压加到接收器电路上,经滤波和电平转换处理后,输出至 CNC 内部,成为内部电子电路可以接收和处理的信号。

2)输出信号

典型的直流输出信号接口电路如图 6 - 56(a)所示,图中 DV 为信号驱动器。直流输出信号是来自 CNC 或 PLC,经驱动电路送至 MT 侧以驱动继电器线圈、指示灯等信号。图 6 - 56(b)和(c)是负载分别为指示灯和继电器线圈的典型信号输出电路。当 CNC 有信号输出时,DV 基极为高电平,晶体管导通。此时输出信号状态为“1”,电流将流过指示灯或继电器线圈,使指示灯亮或继电器动作。当 CNC 无输出时,基极为低电平,晶体管不导通,输出信号状态为“0”,不能驱动负载。

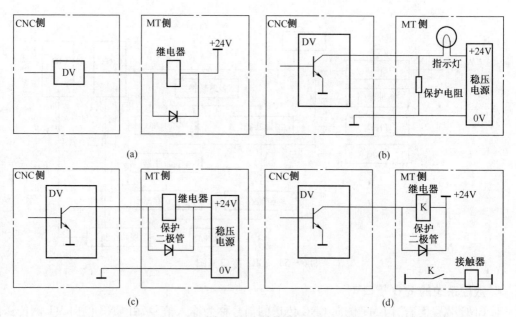

图 6 - 56 输出接口

在输出电路中需要注意对驱动电路和负载器件的保护。当被驱动的负载是电磁开关、电磁离合器、电磁阀线圈等交流负载,或虽是直流负载,但工作电压或工作电流超过输出信号的工作范围时,应先用输出信号驱动小型继电器,然后用它们的触点接通强电线路的继电器或直接驱动这些负载,如图 6 - 56(d) 所示。

6.6.2 数控系统常用的串行通信接口标准

数控系统常用的串行通信接口主要有 RS - 232C、RS - 422A、RS - 485 等三种,其中 RS - 232C 常用于数控系统与计算机的连接,RS - 422A 和 RS - 485 则用于数控系统与网络及外围设备的连接。

1. RS - 232C 标准

RS - 232C 是 EIA(Electronic Industries Association,美国电子工业协会) 于 1962 年公布的一种标准化接口。其中 RS 为英文 Recommended Standard(推荐标准) 的缩写,232 是标识符,C 表示此接口标准的修改次数。RS - 232C 既是一种协议标准,又是一种电气标准,它规定了通信设备之间信息交换的方式与功能。

在电气性能上,RS - 232C 采用负逻辑,规定逻辑“1”电平在-5 ~ -15V 范围内,逻辑“0”电平在+5 ~ +15V 范围内,具有较强的抗干扰能力。在机械性能方面,RS - 232C 采用标准的 25 针连接器,也可以简化为 9 针,其外形大家应该在计算机的机箱后面见过。实际使用时,25 个引脚并未全部定义,最简单的通信只需 3 根线,最多也只用到 22 根。根据使用情况的不同,连接器有做成 25 针的,也有做成 9 针的。

在通信距离较近,且通信速度要求不高的场合,可以直接采用 RS - 232C 接口,既简单又方便,一般的计算机均带有 RS - 232C 接口。但由于 RS - 232C 接口采用单端发送、单端接收的方式,最大通信距离只有 15 ~ 30m,最高传输速率为 9600b/s(波特率,串行通信速度单位),只能进行一对一通信,所以它也有数据通信速率低、通信距离短、抗共模干扰能力差的缺点。

为将 RS－232C 连接器与 TTL 电平的器件相连,需采用传输线驱动器 MC1488 和传输线接收器 MC1489 进行转换,如图 6－57 所示。

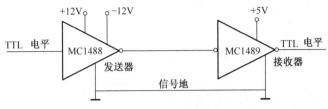

图 6－57　RS－232C 电气接口电路

2. RS－422A/RS－499 标准

1977 年,EIA 又制定了串行通信标准 RS－499,对 RS－232C 的电气性能作了改进,RS－422 就是 RS－499 的子集。它定义了 RS－232C 所没有的 10 种电路功能,规定采用 37 脚连接器。它采用差动发送、差动接收的工作方式,发送器与接收器仅使用+5V 电源,在通信速率、通信距离、抗共模干扰等方面均有较大的提高。

RS－422A 的最大传输速率可达 10Mb/s,对应的通信距离为 120m;当通信速率降至 100Kb/s 时,最大传输距离可达 1200m。RS－422 常用的驱动器有 75174、MC3487,常用的接收器有 75175、MC3486,连接如图 6－58 所示。在接收方面,一台发送器可以连接 10 台接收器,克服了一对一通信所带设备少、不易构成网络的缺点。

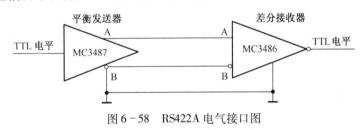

图 6－58　RS422A 电气接口图

3. RS－485 标准

RS－485 接口实际上是 RS－422A 接口的变形,它与 RS－422A 的不同在于 RS－422A 为全双工,而 RS－485 为半双工。RS－422A 采用两对平衡差动信号线,分别用于发送和接收。RS－484 只有一对平衡差动信号线,不能同时发送和接收。正是由于 RS－485 只有一对平衡差动信号线,最少只需两根线就可以完成信号的发送与接收任务。又由于 RS－485 接口的抗干扰性好,在工业现场,用一根双绞线就可进行通信网络的连接,大大简化了布线工艺。

使用 RS－485 通信接口和双绞线可构成串行通信网络,构成分布式系统,系统中最多可有 32 个子站,新的接口器件可允许连接 128 个站。正因为如此,RS－485 接口在工业现场得到了广泛的应用。

【任务实施】

如图 6－60 所示,以某数控车床的润滑控制系统为例,介绍 PLC 在数控机床中的应用。

1. 梯形图及控制信号

润滑控制系统的 PLC 梯形图程序如图 6－59,共处理 4 个以 X 字母开头的输入地址信号,2 个以 Y 字母开头的输出地址信号,12 个以 R 字母开头的内部继电器,4 组以 D 字母开头的固定定时器设定地址。各信号地址及其信号名称见表6.17。

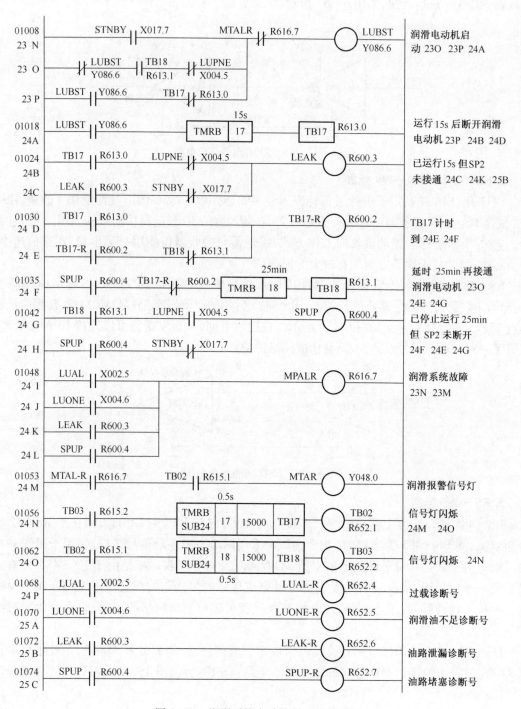

图6-59 润滑系统自动控制 PLC 梯形图

2. 控制电路

图6-60所示为润滑系统的电气控制电路图,图6-61所示为润滑系统控制顺序方框图,各图形符号的说明如下。

表 6.17   润滑系统信号地址及信号名称表

序号	地址	信号名称	序号	地址	信号名称
1	X002.5	DKLUAL	12	R615.1	TB02
2	X004.5	LUPNE	13	R615.2	TB03
3	X004.6	LUONE	14	R616.7	TALR
4	X017.7	STNBY	15	R652.4	LUALR
5	Y048.0	MTAL	16	R652.5	LUONER
6	Y086.6	LUBST	17	R652.6	LEAKR
7	R600.2	TB17R	18	R652.7	SPUPR
8	R600.3	LEAK	19	D305	BT-02
9	R600.4	SPUP	20	D320	TB-03
10	R613.0	TB17	21	D390	TB-17
11	R613.1	TB18	22	D395	TB-18

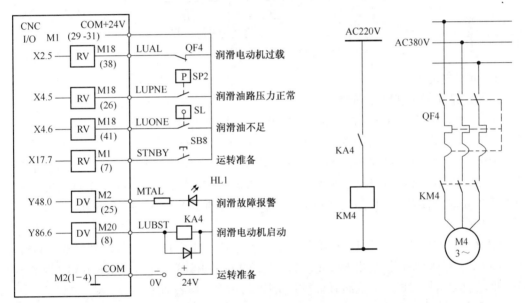

图 6-60   润滑系统的电气控制原理图

M1、M2、M18、M20:CNC 装置信号电缆插座,括号内的数字为插脚编号。

RV:输入信号接收器。

DV:输出信号驱动器。

QF4:润滑电动机过载保护自动断路器(过载时自动断开)。

SP2:润滑油路压力开关(工作压力正常时接通)。

SL:润滑油液面开关(润滑油不足时接通)。

SB8:运转准备按钮(位于机床操作面板上,接下时机床处于运行准备状态)。

HL1:机床报警指示发光二极管(位于机床操作面板上,用于指示机床报警状态)。

KA4:瞬时通断继电器(用于启动电磁接触器)。

KM4:电磁接触器(工作电压为 AC220V)。

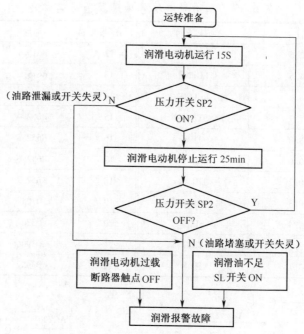

图 6 - 61　润滑系统控制流程图

M4：润滑电动机。

3. 润滑系统的控制顺序简介

按下 SB8,23N 行 X017.7 触点闭合,Y086.6 信号输出,KA4 线圈接通,其触点闭合又使 KM4 接通,其主触点闭合后,润滑电动机 M4 启动运行。Y086.6 输出由 23P 行自保持。

Y086.6 为"1"时,24A 行触点闭合,TB - 17 定时器开始计时。TB - 17 设定时间地址为 D390,设定时间为 15s。到达时间后输出,R613.0 为"1"。23P 行 R613.0 触点断开,于是 Y086.6 停止输出,KM4 停止运行。R613.0 为"1",又使 24D 行的输出 R600.2 为"1",并由 24E 行自保持。

24F 行的 R600.2 为"1",TB - 18 定时器开始计时。TB - 18 设定时间地址为 D395,设定时间 25min。到达时间后,输出 R613.1 为"1",24O 行的 R613.1 闭合,Y086.6 输出并自保持,KM4 重新启动运行,TB - 17 也同时重新开始计时,重复上述过程。

4. 润滑系统的故障监控

润滑系统出现故障时,PLC 程序对如下四种故障状态进行监控。

(1) 当润滑系统出现泄漏时或其他故障使得 M4 运行 15s 后油路压力仍不能达到正常设定值(即 SP2 未闭合),则 24B 行 R600.3 为"1"并自保持,使 24I 行 R616.7 为"1",又使 23N 和 R616.7 断开,润滑电动机将不能再启动。

(2) 当润滑油路堵塞或其他故障使得 M4 在停止运行 25min 后,油路压力仍降不下来 (SP2 处于闭合状态),则 24G 行的 R600.4 为"1"并自保持,又使 23N 行的 R616.7 断开,润滑电动机将不能再启动。

(3) 如果润滑油不足,SL 闭合,24I 行 R616.7 为"1",23N 行的 R616.7 断开, Y086.6 无输出,电动机不能启动或停止运转。

(4) 如果润滑电动机过载,QF4 断开,24I 行 R616.7 为"1",23N 行 R616.7 断开,Y086.6 无输出,电动机不能启动或停止运转。

上述四种故障中有任何一种出现,将使24I行R616.7为"1",并使24M行Y048.0信号输出,接通机床报警指示发光二极管,向操作者发出报警指示。为使报警指示容易引起操作者注意,24N行和24O行控制逻辑使报警灯以频闪示警。

通过24P、25A、25B、25C行,将四种报警状态移到内部继电器R652地址中。操作者可通过CRT/MDI检索,并检查诊断地址R652的对应位状态,即可确认润滑系统报警时的具体故障原因和部位。

【自我测试】

1. 什么是CNC装置的人机接口?
2. 数控系统常用的串行通信接口主要有几种?
3. RS-232C常用于什么连接,RS-422A和RS-485则用于什么连接?

任务7 数控机床主轴的运动控制

【任务描述】

(1) 通过学习使学生掌握DNC通信技术的计算机群控系统三种方式。

(2) 通过学习了解数控机床可编程控制器的位置控制功能。

(3) 通过训练了解数控机床主轴运动控制功能键盘的操作并逐渐掌握操作。

【任务分析】

本任务研究DNC通信接口技术、PLC位置控制和数控机床主轴运动控制的训练。

【知识链接】

6.7.1 DNC通信接口技术

DNC系统计算机群控系统,可以简单理解为用一台大型通用计算机直接控制一群机床。根据机床群与计算机连接方式的不同,可以分为间接型、直接型和计算机网络三种方式。

1. 间接型DNC系统

图6-62所示为间接型DNC系统框图。间接型DNC系统是使用主计算机控制每台数控机床,加工程序全部存放在主计算机内。加工工件时,由主计算机将加工程序分送到每台数控机床的数控装置中,每台数控机床仍保留插补运算等控制功能。

2. 直接型DNC系统

图6-63所示为直接型DNC系统框图。在直接型DNC系统中,机床群中每台数控机床不再安装数控装置,只有一个由伺服驱动电路和操作面板组成的机床控制器。加工过程所需的插补运算等控制功能全部由主计算机完成。这种系统中任何一台数控机床都不能脱离主计算机单独工作。

3. 计算机网络DNC系统

图6-64所示为计算机网络DNC系统框图。该系统使用计算机网络协调各个数控机床工作,最终可以将该系统与整个工厂的计算机联成网络,构成一个较大的、完整的制造系统。

4. 数控系统网络通信接口

当前对生产自动化提出很高的要求,生产要有很高的灵活性并能充分利用制造设备资源。为此将CNC装置和各种系统中的设备通过工业局域网络(LAN)联网以构成FMS或CIMS,联网时应能保证高速和可靠地传送数据和程序。在这种情况下,一般采用同步串行传送方式,在

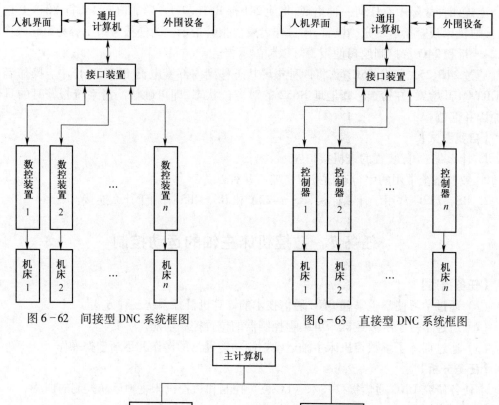

图 6－62　间接型 DNC 系统框图　　　　　图 6－63　直接型 DNC 系统框图

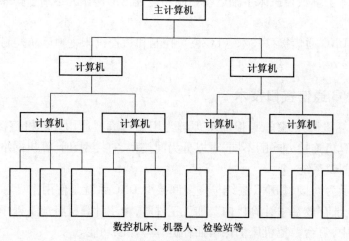

数控机床、机器人、检验站等

图 6－64　计算机网络 DNC 系统框图

CNC 装置中设有专用的通信微处理机的通信接口,担负网络通信任务。其通信协议都采用以 ISO 开放式互连系统参考模型的 7 层结构为基础的有关协议,或 IEEE802 局域网络有关协议。近年来制造自动化协议(Manufacturing Automation Protocol,MAP)已很快成为应用于工厂自动化的标准工业局域网的协议。FANUC、SIEMENS、A－B 等公司表示支持 MAP,在它们生产的 CNC 装置中可以配置 MAP 网络通信接口。

从计算机网络技术看,计算机网络是通过通信线路并根据一定的通信协议互联来的独立自主的计算机的集合。CNC 装置可以看作是一台具有特殊功能的专用计算机。计算机的互联是为了交换信息,共享资源。工厂范围内应用的主要是局域网络,通常它有距离限制(几千米)、较高的传输速率、较低的误码率和可以采用各种传输介质(如电话线、双绞线、同轴电缆和光纤)。ISO 的开放式互联系统参考模型(ISO/RM)是国际标准组织提出的分层结构的计算机通信协议的模型。提出这一模型是为了使世界各国不同厂家生产的设备能够互联,它是网络的基础。ISO/RM 在系统结构上具有 7 个层次,如图 6-65 所示。

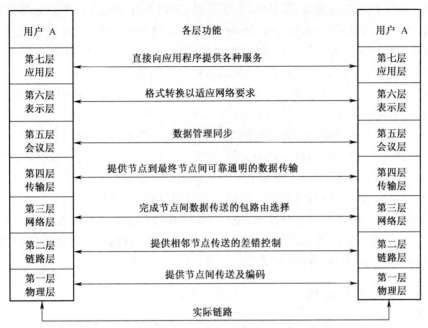

图 6-65　ISO/RM 的七层结构

通信一定是在两个系统之间进行的,因此两个系统都必须具有相同的层次功能。通信可以是在两个系统的对应层次(同等层 Peer)内进行。同等层间通信必须遵循一系列规则或约定,这些规则和约定称为协议。ISO/RM 的最大优点在于有效地解决了异种机之间的通信问题。不管两个系统之间的差异有多大,只要具有下述特点就可以相互有效地通信:

(1) 它们完成一组同样的通信功能。

(2) 这些功能分成相同的层次,对等层提供相同的功能。

(3) 同等层必须共享共同的协议。

局域网络标准由 IEEE802 委员会提出建议,并已被 ISO 采用,它只规定了链路层和物理层的协议,如图 6-66 所示。它将数据链路层分成逻辑链路控制(LLC)和介质存取控制(MAC)两个子层。MAC 中根据采用的 LAN 技术分成 CSMA/CD(IEEE802.3)、令牌总线(Token Bus802.4)和令牌环(Token Ring802.5)。物理层也分成两个子层次,即介质存取单元(MAU)和传输载体(Carrier)。MAU 分基带、载带和宽带传输,传输载体有双绞线、同轴电缆和光纤。

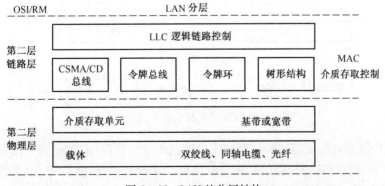

图 6-66　LAN 的分层结构

SIMENS 公司开发了总线结构的 SINEC H1 工业局域网络,可以连接成 FMC 和 FMS。SIN -EC H1 是基于以太网技术,其 MAC 子层采用 CSMA/CD(802.3),协议采用了自行研制的自动化协议 SINEC AP1.0(Automation Protocol)。为了将 Simmerik850 系统连接至 SINEC H1 网络,在 850 系统中插入专用的工厂总线接口板,通过 SINEC H1 网络,850 系统可以与主控计算机交换信息、传送零件程序、接收指令、传送各种状态信息等。

MAP 是美国 GM 公司发起研究和开发的应用于工厂车间环境的通用网络通信标准,目前已成为工厂自动化的通信标准。其特点为:

(1)采用适于工业环境的令牌通信网络访问方式,网络采用总线结构。

(2)采用适应工业环境的技术措施,提高了工业环境应用的可靠性,如在物理层采用宽带技术及同轴电缆以抗电磁干扰,传输层采用高可靠的传输服务。

(3)具有较完善的明确且针对性强的高层协议以支持工业应用。

(4)具有较完善的体系和互联技术,使网络易于配置和扩展。低层次应用可配 Mini MAP (只配置 DLC 层、物理层以及应用层),高层次应用可配置完整的带 7 层协议的全 MAP。此外还规定了网络段、子网和各类网络互联技术。

6.7.2 PLC 位置控制

位置控制功能是可编程控制器引人注目的特色,具有和 CNC 相同的位置控制功能,如点位控制、轮廓插补控制等,为此,不少 PLC 开发了与之配套的位置控制单元。现以三菱 PLC 系列为例说明可编程控制器位置控制。

1. 适用点位控制的脉冲输出单元 F2－30GM

F2－30GM 是一种为 F1、F2 和 FX 系列 PLC 配套的位置控制单元。其输出的脉冲序列不论是脉冲数还是脉冲频率都是可编程的,F2－30GM 可驱动步进电动机,作为开环点位控制,也可驱动伺服电动机实现闭环点位控制。F2－30GM 可以作为一种独立的控制装置使用,也可以用作 F1、F2 和 FX 系列 PLC 的智能扩展单元,进行 1~3 个轴的定位控制。图 6－67 所示为 F2－30GM 位置控制系统框图。

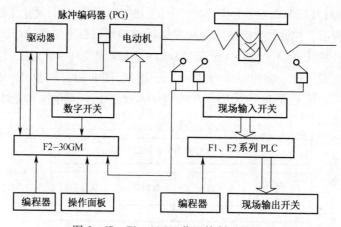

图 6－67 F2－30GM 位置控制系统框图

F2－30GM 作为智能化定位控制器按用户编制的定位程序,向驱动器发出定位脉冲、运行方向等信号。驱动器按这些控制信号驱动电动机带动丝杠进行定位。对于步进电动机,只有零位信号反馈给 F2－30GM;对于伺服电动机,则有伺服准备、伺服结束和零位三个信号反馈。

F2-30GM 除了定位控制指令之外还有许多逻辑控制和顺序控制指令,所以对一些不太复杂的、既要求定位控制又要求逻辑控制的应用,用一台 F2-30GM 就可以独立完成;对于多轴或较复杂的控制,F2-30GM 又可通过 PLC 进行 M 代码交换,由 PLC 指定程序段号、传送定位及速度等数据,并能在 PLC 中监视 F2-30GM 的运行或停止状态,成为 PLC 系统中的定位智能控制环节。F2-30GM 可通过用户初始化参数来确定最大速度、最小速度、爬行速度、回零速度、齿隙补偿量、脉冲输出方式、正逻辑、反逻辑等变量,以适应各种不同的运行及使用条件。F2-30GM 允许由程序确定运动参数,也可以数字开关输入运动参数,还可以在运行过程中由 PLC 改变运动参数。

2. A 系列 PLC 位置控制功能模块 AD71、AD72

AD71、AD72 是适用于大型可编程控制器 A 系列的位置控制智能模块。它们都是带线性插补功能的二轴定位模块,如图 6-68 所示为 AD72 定位模块位置控制框图。

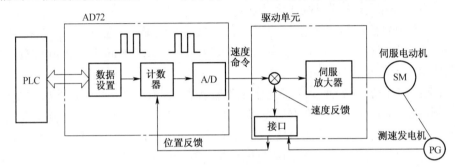

图 6-68　AD78 定位模块位置控制框图

AD71、AD72 能将定位条件、定位速度、暂停时间和定位地址等数据分别存在模块缓冲存储器的各个数据区,模块中的 CPU 解读这些设定数据,并转换成相应的定位控制信号发送给驱动器。模块内部生成的命令脉冲与反馈脉冲的差值由偏差计数器计数,再由 D/A 转换器将此计数值变换为模拟电压作为速度命令,使伺服电动机旋转。伺服电动机上的脉冲编码器 PG 产生的脉冲一方面反馈给驱动单元作为速度控制,另一方面经接口反馈给定位模块作为位置控制。

AD71 与 AD72 的区别主要在于:

(1) 输出形式不同。AD71 为脉冲序列输出,AD72 则是模拟电压输出。AD71 与步进电动机驱动模块联用时,可直接驱动步进电动机。

(2) 由于 AD71 为脉冲序列输出,因此 AD71 没有偏差计数器和 D/A 转换这两个环节,与 AD71 相配的伺服电动机驱动器必须包括偏差计数器和 D/A 转换等功能。而与 AD72 相配的伺服电动机驱动器则只要能接受模拟电压即可(AD72 的最大输出电压为+3～+10V)。

3. 实现运动和顺序控制一体化的 A73CPU 模块

A73CPU 模块采用了将可编程控制器与伺服控制相结合在一起的设计思想,它本身是 A 系列可编程控制器中一种专门用于位置控制的模块。A73CPU 有 40 多种用于伺服控制的指令,如指定半径的圆弧插补指令、指定圆心的圆弧插补指令、直线插补指令等,最多可独立控制 8 根轴。A73CPU 将位置命令信号通过专用的数字 SB 总线,送到挂在该总线上的三菱 MR-SB 系列全数字伺服驱动装置中去,也可通过通用的伺服接口模块 A70SF 与其他伺服驱动装置相连接。图 6-69 所示为 A73CPU 模块位置控制框图。

从图中可以看到,A73CPU 的特点是伺服控制与顺序逻辑控制结合一体和高速总线 SB 与

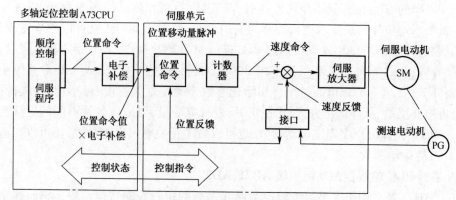

图 6 - 69   A73CPU 模块位置控制框图

伺服驱动装置相连接,作为伺服控制简易方便。

A73CPU 对位置控制的编程采用专用语言,使复杂的位置控制程序直观、清晰、编程容易、可读性强。整个开展程序还可运用顺序功能图 SFC(Sequential Function Chart)被许多伺服程序按工艺要求组合起来进行控制。

总之,定位和运动控制,如 X、Y 轴十字工作台控制、回转工作台控制、进给控制等在机械设备中运用广泛,所有这些控制要求均可以采用不同档次的 PLC 位置控制模块来实现,以求得技术上先进,经济上合理。其他型号 PLC 的位置控制模块还有 OMRON SYSMAC C200H 的 NC111 和 NC211 等,这些位置控制通过输出串行脉冲经驱动装置来控制步进电动机或伺服电动机,以实现对机械设备的位置控制。

【任务实施】

1. 任务实施所需训练的设备和元器件

数控车床西门子 802S 系统:CK6136、CK6140、CK6132。数控铣床 FANUC0 - i 系统:XK7136、XK5025。加工中心 FANUC 0 - MD 数控系统:XH714。

2. 训练的内容和控制步骤及要求

主轴运动控制。自动/手动控制主轴正、反转以及主轴换挡的局部梯形图如图 6 - 70 所示,指令程序见表 6.18。图中各信号的含义如下:

HS. M:手动操作开关。

AS. M:自动操作开关。

CW. M:主轴正转(顺时针)按钮。

CCW. M:主轴反转(逆时针)按钮。

OFF. M:主轴停止按钮。

SPLGEAR:齿轮低速换挡到位开关。

SPHGEAR:齿轮高速换挡到位开关。

LGEAR:手动低速换挡操作开关。

HGEAR:手动高速换挡操作开关。

程序中应用了译码和延时两个功能指令,所涉及到的 M 功能有以下几个:

M03:主轴正转。

M04:主轴反转。

M05:主轴停转。

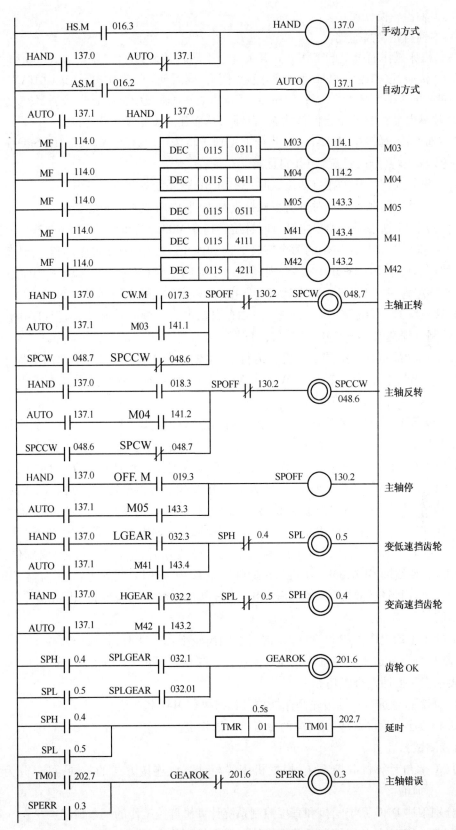

图 6-70 控制主轴运动的局部梯形图

M41：主轴齿轮换低速挡。

M04：主轴齿轮换高速挡。

（1）当机床操作面板上的工作方式开关选择手动时，HS. M＝1，"手动方式"梯级软继电器线圈 HAND 接通，该梯级中的 HAND 常开触点闭合，同时使"自动方式"梯级中 HAND 常闭触点断开，使软继电器线圈 AUTO 断开，所以"手动方式"中梯级中常闭触点接通，使软继电器线圈 HAND 软继电器线圈处于自保持状态（自锁），从而建立了手动工作方式。

在"主轴正转"梯级中，HAND＝1，当按下主轴正转按钮时，CW. M＝1，由于 SPOFF 常闭触点为 1，使主轴正转（顺时针旋转）并自保持。

（2）工作方式选择开关在自动位置时，AS. M＝1，使系统处于自动工作方式。由于自动方式和手动方式的常闭触点接在对方的自保持支路中，所以两者的功能是互锁的。

在自动方式下通过程序给出主轴顺时针旋转指令 M03，或逆时针旋转指令 M04，或主轴停止旋转指令 M05，分别控制主轴的两个旋转方向和停止。图中 DEC 为译码指令，当输入零件加工程序时，如程序中出现 M03 指令，则经过一段时间延时（80ms）后 MF＝1，开始执行 DEC 指令，译码确定为 M03 指令后，M03 软继电器接通，其接在主轴正转梯级中的 M03 常开触点闭合（此时 AUTO＝1），继电器 SPCW 接通，主轴在自动方式下顺时针旋转。若程序中出现 M04 指令，其控制过程类似，主轴逆时针旋转。同"自动方式"与"手动方式"一样，"主轴正转"和"主轴反转"的功能也是互锁的。在机床运行中，主轴齿轮需要换挡时，零件加工程序应该给出换挡指令。M41 代码为主轴齿轮低速挡指令，M42 为主轴齿轮高速挡指令。下面以执行 M41 指令为例，说明自动换挡过程。

输入带有 M41 代码的程序段并开始执行后，经过延时，MF＝1，执行 DEC 码，当译码值为"41"时，M41 为 1，即 M41 软继电器接通，其接在"变低速挡齿轮"梯级中的软常开触点 M41 闭合（此时 AUTO＝1），从而使继电器 SPL 接通，齿轮箱齿轮换到低速挡。SPL 的常开触点接在"延时"梯级中，当其闭合时，定时器 TMR 开始工作。在定时器设定时间到达以前，如果接收到换挡到位信号，即 SPLGEAR＝1，该信号使"齿轮 OK"梯级的换挡成功，软继电器 GEAROK 接通，GEAROK 的常闭触点断开，使"主轴错误"梯级的 SPERR 继电器断开，即 SPERR＝0，表示主轴换刀成功。如果换挡过程不顺利或出现机械故障时，则接收不到换挡到位信号，即 SPLGEAR＝0，使线圈 GEAROK＝0，在"主轴错误"梯级中，定时时间到达后，定时器 TM01 的常开触点闭合，接通了主轴错误继电器 SPERR，通过其常开触点的自保，发出错误信号，表示主轴换挡出错。

（3）处于手动工作方式时，也可以进行主轴齿轮换挡。此时，将操作面板上的选择开关 LGEAR 置 1，即可完成手动主轴齿轮换到低速挡。同样也可由"主轴错误"梯级和"齿轮 OK"梯级来表示齿轮换挡是否成功。

执行 M42 指令进行主轴齿轮高速换挡过程与执行 M41 指令类似。

表 6.18 为梯形图 6-69 所对应的参考指令语句表。

【自我测试】

1. DNC 系统计算机群控系统，根据机床群与计算机连接方式的不同，可以分为哪几种方式？

2. 分别叙述 DNC 系统间接和直接控制系统计算机群控工作的基本情况。

3. AD71、AD72 是位置控制的什么模块？主要控制什么部件？

表 6.18　图 6-69 对应的指令语句表

指令程序	指令程序	指令程序	指令程序
1　RD　　016.3	22　WRT　　143.3	43　RD STK　137.1	64　RD　　137.0
2　RD STK　137.0	23　RD　　114.0	44　AND　　141.2	65　AND　　032.2
3　AND NOT 137.1	24　DEC　　0115	45　OR STK	66　RD STK　137.1
4　OR　STK	25　PRM　　4111	46　RD STK　048.6	67　AND　　143.2
5　WRT　　137.0	26　WRT　　143.4	47　AND NOT　048.7	68　OR STK
6　RD　　016.2	27　RD　　114.0	48　OR STK	69　AND NOT　0.5
7　RD STK　137.1	28　DEC　　0115	49　AND　　130.2	70　WRT　　0.4
8　AND NOT 137.0	29　PRM　　4211	50　WRT　　048.6	71　RD　　0.4
9　OR　STK	30　WRT　　143.2	51　RD　　137.0	72　AND　　032.1
10　WRT　　137.1	31　RD　　137.0	52　AND　　019.3	73　RD STK　0.5
11　RD　　114.0	32　AND　　017.3	53　RD STK　137.1	74　AND　　032.0
12　DEC　　0115	33　RD STK　137.1	54　AND　　143.3	75　OR STK
13　PRM　　0311	34　AND　　141.1	55　OR STK	76　WRT　　201.6
14　WRT　　141.1	35　OR　STK	56　WRT　　130.2	77　RD　　0.4
15　RD　　114.0	36　RD STK　048.7	57　RD　　137.0	78　OR　　0.5
16　DEC　　0115	37　AND NOT　048.6	58　AND　　032.3	79　TMR　　01
17　PRM　　0411	38　OR　STK	59　RD STK　137.1	80　WRT　　202.7
18　WRT　　141.2	39　AND NOT　130.2	60　AND　　143.4	81　RD　　202.7
19　RD　　114.0	40　WRT　　048.7	61　OR STK	82　OR　　0.3
20　DEC　　0115	41　RD　　137.0	62　AND NOT　0.4	83　AND NOT　201.6
21　PRM　　0511	42　AND　　018.3	63　WRT　　0.5	84　WRT　　0.3

7 项目七 典型数控系统介绍

☞学习目标

1. 培养目标

（1）了解典型数控 FANUC、SIEMENS、HNC - 21/22 系统。

（2）掌握典型数控 FANUC、SIEMENS、HNC - 21/22 系统的特点。

2. 技能目标

（1）掌握 FANUC、SIEMENS 数控系统的连接。

（2）掌握华中 HNC - 21/22 数控系统的连接。

任务1　FANUC 数控系统

【任务描述】

（1）了解 FANUC 数控系统与特点。

（2）掌握 FANUC 数控系统的连接。

【任务分析】

本任务主要介绍 FANUC 的 FS6、F10/11/12、F0、FS15、FS16、FS18 等系列的数控系统及特点。

【知识链接】

20 世纪 70 年代，日本 FANUC 公司相继推出了 FS5、FS7、FS3 和 FS6 系列数控系统，FANUC 公司由此逐步发展成为世界上最大的专业数控系统生产厂家。我国在"六五"期间，从 FANUC 公司引进 FS5、FS7、FS3 和 FS6 系列数控系统及直流主轴电动机、直流伺服电动机及驱动系统（包括晶闸管）驱动和 PWM 驱动，从此开始了我国的数控系统产业化的历程。

7.1.1　FANUC 数控系统简介

1. FS6 系列数控系统

1979 年推出的 FS6 系列数控系统，是具备一般功能和部分高级功能的中级型 CNC 系统。其中 6M 适用于铣、镗床和加工中心；6T 适用于车床。系统使用了大容量磁泡存储器、专用大规模集成电路，还备有由用户自行制作的变量型子程序的用户

2. F10/11/12 系列数控系统

1984 年推出的 F10、F11 和 F12 系列数控系统为多微处理器控制系统，其主 CPU 采用 68000，在图形控制、对话自动编程控制、轴控制等方面也都有各自的 CPU。F10/11/12 在硬件方面作了较大的改进，其中包括专用大规模集成电路 4 种，厚膜电路 22 种，4Mbit 的磁泡存储器等。由于该系统采用光导纤维，使过去数控装置与机床以及操作板之间的数百根电缆大幅度减少，提高了抗干扰性和可靠性。该系统在工厂自动化 DNC 方面能够实现主计算机与机床、工作台、机械手、搬运车等之间各种数据的双向传递。它的 PLC 装置使用了独特的无触

点、无极性输出和大电流、高电压输出电路,简化了强电柜。此外 PLC 的编程不仅可以使用梯形图语言,还可以使用 PASCAL 语言,便于用户开发软件。F10/11/12 系列数控系统还充实了专用宏功能、自动计划功能、自动刀具补偿功能、刀具寿命管理、彩色图形显示 CRT 等。

F10/11/12 系列数控系统有很多规格,可用于各种机床,规格型号有 M、T、TT 型和 F 型。其中,M 型用于加工中心、铣床和镗床;T 型用于车床;TT 型用于双刀架车床;F 型是具有会话功能的数控系统。F10/11/12 系列数控系统适用于大、中型数控机床。

3. F0 系列数控系统

1985 年 FANUC 公司推出的 F0 系列数控系统,它的主要特点是体积小、价格低,适用于机电一体化的小型数控机床。F0 系列数控系统是一个多微处理器系统。0A 系列主 CPU 为 80186,0B 系列主 CPU 为 80286,0C 系列主 CPU 为 80386。F0 系列在已有的 RS-232C 串行接口之外,又增加了具有高速串行接口的远程缓冲器,以便实现 DNC 运行。F0 系列数控系统在硬件组成上以最少的元件数发挥最高的效能为目标,采用了最新型高速和高集成度微处理器,共有专用大规模集成电路 6 种,其中 4 种为低功耗 CMOS 专用大规模集成电路,专用的厚膜电路 9 种。三轴控制系统的主控制电路包括输入、输出接口,PMC(Programmable Machine Control)和 CRT 电路等都装在一块大型印制电路板上,与操作面板、CRT 组成一体。F0 系列数控系统的主要功能有:彩色图形显示、会话菜单式编程、专用宏功能、录返功能等。自 FANUC 公司推出 F0 系列数控系统以来,得到了各国用户的高度评价,从而成为广泛采用的数控系统之一。

F0 系列数控系统有多种规格,其中,F0-MA/MB/MEA/MC/MF 用于加工中心、铣床和镗床;F0-TA/TB/TEA/TC/TF 用于车床;F0-TTA/TTB/TTC 用于一个主轴双刀架或两个主轴双刀架的 4 轴控制车床;F0-GA/GB 用于磨床;F0-PB 用于回转头压力机。

北京法那科机电有限公司生产的 F0 系列有 BEIJING-FANUC 和 0D 系列,其中 D 为普及型,C 为全功能型,与之配套的有 α 系列交流伺服电动机和交流主轴电动机。BEIJING-FANUC Power Mate0 为 F0 系列的派生产品,与 F0 系列比较,是功能简单、结构更为紧凑的经济型 CNC 产品。

4. FS15 系列数控系统

1987 年 FAUNC 公司推出新的 FS15 系列数控系统,称为 AI-CNC 系统(人工智能数控系统)。FS15 系列采用模块式多主总线(FANUC BUS)结构,是多微处理器控制系统,主 CPU 为 68020,还有一个子 CPU(SUB CPU),在轴控制、图形控制、通信和自动编程等功能中也有各自的 CPU。FS15 系列可构成最小至最高系统,可控制 2~15 根轴,适用于大型数控机床、多轴控制和多系统控制。FS15 系列使用了高速信号处理器(DSP),应用现代控制理论的各种控制算法在系统中进行在线控制。同时,FS15 系列采用了高速度、高精度、高效率的数字伺服单元及绝对位置检测脉冲编码器(每周可分辨 10 万个等分),能使用在 10000r/min 的高速运转系统中。FS15 系列还增加了制造自动化协议、窗口功能等。

5. FS16 系列数控系统

FS16 系列是在功能上位于 F515 系列和 F0 系列之间的最新 CNC 系统,在作为控制用的 32 位复合指令集计算机(Complex Intimation Set Computer,CISC)上又增加了 32 位精减指令集计算机 RISC(Reduced Instruction Set Computer),用于高速计算,执行指令速度可达到 20~30MIPS(Million Instruction Per Second,每秒 100 万条指令),处理一个程序段的时间可缩短到 0.5ms,在连续 1mm 的移动指令下能实现的最大进给速度可达 120mm/min。FS16 系列采用了三维安装技术，使电子元器件得以高密度地安装，大大缩小了系统的占有空间。同时，FS16系列采用高速32位FANUC BUS和TFT彩色液晶薄型显示器等新技术，使CNC系统进一步小型化，可更方便地将它们装到机械设备上。

6. FS18系列数控系统

FS18系列是紧接着FS16系列推出的最新32位CNC系统，在功能上也是位于FS15系列和F卸系列之间，但低于FS16系列。FS18系列采用了高密度三维安装技术，与FS0系列比较，其安装密度提高了3倍。该系列采用4轴伺服控制、2轴主轴控制。在操作性能、机床接口、编程等方面与FS16系列之间有互换性。

7.1.2 FANUC数控系统特点

为满足现代机械加工的高密度、高速度和高效率的要求，在插补、加减速、补偿、编程、图形显示、通信、控制和诊断方面不断增加新的功能。

（1）插补功能除了直线、圆弧插补外，还有极坐标插补和样条（NURBS）插补等。

（2）切削进给的自动加减速功能，除了插补后加减速之外，还有插补前加减速，有些系统可对零件程序进行多段预读控制，实现切削速度的最佳加减速度。

（3）补偿功能除了螺距误差补偿、丝杠反向间隙补偿、刀具补偿外，还有坡度补偿、线性度补偿等功能。如FS15系列可进行非线性补偿、静动态惯性补偿值的自动设定和更新等，在一定精度的要求下，可使响应速度大幅度提高。

（4）编程功能除了常规的G、M、S、T指令外，利用用户宏程序，用户可以进行个性化作业，编制适合于机床专用加工和测量的循环程序，有些系统还可进行交互式图样直接编程。

（5）图形显示功能除了程序显示、梯形图显示、机床数据显示外，还有伺服波形显示，即将各种伺服数据，如位置误差、指令脉冲、转矩指令用波形在系统的CRT上显示。

（6）通信功能除了通过RS232C接口与微机进行通信外，有些系统还具备网络通信接口，如F10/11/12及FS15系统具有MAP2.1和MAP3.0接口板及配套产品，MAP2.1M接口的调制系统是宽带（AM/PSK），传输介质是CATV的75Ω同轴电缆，传输速率为10Mb/s。MAP3.0接口适用于10Mb/s宽带技术和5Mb/s载带技术两种传输方法，载带调制解调器已做在MAP3.0接口板上。

（7）控制功能实现平滑高增益（Smooth High Gain，SHG）的速度控制，同时大大降低位置指令的延时，缩短定位时间。在系统内部装有能进行顺序控制的PMC，简化外部强电柜的配置，在MDI/CRT上进行梯形图的编辑和监控。

（8）诊断功能采用FANUC 0i系统人工智能（专家系统），系统所具有的推理软件，以知识库为根据，分析查找故障原因。

7.1.3 FANUC数控系统连接

1. FANUC 0i系统的主要功能及特点

（1）FANUC 0i系统FANUC16/18/21等系列结构相似，均为模块化结构。主CPU板上除了CPU及外围电路之外，还集成了FROM&SRAM模块、PMC控制模块、存储器和主轴模块、伺服模块等。其集成度较FANUC 0系列的集成度更高，因此0i控制单元的体积更小，便于安装排布。

（2）采用全字符键盘，可用B类宏程序编程，使用方便。

（3）用户程序区容量比 0MD 系统大 1 倍,有利于较大程序的加工。

（4）使用编辑卡编写或修改梯形图,携带与操作都很方便,特别是在用户现场扩充功能或实施技术改造时更为便利。

（5）使用存储卡存储或输入机床参数、PMC 程序程序以加工程序,操作简单方便。使复制参数、梯形图和机床调试程序过程十分快捷,缩短了机床调试时间,明显提高数控机床的生产效率。

（6）系统具有 HRV(高速矢量响应)功能,伺服增益设定比 0MD 系统高 1 倍,理论上可以使轮廓加工误差减少 1/2。以切削圆为例,同一型号机床 OMD 的圆度误差通常为 0.02 ~ 0.03mm,换用 0i 系统后圆度误差通常为 0.01 ~0.02mm。

（7）机床运动轴的反向间隙,在快速移动或进给移动过程中由不同的间隙补偿参数自动补偿,该功能可以使机床在快速定位和切削进给不同工作状态下,反向间隙补偿效果更为理想,这有利于提高零件加工精度。

（8）0i 系统可预读 12 个程序段,比 0MD 系统多。结合预读控制及前馈控制等功能的应用,可减少轮廓加工误差。小线段高速加工的效率、效果优于 0MD 系统,对模具三维立体加工有利。

（9）与 0MD 系统相比,0i 系统的 PMC 程序基本指令执行周期短,容量大,功能指令丰富,使用更方便。

（10）0i 系统的界面、操作、参数等与 18i、16i、21i 基本相同。熟悉 0i 系统后,自然会方便地使用上述其他系统。

（11）0i 系统比 0M、0T 等产品配备了更强大的诊断功能和操作信息显示功能,给机床用户使用和维修带来了极大方便。

（12）在软件方面 0i 系统比 0 系统也有很大提高,特别在数据传输上有很大改进,如 RS232 串口通信波特率达 19200b/s,可以通过 HSSB(高速串行总线)与 PC 机相连,使用存储卡实现数据的输入/输出。

2. FANUC 0i 系统的基本组成

FANUC 0i 系统由主板和输入/输出两个模块组成。主板模块包括 CPU、内存、PMC 控制、输入/输出 Link 控制、伺服控制、主轴控制、内存卡 I/F、LED 显示等;输入/输出模块包括电源、输入/输出接口、通信接口、MDI 控制、显示控制手摇脉冲发送器控制和高速串行总线。各部分与机床、外部设备连接的插槽或插座如图 7-1 所示。

3. 各部件的连接

FANUC 0i 系统的连接如图 7-2 所示,系统输入电压为 DC24V±10%,电流为 7A。目前伺服电动机和主轴电动机的电源电压为三相 AC200V 和三相 AC400V(HV 型)两种。系统直流电源与交流电源的通电和断电次序有严格要求,不满足条件会出现报警或损坏伺服放电器,所以,应保证通电和断电都在 CNC 的控制之下,见表 7.1。

伺服系统的连接分 A 型和 B 型。由伺服放大器上的一个短路棒控制,A 型连接是将位置反馈线接到 CNC 系统,B 型连接是将位置反馈线接到伺服放大器。前者的位置环在 CNC 内,后者的位置环在伺服系统内。0i 和近期开发的系统多用 B 型,0 系列大多用 A 型,具体连接方法与伺服软件有关,不可任意使用。连接时最后的放大器的 JX1B 需插上 FANUC 提供的短接插头,如果遗忘会出现#401 报警(一轴、二轴伺服放大器准备好信号 DRDY 断开)。另外,若选用两轴伺服型驱动器,应将功率大的电动机接在 M 端子上,功率小的电动机接在 L 端子上,否

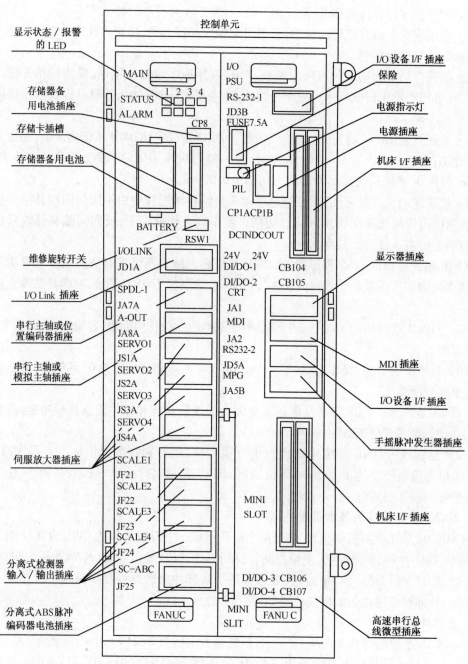

图 7-1 FANUC 0i 系统控制单元

表 7.1 FANUC 0i 系统电源接通和断开顺序

电源接通顺序	（1）机床电源（三相 AC200V） （2）通过 FANUC 输入/输出 Link 连接的从设备，电源为 DC24V （3）控制单元和 CRT 单元的电源（DC24V）
电源断开顺序	（1）通过 FANUC 输入/输出 Link 连接的从设备，电源为 DC24V （2）控制单元和 CRT 单元的电源（DC24V） （3）机床电源（三相 AC200V）

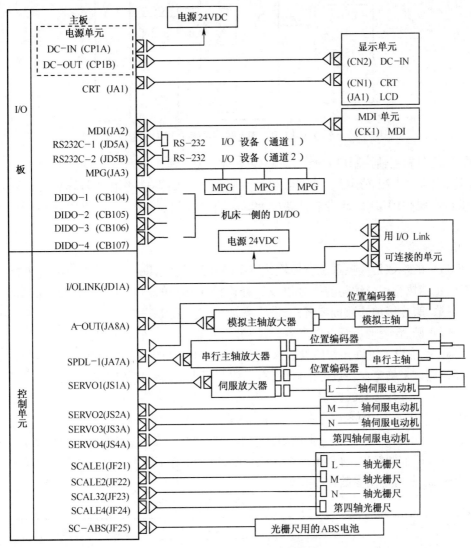

图 7-2 FANUC 0i 系列连接图

则,电动机运行时,会听到不正常的嗡嗡声。FANUC 0i 系列伺服控制的半闭环或全闭环的选择由参数设定和接线方式决定。

主轴电动机的控制有两种接口:模拟接口(DC0V~DC10V 或 DC0V~±DC10V)和数字(串行传送)接口。模拟接口用于其他公司的主轴电动机,数字接口用于 FANUC 公司的主轴电动机,此时,主轴上的位置编码器信号应接到主轴电动机驱动器上的 JY4 口,JY2 口是速度反馈口。两者不能接错。

目前使用的输入/输出接口有两种,内装输入/输出印制板和外部输入/输出模块。内装输入/输出板通过系统总线与 CPU 交换信息,外置输入/输出模块用输入/输出 Link 电缆与系统相连,数据传送方式采用串行格式,故可实现远程连接。内装输入/输出模块与外部输入/输出模块的地址范围不同,如图 7-3 所示。

为了使机床运行可靠,应注意强电和弱电信号线的屏蔽及系统和机床的接地(连接说明书中把地线分为信号地、机壳地和大地),电平 4.5V 以下的信号线必须屏蔽且屏蔽线要接地,

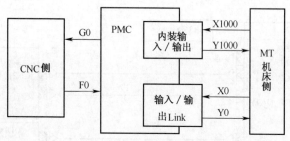

图 7－3　FANUC 0i－MA 数控系统中 PMC 信息交换

CNC 系统、伺服和主轴控制单元及电动机外壳均要接大地，一般采用一点接地方式。为防止电网干扰，交流输入端必须接线滤波器和涌浪吸收器。如果这些电磁兼容设计问题处理不当，机床将出现#910（DRAM 奇偶性错）、#930（CPU 错误，异常中断）报警或不明原因的误动作。

4. 机床参数

数控机床的参数是数控系统所用软件应用的外部条件，其决定了数控机床的功能、控制精度、是否会正确执行用户编写的指令以及解释连接在其上的不同部件等，CNC 必须知道机床的特定数据，如，连接轴的数量和名称、进给率、加速度、反馈、跟随误差、比例增益、自动换刀装置等。只有正确、合理地设置这些参数，数控机床才能正常工作。数控机床在出厂前，已将所采用的 CNC 系统设置了许多初始参数来配合，适应相配套的每台数控机床具体情况，部分参数还要经过调试来确定。在数控维修中，有时要利用机床某些参数调整机床，有些参数要根据机床的运行状态进行必要的修正。

以 FANUC 0i 系列为例，共包括坐标系、加减速度控制、伺服驱动、主轴控制、固定循环、自动刀具补偿、基本功能等 49 个类别的机床参数，共 9000 多条，这些参数的数据格式如表 7.2 所列。位型和位轴型参数，每个数据由 8 位组成，每一位有不同的含义。轴型参数允许分别设定给每个轴，下面对常用参数加以介绍。

表 7.2　机床参数的数据格式

数据格式	数据范围	说　明
位型	0 或 1	有些参数中不使用符号
位轴型		
字节型	−128 ～ 127	
字节轴型	0 ～ 255	
字型	−32768 ～ 32767	
字轴型	0 ～ 65535	
双字型	−99999999 ～ 99999999	
双字轴型		

（1）0000 号参数。如图 7－4 所示，为位型参数，有效位的含义有缩写解释，无效位必须为零。

	#7	#6	#5	#4	#3	#2	#1	#0
0000			SEQ			INI	ISO	TVC

图 7－4　0000 号参数的有效位

TVC——是否进行 TV 检查,0 为不进行,1 为进行;ISO——数据输出格式代码,0 为 EIA;1 为 ISO;INI——输入单位,0 为公制;1 为英制;SEQ——是否进行顺序号的自动插入,0 为不进行;1 为进行。

(2) 0020 号参数。如图 7-5 所示,为字节型参数。用来选择输入/输出通道号,通道号有 1、2 两个,分别对应 RS232 串行口 1 和 2。当 0020 号参数的设定值:I/O 通道 = 0 或 1 时,选择 RS-232C 串行口 1;当 0020 号参数的设定值:I/O 通道 = 2 时,选择 RS-232C 串行口 2,如图 7-6 所示。

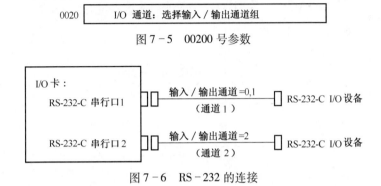

图 7-5　00200 号参数

图 7-6　RS-232 的连接

指定串行通道后,还要确认与各通道相连的输入/输出设备的规格(如通信波特率、停止位及其他参数)。对于通道 1,有两组参数(0101、0102、0103 号参数和 0111、0112、0113 号参数)设定输入/输出设备的规格,究竟哪一组起作用,取决于输入/输出通道 = 0 还是 1(即 0020 号参数的设定值);对于通道 2,只有一组参数(0121、0122、0123 号参数)设定输入/输出设备的规格。如图 7-7 所示。

两个通道的公用参数 0100 及其他相关参数如图 7-8 和表 7.3 所示。

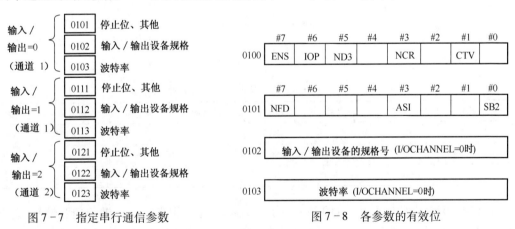

图 7-7　指定串行通信参数　　　　图 7-8　各参数的有效位

表 7.3　各参数的含义

名称	数据形式	设定内容		设定值
ENS	位型	读 EIA 代码期间发现 NULL(无效代码)时	0	产生报警
			1	忽视 NULL 代码
IOP	位型	规定怎样停止输入/输出程序	0	NC 复位能停止程序输入/输出
			1	只有停止键(STOP)能停止程序输入/输出

名称	数据形式	设定内容		设定值
ND3	位型	在 DNC 运行时，程序读入方式	0	一段一段地读（每段程序输入一个 DC3 代码）
			1	连续读直到缓冲器满了为止（缓冲器满了输入一个 DC3 代码）
NCR	位型		0	ISO 代码对 EOB 输出"LF"、"CR"
			1	ISO 代码对 EOB 仅输出"LF"
CTV	位型	是否进行 TV 检查	0	程序注释部分的文字进行 TV 检验
			1	程序注释部分的文字不进行 TV 检验
NFD	位型	数据输出时，数据前后的进给孔	0	输出
			1	不输出
ASI	位型	数据输入时代码	0	EIA 或 ISO 自动识别
			1	ASCII 代码
SB2	位型	停止位数	0	1 位
			1	2 位
0101 参数	字节型	数据输入/输出设备	0	RS-232C（使用控制代码 DC1～DC4）
			1	FANUC 盒式磁带机（B1/B2）
			5	手提式纸带阅读机
0103 参数	字节型	波特率（b/s）	10	4800
			11	9600
			12	19200

（3）1020 号参数如图 7-9 所示，为字节轴型参数，用来定义各轴的程序名称，名称定义见表 7.4。

```
1020  |  各轴的程序轴名称  |
```

图 7-9 1020 号参数

表 7.4 1020 号参数说明

轴名称	设定值	轴名称	设定值	轴名称	设定值	轴名称	设定值
X	88	U	85	A	65	E	69
Y	89	V	86	B	66		
Z	90	W	87	C	67		

（4）1023 号参数如图 7-10 所示，为字节轴型参数，用来定义各轴的伺服轴号，设定各轴为第几号伺服轴。通常，控制轴号与伺服轴号的设定值相同。

```
1023  |  各轴的伺服轴号  |
```

图 7-10 1023 号参数

（5）1010 号参数为字节型参数，如图 7-11 所示。用来定义 CNC 可控的最大轴数。假定控制轴为：X 轴、Y 轴、Z 轴、A 轴，其中 X 轴、Y 轴、Z 轴为 CNC 控制轴，A 轴是 PMC 控制轴，则设定值为 3。

目前在国内 FANUC 0i 系列已成为主流产品,各机床生产厂家已经大量采用。

任务 2   SIEMENS 数控系统

【任务描述】

(1) 了解 SIEMENS 数控系统与特点。

(2) 掌握 SIEMENS 数控系统的连接。

【任务分析】

本任务主要介绍 SIEMENS810、802、802S/ Se/S Base Line、810D/840D 等系列的数控系统及特点。

【知识链接】

7.2.1   SIEMENS 数控系统简介

SIEMENS 公司是全世界最大的自动化设备开发制造公司,其数控系统以较好的稳定性和较优的性能价格比,在我国数控机床行业被广泛采用,图 7 - 12 所示为 SIEMENS 数控系统的产品类型,主要包括 802、810、840 系列。

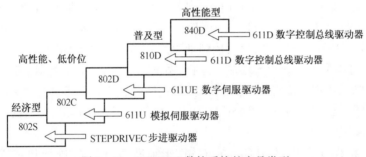

图 7 - 12   SIEMENS 数控系统的产品类型

7.2.2   SIEMENS 数控系统特点

1. SIEMENS 810 系列

SIEMENS 810/820 是西门子公司 20 世纪 80 年代中期开发的 CNC、PLC 一体型数控系统,适合于车床、铣床、磨床的控制。该系统结构简单,体积小,可靠性高,广泛用于 20 世纪 80 年代末、90 年代初的数控机床上。

810/820 的区别仅在于显示器,810 为 9 英寸单色显示器,DC24V 供电;820 为 12 英寸单色或彩色显示器,AC220V 供电,其余软硬件部分完全一致。

810/820 最多可控六轴,允许有两个主轴,三轴联动。系统由电源、显示器、CPU 板、存储器板、输入/输出板、显示控制板、位控板等硬件组成。采用大规模集成电路,系统的模块少,整体结构简单,通常无需进行硬件的调整和设定。系统软件允许蓝图编程、固定循环、极坐标编程、CL800 语言编程、为加工程序的编制提供方便。

PLC 采用 STEP5 语言编程,指令丰富。810/820 系统具有"通道"控制功能,可以两个通道同时工作。

2. SIEMENS 802 系列

SIEMENS 802 系列包括 802S/Se/S Base Line、802C/Ce/C Base Line、802D 等型号。它们是西门子公司 20 世纪 90 年代开发的集 CNC、PLC 于一体的经济型数控系统,适合于经济型车、普及型车、铣床、磨床的控制,共同特点是结构简单,体积小,可靠性高,系统软件功能强,性能价格比高。

802S/Se/S Base Line 系列采用步进电机驱动,802C/Ce/C Base Line 系列采用模拟式或数字式交流伺服驱动系统,可进行四轴控制,三轴联动,带有±10V 主轴模拟量输出接口,可以配 OP020 独立操作面板与 MCP 机床操作面板,显示器为 7 英寸或 7.5 英寸单色显示器,集成内置式 PLC,64 点输入和 64 点输出。

802D 在功能上比 802S/C 系统有了改进和提高,系统采用了 SIEMENS PCU210 模块,四轴控制,四联动,可以通过 611U 伺服驱动器携带 10V 主轴模拟量输出,以驱动带模拟量输入的主轴驱动系统。

系统可以配置 OP020 独立 NC 键盘,MCP 机床操作面板(与 802S/C 相同),采用 10 英寸彩色显示器。CNC 系统与驱动、输入/输出模块间利用 PROFIBUS 总线连接。独立的输入/输出单元模块为 PP72/48,每一系统最大可以配备两个 PP72/48 输入/输出单元,输入/输出点数最大可达 144/96 点。软件上增加了梯形图显示功能,方便维修。

3. SIEMENS 810D/840D 系统

810D 采用 SIEMENS CCU(Compact Control Unit)模块,最大控制轴数为六轴,1 通道工作。840D 采用 SIEMENS NCU(Numerical Control Unit)模块,处理器为 PENTIUM(NCU573)或 AMD K6-2(NCU572)或 486(NCU571),最大控制轴数为 31 轴,10 通道同时工作。

810D/840D 可以在 WINDOWS 环境下运行,系统功能强大,开放性好,软件十分丰富。系统除具有仿形功能、NURBS 插补、样条插补、多项式插补、3D 刀补等先进的功能外,还可以配套 Shop Mill(铣床、加工中心)Shop Turn,Autoturn(数控车床),图形对话式操作编程软件,直接使用人机对话式编程。

系统的 PLC 编程可采用 S7-HiGraph 点阵图形辅助编程工具,进行 PLC 程序设计。该系列 NC 还具有神经网络功能,通过学习,自优化系统,自动完成伺服系统优化和调整。

810D/840D 硬件的特点是模块少,结构简单,硬件故障率低。

系统由操作面板、机床控制面板、NCU(CCU)、MMC、611D、I/O 模块等单元组成。

7.2.3 SIEMENS 数控系统连接

以 802D 系统为例,说明 SIEMENS 数控系统的连接。

802D 数控系统由 PCU(Panel Control Unit)、键盘(水平或垂直布置)、一块或二块输入输出模块(PP72/48)、一个 24V 电源、伺服驱动器 SIMODRIVE611UE、1FK6 系列伺服电动机和1PH7 系列数字主轴电动机组成。系统各部件通过过程现场总线 PROFIBUS 连接。

1. PCU 单元

PCU 是 SINUMERIK802D 的核心,它集成 PROFIBUS 接口、NC 键盘接口、三个手轮接口以及用于数据备份的个人计算机存储卡国际协会(PCMCIA)接口。数控核心 NCK、人机接口HMI 和 PLC 全部集成在 PCU 中、PCU 配置 10.4 英寸单色或彩色 TFT 显示器,具有长寿命的背景光源。

2. 输入/输出模块 PP72/48

每块 PP72/48 提供 72 路输入和 48 路输出,具有三个独立的 50 芯插槽 X111、X222、X333,每个插槽有 24 路输入和 16 路输出。802D 最多可配置两块 PP72/48,它们通过 PROFIBUS 总线与 PCU 相连,第一块 PP72/48 的 PROFIBUS 地址设定为 9,第二块地址设定为 8,PP72/48 与电源模块的连接如图 23 - 13 所示。

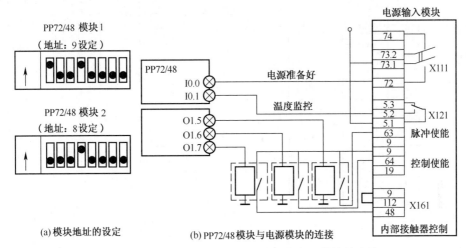

图 7 - 13　PP72/48 模块地址的设定及与电源模块的连接

3. 机床操作面板 MCP(Machine Control Panel)

提供操作机床所需的全部按钮和开关,并单独提供六个用户自定义键,通过背面的 50 芯扁平电缆与 PP72/48 模块相连,可实现方式选择、倍率选择、NC 启动和停止、主轴功能、复位急停等。

4. 电源模块

电源模块如图 7 - 14 所示,各主要接口介绍如下。

(1) X111 为"准备好"信号,由电源模块输出至 PP72/48 模块,作为 PLC 的输入信号,通知 PCU 模块电源模块已准备好。73.1 脚接 PP 模块的公共输入端(一般为 24VDC),72 脚接 PP 的某一输入脚(图 7 - 13 中接 I0.0)当电源模块准备好时,此两点接通。

(2) X121 为脉冲使能信号、控制使能信号及温度监控信号,其中 5.2 与 5.1 两点闭合时表示过热(产生温度监控信号),63 与 9 闭合为脉冲使能,64 与 9 闭合为控制使能(在图 7 - 13 中,PP72/48 的 O1.5 和 O1.6 分别为控制脉冲使能和控制使能)。

(3) X141 为电源模块工作正常输出信号端。

(4) X151 为系统设备总线接口。

(5) X161 为内部接触器控制,9、112(两线短接)与 48 间由外部线路控制闭合,使内部接触器接通(在图 7 - 13 中,由 PP72/48 的 O1.7 控制)。

(6) X171 为线圈通电触点,控制电源模块内部预充电接触器(一般按出厂状态使用)。

(7) X172 为启动禁止信号端(一般按出厂状态使用)。

(8) X181 为供外部使用的供电电源端,包括直流 600V,三相交流 380V。

5. 伺服驱动模块

802D 数控系统采用 SIMODRIVE611UE 配备 PROFIBUS 接口模块,用于速度环和电流环

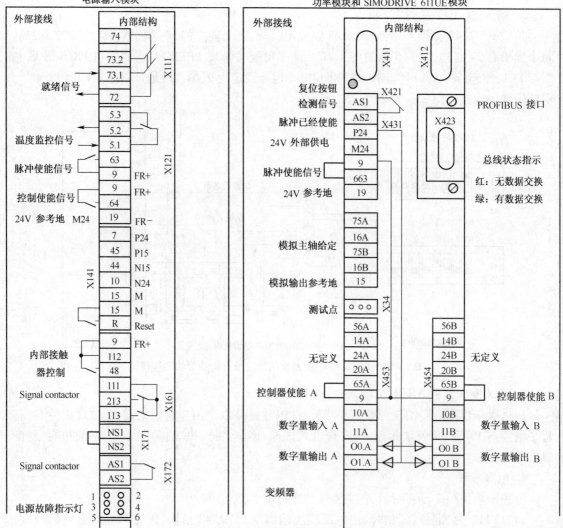

图 7 - 14　电源模块与驱动器模块的连接

的控制,位置控制由 802D 的 PCU 完成。伺服电机为 1FK6 系列,编码器输出为 1 伏峰—峰值电压正弦波。SIMODRIVE611UE 控制模块均为双轴模块,与其配用的功率模块有单轴和双轴之分。在 611UE 上还可以设定一个叠加轴(如模拟主轴),例如一台车床系统带有两个数字进给轴和一个模拟主轴(由变频器驱动),正好由一个 611UE 实现,使系统简化。

如图 7 - 15 所示为 611UE 与 1LA 系列感应式主轴电动机的连接(模拟主轴控制)。611UE 的模拟输出接口用于输出主轴速度给定(±10V),而 611UE 的数字输出则用于模拟主轴的使能控制(控制主轴的启停及正反转)。X472 接口用于连接主轴编码器(TTL)作为主轴速度反馈。

(1) X411、X412 为电动机内置光电编码器端口(接收 1 伏峰—峰电压正弦波),该端口进行位置和速度反馈处理(控制数字主轴时使用)。

(2) X421 为机床拖板位置反馈端(接光栅尺,图中未示出)。

(3) X423 为 PROFIBUS 接口。

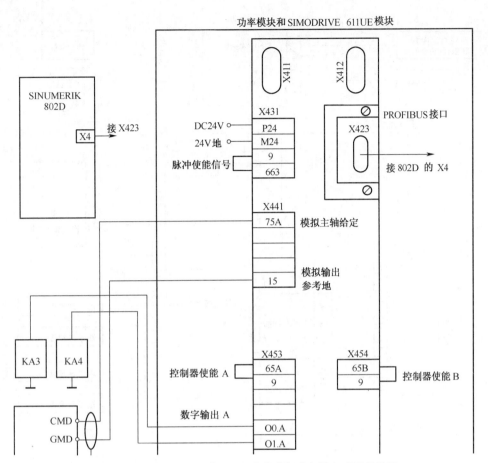

图 7 – 15　802D、611UE 与 1LA 系列感应式主轴电动机的连接

（4）X431 为脉冲使能信号和 DC24V 外部供电端。

（5）X441 为模拟主轴给定信号端。

（6）X453 为控制器使能端 A，进行数字量输入/输出（使用方法参见图 7 – 15）。

（7）X454 为控制器使能端 B，进行数字量输入/输出。

（8）X471 为 RS – 232 接口，用于连接 PC 机，进行 611UE 的调试。

（9）X472 为主轴直接编码器（TLL）接口（控制模拟主轴时使用）。

（10）X351 为系统设备总线接口。

（11）X34 为电压、电流检测端，一般供模板维修使用，用户不得使用。

6. 系统的连接

图 7 – 16 所示为 SIEMENS802D 数控系统的连接示意图。

7. PROFIBUS 总线的连接

SINUMERIK 802D 是基于 PROFIBUS 总线的数控系统，输入/输出信号是通过 PROFIBUS 传递的，位置调节（速度给定和位置反馈信号）也是通过 PROFIBUS 完成的，因此 PROFIBUS 的正确连接非常重要。

PROFIBUS 的连接如图 7 – 17 所示，PCU 为 PROFIBUS 的主设备，其余为从设备，每个从设备都有地址，故从设备在 PROFIBUS 总线上的排列顺序任意，两个终端设备的终端电阻开关应拨向 ON，总线设备的地址不能冲突。

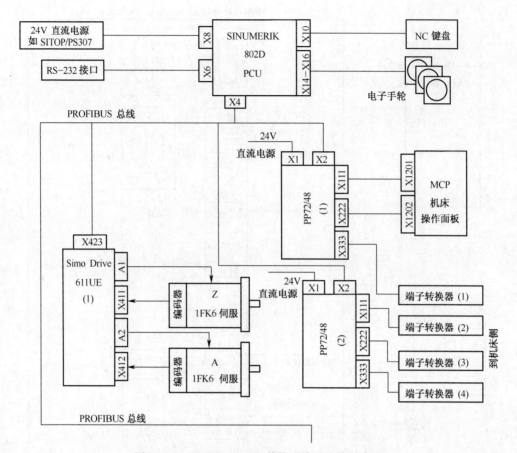

图 7 - 16　SIEMENS 802D 数控系统的连接示意图

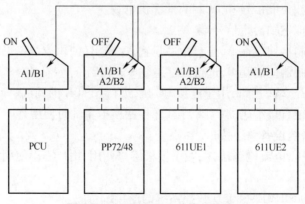

图 7 - 17　PROFIBUS 总线的连接

任务 3　华中数控系统

【任务描述】

（1）了解华中 HNC - 21/22M 数控系统与特点。

（2）掌握华中 HNC - 21/22M 数控系统的连接。

【任务分析】

本任务主要介绍 HNC－21/22M 等系列的数控系统及特点。

【知识链接】

7.3.1　华中数控系统简介

武汉华中数控有限公司成立于 1994 年,专门从事数控系统的研究和开发。华中数控以"世纪星"系列数控单元为典型产品,HNC－21T 为车削系统、HNC－21/22M 为铣削系统,最大联动轴数都为 4 轴,采用开放式体系结构,内置嵌入式工业 PC。

伺服系统的主要产品包括:HSV–11 系列交流伺服驱动装置,HSV–16 系列全数字交流伺服驱动装置,步进电机驱动装置,交流伺服主轴驱动装置与电机,永磁同步交流伺服电机等。

近年来华中数控开发的华中－2000 型数控系统(HNC－2000)和华中"世纪星"系列数控系统,大大满足用户对低价格、高性能、可靠性高的数控系统的要求。

7.3.2　华中数控系统特点

1. HNC－21/22M 系统功能

(1) 最大联动轴数为 4 轴。

(2) 可选配各种类型的脉冲式、模拟式交流伺服驱动单元,步进电机驱动单元或 HSV–11 系列(华中数字式伺服产品)串口式伺服驱动单元。

(3) 除标准机床控制面板外,配置 40 路光电隔离开关量输入和 32 路输出接口,手持单元接口,主轴控制及编码器接口。还可扩展远程 128 路输入/128 路输出端子板。

(4) 采用分辨率为 640×480 的 7.5 英寸彩色液晶显示器,全汉字操作界面,加工轨迹显示和仿真,故障诊断与报警,操作简便,易于掌握和使用。

(5) 采用国际标准 G 代码编程,与各种流行的 CAD/CAM 自动编程系统兼容,具有各种插补功能(直线、圆弧、螺旋线、固定循环、旋转、缩放、镜像、刀具补偿、宏程序等)。

(6) 具有小线段连续加工功能、特别适合于 CAD/CAM 设计的复杂模具零件加工。

(7) 加工断点保存/恢复功能,方便用户使用。

(8) 反向间隙和单、双向螺距误差补偿功能。

(9) 巨量程序加工能力,不需 DNC,配置硬盘可直接加工 2GB 以下的 G 代码程序。

(10) 内置 RS232 通信接口,实现机床数据通信。

(11) 6MB Flash RAM(可扩展至 72MB)程序断电存储器,不需备用电池,8MB RAM(可扩展至 64MB)加工内存缓冲区。

2. 华中世纪星系列数控技术特色与规格

技术特色如下:

(1) 智能误差补偿技术。

(2) 数字化仿形技术。

(3) 多轴联动扩展技术。

(4) 网络化数控技术。

(5) 大容量程序加工技术。

技术规格如表 7.5 所列。

表 7.5 世纪星 HNC21/22 数控单元技术规格

输入电源:AC24V 100W(CNC)+DC24V≥50W 或 DC24V ≥150W	方波差分接收
光电隔离开关量输入接口:40 位	手摇脉冲发生器输入接口:TTL 电平输入
光电隔离开关量输出接口:32 位	进给轴脉冲输出接口(4 个):差分输出包括脉冲及方向信号
输入/输出输出电流范围:0mA ~100mA	最高脉冲频率:2MHz
输入/输出输出电压范围:DC24V	进给轴 D/A 输出接口模拟量(4 个):-20mA ~ +20mA
主轴模拟量输出接口 分辨率:12 位 输出电压:DC±10V 或 DC0V ~ +DC10V	进给轴码盘反馈输入接口(4 个):RS232 方波差分输入
主轴编码器输入接口:RS422 电平	HSV-11 伺服接口(4 个):RS232 接口,波特率 9600b/s

7.3.3 华中数控系统系统连接

1. 部件的连接

HNC-21/22 数控系统外部接口示意图如图 7-18 所示,数控设备的接线示意图如图 7-19 所示。其中,进给单元接口可采用 XS30—XS33 和 XS40—XS43 中的一组,也可以采用其中的任意个接口的组合,同时控制不同类型的伺服或步进单元。比如,X 轴是步进驱动单元和步进电动机,Z 轴是交流伺服驱动单元和交流伺服电动机。

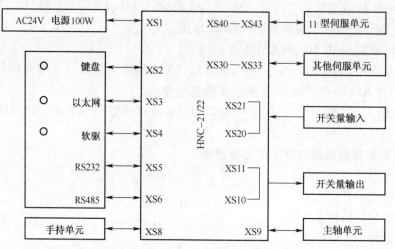

图 7-18　HNC 21/22 数控系统外部接口意图

2. 华中世纪星 HNC-21/22 数控装置接口

HNC-21/22 数控装置背面的所有接口如图 7-20 所示。

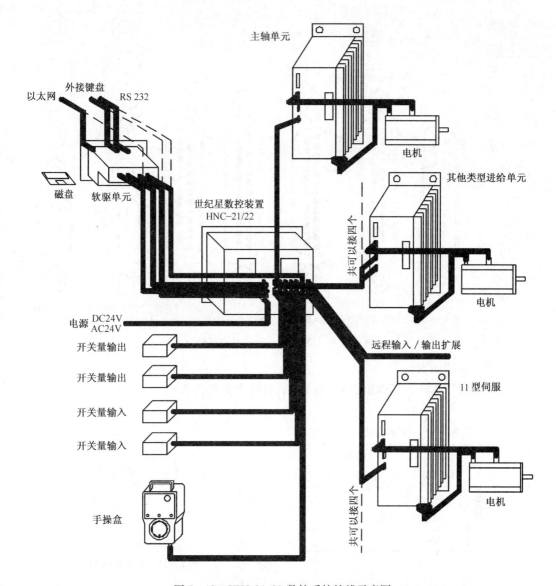

图 7 – 19 HNC 21/22 数控系统接线示意图

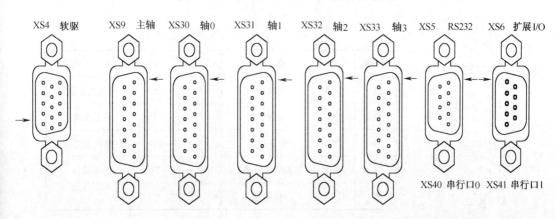

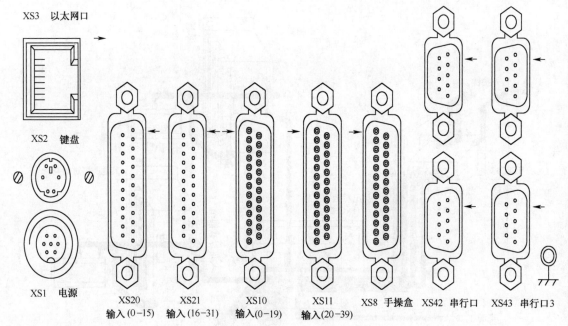

图 7 - 20　HNC - 21/22 背面所有接口

部分接口介绍如下：

（1）电源接口 XS1。管脚如图 7 - 21 所示，管脚含义见表 7.6。

表 7.6　XS1 管脚分配

引脚名	信号名	说明
1,2	AC24V1	交流 24V 电源
3	空	
4,5	AC24V2	交流 24V 电源
6	PE	地

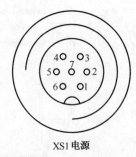

XS1 电源

图 7 - 21　XS1 管脚图

（2）RS - 232 接口 XS5。管脚如图 7 - 22 所示，管脚含义见表 7.7。

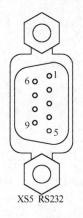

XS5 RS232

图 7 - 22　XS5 管脚图

表 7.7　XS5 管脚分配

引脚名	信号名	说　明	引脚名	信号名	说　明
1	-DCD	载波检测	6	-DSR	数据装置准备好
2	RXD	接收数据	7	-RTS	请求发送
3	TXD	发送数据	8	-CTS	准许发送
4	-DTR	数据终端准备好	9	-RI	振铃指示
5	GND	信号地			

（3）手持单元接口 XS8。管脚如图 7 - 23 所示,管脚含义见表 7.8。

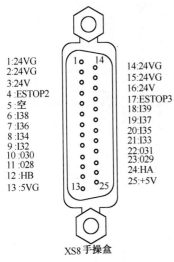

图 7 - 23　XS8 管脚图

表 7.8　XS8 管脚分配

引脚名	信号名	说明
1,2,3,14,15,16	24V、24VG	DC24V 电源输出
4,17	ESTOP2、ESTOP3	手持单元急停按钮
9~6,21~18	I32-I39	手持单元输入开关量
11~10,23~22	O28-O31	手持单元输出开关量
24	HA	手摇 A 相
12	HB	手摇 B 相
13,25	+5V、+5VG	手摇 DC5V 电源

（4）主轴控制接口 XS9。管脚如图 7 - 24 所示,管脚含义见表 7.9。

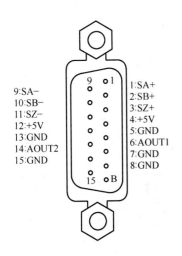

图 7 - 24　XS9 管脚图

表 7.9　XS9 管脚分配

引脚名	信号名	说　明
1,9	SA +、SA-	主轴码盘 A 相位反馈信号
2,10	SB+、SB-	主轴码盘 B 相位反馈信号
3,11	SZ+、SZ-	主轴 Z 脉冲反馈
5,13	+5V、GND	DC5V 电源
6,14	AOUT1、AOUT2	主轴模拟量指令输出
8	GND	模拟输出地

（5）开关量输入接口 XS10、XS11,开关量输出接口 XS20、XS21。管脚如图 7 - 25 所示,管脚含义见表 7.10。

（6）进给轴控制接口。模拟式、脉冲式、步进式驱动单元接口:XS30 ~ XS33。管脚如图7 - 26 所示,管脚含义见表 7.11。

（7）11 型(HSV)伺服接口(RS - 232 串口):XS40 ~ XS43。管脚如图 7 - 27 所示,管脚含义见表 7.12。

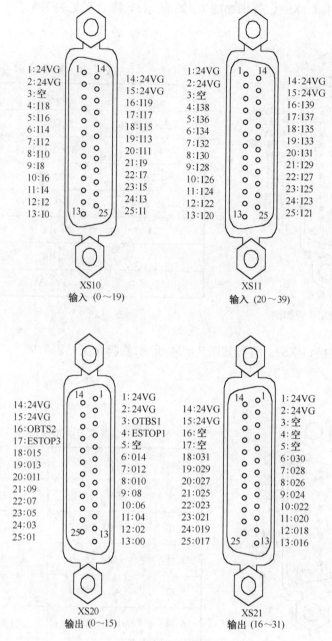

图 7-25 管脚图

表 7.10 XS10/XS11、XS20/XS21 管脚分配

引脚名	信号名	说明	引脚名	信号名	说明
1~2,14~15	24VG	外部开关量 DC24V 电源地	4、17	ESTOP1、ESTOP3	急停按钮
4~13,16~25	I0~I39	输入开关量	3、16	OTBS1、OTBS2	超程解除按钮
6~13,18~25	O0-O31	输出开关量			

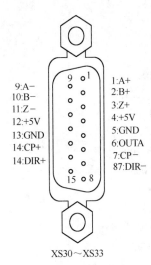

9:A−
10:B−
11:Z−
12:+5V
13:GND
14:CP+
14:DIR+

1:A+
2:B+
3:Z+
4:+5V
5:GND
6:OUTA
7:CP−
87:DIR−

XS30～XS33

图 7 - 26　XS30 ~ XS33 管脚图

表 7.11　XS30 ~ XS33 管脚分配

引脚名	信号名	说明
1,9	A+、A−	码盘 A 相位反馈信号
2,10	B+、B−	码盘 B 相位反馈信号
3,11	Z+、Z−	码盘 Z 相位反馈信号
4、12 13、5	+5V、GND	DC5V 电源
6	OUTA	模拟电压输出
14、7	CP+、CP−	脉冲指令输出
15、8	DIR+、DIR−	输出指令方向

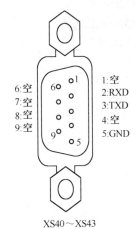

6:空
7:空
8:空
9:空

1:空
2:RXD
3:TXD
4:空
5:GND

XS40～XS43

图 7 - 27　XS40 ~ XS43 管脚图

表 7.12　XS40 ~ XS43 管脚分配

引脚名	信号名	说明
2	TXD	RS − 232 发送端
3	RXD	RS − 232 接收端
5	GND	地

参 考 文 献

［1］王爱玲．现代数控原理及控制系统．北京:国防工业出版社,2001.

［2］韩鸿鸾,荣维芝．数控原理与维修技术．北京:机械工业出版社,2001.

［3］刘战术,窦凯．数控机床及其维护．北京:人民邮电出版社,2001.

［4］李善术．数控机床及其应用．北京:机械工业出版社,2001.

［5］孙志永．赵砚江．数控与电气控制技术．北京:机械工业出版社,2002.

［6］赵俊生．数控机床电气控制技术基础．北京:电子工业出版社,2005.

［7］赵俊生．数控机床控制技术基础．北京:化学工业出版社,2006.

［8］王侃夫．数控机床控制技术与系统．北京:机械工业出版社,2003.

［9］赵俊生．电气控制与 PLC 技术项目化理论与实训．北京:电子工业出版社,2009.

［10］杨有君．数字控制技术与数控机床．北京:机械工业出版社,1999.

［11］王志成．数控原理与控制系统．北京:国防工业出版社,2007.

［12］陈子银,屈海军．数控机床电气控制．北京:北京理工大学出版社,2006.

［13］陈子银,陈为华．数控机床结构、原理与应用．北京:北京理工大学出版社,2006.

［14］朱蕴璞,孔德仁,王芳．传感器原理及应用．北京:国防工业出版社,2005.

［15］刘沂．数控机床控制技术基础．北京:机械工业出版社,2006.

［16］王凤蕴,张超英．数控原理与典型数控系统．北京:高等教育出版社,2003.

［17］徐夏民,邵泽强．数控原理与数控系统．北京:北京理工大学出版社,2006.

［18］王志成,郜志新．数控原理与控制系统．北京:国防工业出版社,2007.